AutoUni – Schriftenreihe

Band 151

Reihe herausgegeben von

Volkswagen Aktiengesellschaft, AutoUni, Volkswagen Aktiengesellschaft, Wolfsburg, Deutschland

Weitere Bände in der Reihe http://www.springer.com/series/15136

Jessica Guth

Zukunftsweisende Teamsteuerung

Ambidextre Führung als eine neue
Form organisatorischer Intelligenz

Jessica Guth
Wolfsburg, Deutschland

Vorderseite
Zukunftsweisende Teamsteuerung
Ambidextre Führung als eine neue Form organisatorischer Intelligenz
Vom Fachbereich 1 Erziehungs- und Sozialwissenschaften der Universität Hildesheim
zur Erlangung des Grades einer Doktorin/eines Doktors der Philosophie (Dr. phil.)
angenommene Dissertation von
Jessica Guth
geboren am 07.05.1982 in Wolfsburg
Rückseite
Gutachter:
Prof. Dr. Herbert Asselmeyer
Prof. Dr. Erwin Wagner
Tag der Disputation 14.07.2020

ISSN 1867-3635   ISSN 2512-1154   (electronic)
AutoUni – Schriftenreihe
ISBN 978-3-658-33266-2   ISBN 978-3-658-33267-9   (eBook)
https://doi.org/10.1007/978-3-658-33267-9

Die Deutsche Nationalbibliothek verzeichnet diese Publikation in der Deutschen Nationalbibliografie; detaillierte bibliografische Daten sind im Internet über http://dnb.d-nb.de abrufbar.

Planung/Lektorat: Stefanie Eggert
Springer Vieweg ist ein Imprint der eingetragenen Gesellschaft Springer Fachmedien Wiesbaden GmbH und ist ein Teil von Springer Nature.
Die Anschrift der Gesellschaft ist: Abraham-Lincoln-Str. 46, 65189 Wiesbaden, Germany

Geleitwort

Dass Gruppen eine herausragende Bedeutung einnehmen im Blick auf die Relation „Individuum" und „Organisation", das wird seit der expansiven Behandlung des entsprechenden wissenschaftlichen Gegenstands, insbesondere durch die Kleingruppenforschung seit den 60er Jahren bis in die aktuelle Team- und Spitzenteam-Forschung jüngster Zeit unterstrichen. Teamfähigkeit ist sozusagen zum Bindeglied für die erwähnte Relation geworden. Demgegenüber haben sich in den letzten 120 Jahren – zugegebenermaßen zugespitzt formuliert – vier Führungsansätze herausgebildet, mit denen die Herstellung dieser Relation organisiert werden soll (top down-/bottom up-/both directions- und nucleus-strategy). Entscheidend dabei ist nicht nur die Frage, ob eine Organisation eher als offenes oder geschlossenes System gedeutet wird, sondern vor allem auch, inwieweit das Handeln der Mitarbeiter per herkömmlicher Direktion als rationalisierbar gilt oder als prinzipiell eigensinnig und damit als sehr begrenzt steuerbar.

Dieses vorausgeschickt, kann es als großer Verdienst von Frau Guth betrachtet werden, angesichts gegenwärtig stark aufflammender „Erregungs- und Verheißungsrhetorik" zum vermeintlich hohen Turbulenzniveau in der VUCA-Welt zur Versachlichung beizutragen: Es ist eine große Herausforderung der Zukunftssicherung von Unternehmen, wirtschaftlich erfolgreich und gleichzeitig hinreichend innovativ sein zu müssen – aber wie lässt sich das komplexitätsreduzierend auf Fragen der Team(entwicklungs)-Perspektiven herunterbrechen? Jessica Guth richtet die Aufmerksamkeit nicht nur allgemein auf den Kontext Management, Führung und Organisationsentwicklung, auch nicht nur unspezifisch auf Führungsperspektiven (vertikale Kommunikation), sondern nimmt anwendungsorientiert die Erfordernisse operativer Teamführung in den Blick (hohe Bedeutung lateraler Kommunikation). Und dadurch, dass sie schließlich als Untersuchungsfeld das Ideenmanagement eines automobilen Weltkonzerns wählt, kann der

Ertrag für den genuin organisationspädagogischen Diskurs (Ziel: Kluges Handeln in Organisationen) durchaus hoch eingeschätzt werden.

Die besonderen Vorzüge dieser Arbeit liegen zum einen in der aktuellen Rezeption des einschlägigen Fachdiskurses; zum anderen kommt die Verfasserin durch einen geschickt gewählten empirischen Zugang zu der wichtigen Einsicht, dass zur Bewältigung von irritierenden Gleichzeitigkeits-Spannungen in Organisationen (Innen- *und* Außenperspektive; Stabilität *und* Wandel?; Bestehendes effizient nutzen *und* Innovationen entwickeln?) der „kompetente Umgang mit Paradoxien" entscheidend sei, und dafür sei beidhändiges (ambidextres) Denken und Handeln hilfreich! So können durch eine entsprechende Teamkultur das zuhandene Wissen für organisationale Lernprozesse noch besser genutzt, gleichzeitig durch explorative, also entgrenzte und kollaborative Lernprozesse zur Erweiterung der Wissensbasis beigetragen werden.

Ich beglückwünsche Frau Dr. Guth zu dieser originellen Dissertation, mit der der Teamdiskurs in der Organisationsforschung, Organisationsdidaktik und Führungslehre bereichert wird. Als Doktorvater bleibt mir, diesem Werk die erhoffte Anerkennung durch eine weite Verbreitung zu wünschen.

Prof. Dr. Herbert Asselmeyer

Vorwort

Durch meine beruflichen Tätigkeiten ist mir bewusst geworden, dass direkte Vorgesetzte den entscheidenden Einfluss auf die Teamintelligenz haben – unabhängig von sonstigen organisationalen Rahmenbedingungen wie der Bereichs- und Unternehmenskultur. So habe ich ganz unterschiedliche Ansätze von Führungsverhalten kennengelernt: Manche führten visionär und waren sehr innovativ, vernachlässigten jedoch Optimierungen und Umsetzungen im Kerngeschäft ihrer Abteilung; andere waren effizienzgetrieben, ließen jedoch die Wissenserweiterung über das operative Kerngeschäft hinaus außer Acht. Und dann gab es solche, die beides situativ miteinander vereinten, auf Augenhöhe mit ihren Mitarbeitern standen und darüber hinaus die Selbstorganisation ihrer Teams unterstützten. Die Teamintelligenz, -leistung und -zufriedenheit empfand ich in diesen Abteilungen als besonders ausgeprägt. Als ich vor einigen Jahren im Rahmen meiner wissenschaftlichen Recherchen auf die Begriffe „Ambidextrie" und „ambidextre Führung" stoß, wurde für mich durch Kombination von Theorie und Praxis bewusst, dass es ihr beidhändiges Führungsverhalten war, das zu ihrem Führungserfolg geführt hatte.

Die vorliegende Dissertation entstand im Rahmen meines berufsbegleitenden Promotionsstudiums am Fachbereich Erziehungs- und Sozialwissenschaften der Universität Hildesheim, um das Forschungsdesiderat der Gestaltung ambidextrer Führung auf operativer Teamebene zu schließen. Ihre Realisierung ist nur durch die Unterstützung der folgenden Personen möglich gewesen:

Mein größter Dank gilt meinem Doktorvater, Prof. Dr. Herbert Asselmeyer, für die inspirierenden Gespräche sowie seine rückhaltlose fachliche, wissenschaftliche und methodische Unterstützung. Er hat mir nicht nur wichtige Impulse gegeben und die Grundlage für die Verwirklichung dieser Arbeit geschaffen, sondern mich auch in schwierigen Phasen motiviert und unterstützt. Außerdem gilt mein Dank meinem Zweitgutachter, Prof. Dr. Erwin Wagner, für wertvolle Anregungen und Diskussionen sowie die detaillierte Begutachtung.

Ganz besonderer Dank gilt außerdem Pirka Falkenberg, ehemalige Leitung des Volkswagen Konzern Ideenmanagements und Inhaberin der Unternehmensberatung meerphasenstrom. Sie hat mir als Betreuerin die berufsbegleitende Promotion bei der Volkswagen AG ermöglicht und die hohe Relevanz ambidextrer Führung frühzeitig erkannt. Ein großer Dank gilt außerdem Thorsten Janotta, Leitung des Volkswagen Ideenmanagements, für die Übernahme der Betreuung meiner Dissertation. Ferner danke ich Robin Günther, Leitung Steuerung und Prozesscontrolling des Volkswagen Ideenmanagements, sowie Dirk Schönrock, Leitung Grundsätze und Gremien des Volkswagen Ideenmanagements, für die gute Unterstützung und angenehme Zusammenarbeit.

Besonders danken möchte ich außerdem den Untersuchungsteilnehmern dieser Arbeit für die vertrauensvolle, ehrliche und konstruktive Zusammenarbeit. Ohne sie wäre die Dissertation in dieser Form nicht zustande gekommen.

Ich danke meinen Kollegen der Volkswagen AG, mit denen ich inspirierende und motivierende Gespräche führen und die Formulierungen der ambidextren Führungsdimensionen sowie Hypothesen reflektieren durfte.

Ein großer Dank geht an Prof. Dr. Kay Hendrik Hofmann der Hochschule Osnabrück für die zahlreichen fachlichen Gespräche, seine Ratschläge und Anmerkungen.

Meinem Ehemann, Steven Borges Ferreira, danke ich für seine fortlaufende Unterstützung in all den Jahren. Ein besonderer Dank gilt meiner Mutter, Renate Guth, meinen verstorbenen Großeltern, Alina und Roland Guth, sowie meiner Tochter, Emma Lea Guth. Sie haben mich stets gestärkt, motiviert und an mich geglaubt. Ihnen ist diese Arbeit gewidmet.

Jessica Guth

Inhaltsverzeichnis

Abkürzungsverzeichnis

3L	Lernen, Lenken, Leisten
Akt.	Aktualisiert
Aufl.	Auflage
CEO	Chief Executive Officer
Durchges.	Durchgesehen
Erw.	Erweitert
Hrsg.	Herausgeber
IT	Informationstechnologie
KVP	Kontinuierlicher Verbesserungsprozess
OE	Organisationseinheit
Überarb.	Überarbeitet
VUCA	Volatility, Uncertainty, Complexity, Ambiguity
VW AG	Volkswagen Aktiengesellschaft

Abbildungsverzeichnis

Tabellenverzeichnis

Einleitung

1

1.1 Ausgangssituation und Problemstellung

Eine wesentliche Voraussetzung für Fortschritte sind Ideen – seien es große Ideen in Bezug auf technologische Innovationen oder kleine Ideen für Verbesserungen bei der Arbeit. Jeder Mensch hat Ideen – unabhängig vom Unternehmensbereich oder der Hierarchie. Somit kann jeder Mitarbeiter zum Unternehmenserfolg beitragen, indem er Ideen zu Produkten, Prozessen oder Dienstleistungen zur Verfügung stellt, um den Wissensaufbau sowie die Lern- und Innovationsfähigkeit zu steigern. Dieses Verständnis nimmt in Unternehmen zu, denn eine fortwährende Weiterentwicklung, Antizipation und Anpassung an sich verändernde Umfeldbedingungen mit Hilfe des Kreativitäts- und Wissenspotentials aller Mitarbeiter sind essenziell für die Wettbewerbsfähigkeit von Unternehmen (vgl. Läge 2002: 1).

Mit dem Ideenmanagement nutzt die Volkswagen AG (VW AG) ein Instrument zur Problemlösung und zur Ideen- sowie Innovationsgenerierung. Die Wirksamkeit des Instrumentes ist – auch über Abteilungsgrenzen hinweg – abhängig vom Beitrag der Führungskräfte. Sie leisten einen wesentlichen Nutzen für den Aufbruch in eine neue Lern- und Führungskultur, in der Silodenken gemieden und Mitarbeiter aktiv beteiligt werden (vgl. Voigt & Brem 2005: 197). Ideen können nicht vom Management verordnet werden. Das Ideenmanagement lebt von der Einsatzbereitschaft der Mitarbeiter. Durch die Schaffung optimaler Rahmenbedingungen können direkte Führungskräfte jedoch in ihrer Rolle als Promotor unterstützen (vgl. Wippermann 2011: 166).

Elektronisches Zusatzmaterial Die elektronische Version dieses Kapitels enthält Zusatzmaterial, das berechtigten Benutzern zur Verfügung steht https://doi.org/10.1007/978-3-658-33267-9_1.

Aus diesen Gründen erscheint es sinnvoll, die Gestaltung von Rahmenbedingungen durch ambidextre Führung (Förderung des Kerngeschäftes der Organisationseinheit – nachfolgend OE genannt – bei gleichzeitiger Förderung der Innovationsfähigkeit) in Bezug auf die Steigerung der Teamintelligenz anhand des Ideenmanagements zu untersuchen. Anwendungsbeispiel ist hierbei die VW AG. Teamintelligenz wird hierbei in Anlehnung an Franken & Brand (2008: 5) als Kompetenz zur Veränderung, Lernen und erfolgreichem Handeln verstanden. Sie bezieht sich auf zukunfts- und erfolgsorientiertes Agieren auf Basis ambidextren Handelns: der Wissensnutzung (Exploitation) und des Wissensaufbaus (Exploration). Diese Fragestellung ermöglicht die Verknüpfung von divergierenden und in Ansätzen konvergierenden Konzepten wie Lernende Organisation, Organisationsentwicklung, Ideen- und Innovationsmanagement sowie ambidextre Führung.

Aufgrund zahlreicher Veröffentlichungen zu Führungsthemen stellt sich durchaus zu Recht die Frage, weshalb sich auch diese Dissertation mit dem Themenfeld beschäftigt. Eine Antwort hierauf gibt die folgende Studie: Gemeinsam mit dem Institut für Entwicklung zukunftsfähiger Organisationen hat die Unternehmensberatung für Change Management und Business Transformation Mutaree das Forschungsprojekt Change-Evolution 2020 initiiert, um die Change-Fitness von Unternehmen zu untersuchen – auf Ebene von Mitarbeitern, Führungskräften und Unternehmensleitung. Zentrale Aspekte betreffen Veränderungsprozesse, Veränderungsbereitschaft und Veränderungsfähigkeit. In ihrer Change-Fitness-Studie 2018/2019 wurde das Thema „Ambidextrie: Mit beiden Händen Organisationen verändern" und so die Bewältigung der Gleichzeitigkeit von Prozessverbesserung und Innovationsorientierung behandelt. Die Studie zeigt auf, dass Unternehmen sowohl Effizienz als auch Innovation, also Ambidextrie, ermöglichen müssen. Notwendig ist die Generierung alternativer Potenziale, um flexibel auf Veränderungen reagieren zu können, gleichzeitig vorhandene Potenziale zu nutzen und wettbewerbsfähig zu bleiben. 70 % der Untersuchungsteilnehmer denken, dass Organisationen innerhalb der folgenden zwei Jahre wesentlich mehr Ressourcen für Innovationen einsetzen müssen. Diese Veränderung ist notwendig, um traditionelle Geschäftsmodelle, Prozesse und Produkte zu hinterfragen. Wenngleich gutes Veränderungsmanagement ein essenzieller Faktor für Unternehmenserfolg ist, stufen nur vier Prozent der Befragten ihr Unternehmen als „change-fit" ein und sehen einen großen Veränderungsbedarf. Sie sehen eine Entwicklungsnotwendigkeit in der Vernetzung von Innovation und Effizienz. Hierfür benötigen sie innovative Führungskräfte und Mitarbeiter mit Veränderungswissen, die effizient agieren und so das Kerngeschäft optimieren, jedoch auch experimentieren, um innovativ zu sein. Es bedarf der Gestaltung eines strategischen Gesamt- und eines gemeinsamen Werterahmens für die gegensätzlichen Pole (vgl. [o. V.] 2018 [www]: 25.11.18; vgl. [o. V.] 2018 [www]: 29.11.18). Ambidextre Führung ist somit mehr als eine traditionelle Führungstheorie. Sie unterstützt die Change-Fitness des Unternehmens, indem sie es schafft, ein verändertes Bewusstsein für die Notwendigkeit von Optimierung und Nutzbarmachung von Vorhandenem sowie Innovationen und Wissensaufbau hervorzurufen.

Die vorliegende Arbeit beschäftigt sich damit, wie ambidextre Führung gestaltet werden muss, um die Teamintelligenz zu steigern, indem in der eigenen OE optimiert und über Abteilungsgrenzen hinaus neues Wissen geschaffen wird.

Nachstehend erfolgt die Generierung der Forschungsfragen.

1.2   Herleitung Forschungsfrage 1: Ambidextre Führung und Lernprozesse

Aufgrund der zunehmenden Komplexität von Märkten und der Beschleunigung von Innovationszyklen sind nicht mehr nur weniger erfolgreiche Unternehmen in ihrer Wettbewerbsfähigkeit gefährdet. Dies gilt ebenso für erfolgreiche, da Erfolge Lernanreize schwächen. Bei guten Unternehmensergebnissen schätzen viele Organisationen die Notwendigkeit von Ideen und Innovationen als weniger wichtig ein. Diese Denkweise vermindert die Veränderungs- und somit auch Lernbereitschaft. Dies verändert auch die Definition von unternehmerischem Erfolg. Nur solche Unternehmen sind erfolgreich, die ganzheitlich Wissensnutzung und -aufbau verfolgen und somit die unternehmerische Intelligenz steigern (vgl. Grabmeier 2018 [www]: 12.12.18; vgl. Luhmann 2000: 360; vgl. Franken & Brand 2008: 3). Viele Unternehmen bringen Innovationen aufgrund des Drucks des Tagesgeschäftes sowie der Ambitionen einzelner Entwickler hervor. Der Kundennutzen, langfristige Wettbewerbsfähigkeit und hierfür notwendige nachhaltige Lernprozesse stehen somit oftmals nicht im Vordergrund, sondern vielmehr kurzfristige Entwicklungserfordernisse (vgl. Sommerlatte 2006: 24).

Damit Unternehmen jedoch ihre langfristige Überlebensfähigkeit gewährleisten können, sind bestehende Kompetenzen zu nutzen, vorhandene Stärken und Potenziale zu optimieren (Exploitation) und zugleich neues Wissen in neuen Bereichen aufzubauen und die Innovationsfähigkeit zu verbessern (Exploration). Dies betrifft aufgrund neuer Antriebstechnologien und des veränderten Mobilitätsverständnisses vor allem die Automobilindustrie. Beispielsweise kann das Thema „Diesel" als Initialzündung für die VW AG für den Wandel hin zu Elektromobilität gesehen werden. In diesem Zusammenhang rückt auch die organisationale Ambidextrieforschung immer stärker in den Fokus, da sie die Bewältigung dieser dualen Herausforderungen untersucht (vgl. Rost, Renzl & Kaschube 2014: 33; vgl. Jansen 2008: 101). Erste Untersuchungsergebnisse verdeutlichen die positive nachhaltige Beeinflussung des Unternehmenserfolges bei Erzielung eines Gleichgewichtes zwischen Exploitation und Exploration als nachhaltigkeitsorientierte Lernmodi. Dies ist notwendig, um die unternehmerische Ideen- und Innovationskraft voranzutreiben – über die eigene OE hinaus (vgl. Levinthal & March 1993: 95; vgl. He & Wong 2004: 485; vgl. Duncan 1976: 167–188; vgl. Gibson & Birkinshaw 2004: 212–219; vgl. O'Reilly & Tushman 2013 [www]: 17.07.15; vgl. Vrontis et al. 2016: 376; vgl. Rost, Renzl & Kaschube 2014: 33–35; vgl. Weibler & Keller 2010: 260; vgl. Hafkesbrink 2014: 13–14; vgl. Stephan & Kerber 2010: V; vgl. Rosing, Frese & Bausch 2011: 957).

Führung zählt zu den stärksten Prädiktoren für organisationales Lernen, organisationale Entwicklung, Kulturgestaltung sowie Innovationen und organisatorischen Erfolg (vgl. Furtner & Baldegger 2014: 6; vgl. Rosing, Frese & Bausch 2011: 956; vgl. Doll 2016: 28; vgl. Yong 2013: 2). Die Gestaltung dieser Beidhändigkeit von Exploitation und Exploration ist eine zentrale Führungsaufgabe. Als Triebkraft erfolgreichen Wandels wird Führungskräften für die Gestaltung von Ambidextrie eine wesentliche Bedeutung beigemessen (vgl. Felfe 2015: 5; vgl. Zacher, Robinson & Rosing 2016: 25). Es ist ein veränderter Unternehmenskontext vorzufinden, der nicht mit dem traditionellen Führungsverständnis mit Attributen wie hierarchischen Anweisungen vereinbar ist (vgl. Vrontis et al. 2016: 376).

Zhou & Xue (2013: 546) zeigen den Bedarf an weiteren Studien zu den Rahmenbedingungen auf, um gleichzeitig sowohl Exploitation als auch Exploration zu ermöglichen. Zacher, Robinson & Rosing (2016: 24) verdeutlichen, dass die subjektive Innovationsleistung von Mitarbeitern am Höchsten ist, wenn beide Lernmodi Exploration und Exploitation stark ausgeprägt sind. Die Studie Ambidextrous Leadership and Team Innovation von Zacher und Rosing (2015: 54) führt auf, dass Teamleiter zu ambidextrem Führungsverhalten geschult werden können. Darüber hinaus weisen O'Reilly & Tushman (2011: 20) und Zacher, Robinson & Rosing (2016: 25) auf ein Forschungsdesiderat in Bezug auf die Gestaltung von Ambidextrie in Organisationen bzw. auf intraorganisationaler/Teamebene hin.

Aufgrund der hohen Bedeutung der Führung hinsichtlich erfolgreichen Wandels (vgl. Felfe 2015b: 5) wird die Entwicklung eines innovationsfördernden Führungskonzeptes auf unterer Hierarchieebene zur Steigerung der Teamintelligenz in bestehenden Organisationseinheiten fokussiert. Hierfür ist es notwendig, dass dieses Führungskonzept Rahmenbedingungen für die Mitarbeiter bietet, die ambidextres Handeln ermöglichen. Das Ziel ist die Schaffung einer ausgeglichenen Verknüpfung OE-bezogener mit -übergreifenden Innovationen (vgl. Weibler

& Keller 2015: 289). Es wird die Ermittlung einer innovativen Team Governance angestrebt.

Daher lautet die erste Forschungsfrage wie folgt:

1. Wie muss ambidextres Führungshandeln gestaltet sein, um Lernprozesse im Team mittels Exploitation und Exploration auszulösen?

1.3   Herleitung Forschungsfrage 2: Ambidextre Führung und Paradoxien

Führungskräfte sind gefordert, das Kerngeschäft effizient zu fördern und zugleich Zukunftsthemen zu ergründen, um das Kerngeschäft auszubauen. Dies dient der Optimierung des derzeitigen Geschäftes, um Kundenwünschen zu begegnen und Gehälter zahlen zu können, aber auch zur Zukunftssicherung des Unternehmens. Führungskräfte müssen sich hierdurch in diametral entgegengesetzten Welten bewegen und auf Mitarbeiter widersprüchlich wirkende Entscheidungen treffen, die aus den unterschiedlichen Ausrichtungen resultieren (vgl. Duwe 2018: 5, 12).

In der Ambidextrieforschung bestehen unterschiedliche Ambidextrieformen, die im Unterkapitel 2.1.1 Gestaltung eines ambidextren Kontextes im Detail erörtert werden. An dieser Stelle ist jedoch eine kurze Differenzierung zwischen struktureller und kontextueller Ambidextrie erforderlich, um aufzuzeigen, weshalb Führungskräfte den Umgang mit Paradoxien beherrschen sollten. Bei struktureller Ambidextrie erfolgt eine räumliche Trennung von Exploitation und Exploration. Dies bedeutet, dass Unternehmen duale Strukturen nutzen, um diese umzusetzen. Je nach Ausrichtung der Organisationseinheit kann das Führungshandeln somit exploitations- oder explorationsfördernd gestaltet werden. Bei kontextueller Ambidextrie werden sowohl Exploitation als auch Exploration innerhalb einer Organisationseinheit verfolgt (vgl. Duwe 2018: 27–28). Dies führt dazu, dass Führungskräfte mit beiden Ausprägungen dynamisch umgehen müssen. Es handelt sich bei dieser Form also nicht um einen „Entweder-oder"-Ansatz, sondern um eine „Sowohl als auch"-Perspektive, um Widersprüchlichkeiten in Organisationen zu verstehen. Es sind demnach solche Führungskräfte, die kontextuell ambidexter handeln, die sich in den genannten diametral entgegengesetzten Welten bewegen müssen. Der Umgang mit Paradoxien besteht demnach nur bei kontextueller Ambidextrie. Eine essenzielle Herausforderung dieser ambidextren Führung bezieht sich deshalb vor dem Hintergrund dieser bestehender Paradoxien auf die Kontextgestaltung der durch die doppelspurige Ausführung resultierenden Spannungen und Inkonsistenzen (vgl. Weibler & Keller 2015: 289; vgl. Duwe 2018:

7), um sowohl das exploitative als auch das explorative Lernen von Teams in
Organisationseinheiten zu fördern.
Daher lautet die zweite Forschungsfrage wie folgt:

2. Mit welchen Paradoxien müssen direkte Vorgesetzte im Rahmen ambidextrer
   Führung im Team umgehen?

1.4 Herleitung Forschungsfrage 3: Zusammenhang ambidextrer Führung mit Ideengenerierung

Bisherige Untersuchungen im Bereich Ambidextrie beziehen sich vor allem auf
die Top Management-Ebene (vgl. O'Reilly & Tushman 2013 [www]: 17.07.15).
Es bestehen lediglich wenige Studien zum Einfluss ambidextrer Führung auf unterer Hierarchieebene in Bezug auf Teams, wenngleich aufgrund der Schlüsselrolle
von Teams als Schnittstelle zwischen Individuum und Organisation ein hoher For-
schungsbedarf für organisationales Lernen gesehen wird (vgl. Busch & Hobus
2012: 29, 35; vgl. Jacob et al. 2015: 1; vgl. Kostopoulos & Bozionelos 2011:
385–386; vgl. Jansen et al. 2016: 961).

Kostopoulos und Bozionelos weisen so in ihrer Studie Team Exploratory
and Exploitative Learning auf, dass exploitatives und exploratives Lernen in
einem positiven Zusammenhang zur Teamleistung stehen (vgl. Kostopoulos &
Bozionelos 2011: 401). Darüber hinaus zeigen die Ergebnisse der Untersuchung
zum Thema Ambidextrie auf Projektteamebene von Li Liu und David Leitner,
dass Projektteam-Ambidextrie einen positiven Effekt auf die Projektleistung hat
(vgl. Liu & Leitner 2012: 97). Weibler & Keller (2011: 155) zeigen in ihrer
Studie zum „[…] individuellen Arbeitsverhalten von 92 Fach- und Führungskräften einen positiven Zusammenhang zwischen Führungsverantwortung und einer
ambidextren Balance von Exploration und Exploitation […]" auf. Und Kearney
(2013 [www]: 19.12.15) bestätigt in ihrer Untersuchung zur Ambidextrie von
Führungskräften in Teams, dass ambidextre Führung positiv mit der Ideengenerierung korreliert. He und Wong (2004: 485) zeigen auf, dass Unternehmen
mit einer ambidextren Innovationsstrategie erfolgreicher sind als solche mit einer
Konzentration auf eine der Ausprägungen Exploitation oder Exploration.

Das Ideenmanagement gewinnt seit den 90er Jahren in vielen Unternehmen
aufgrund der Einflüsse der lernenden Organisation sowie des Wissens- und Innovationsmanagements erneut an Bedeutung (vgl. Franken & Brand 2008: 41).
Innovationen erfordern das Management von Wissen und Kompetenzen, und

Innovationen rufen neues Wissen hervor (vgl. Wehrlin 2014: 32). Wie aufgezeigt wurde, nimmt der direkte Vorgesetzte als Schnittstelle zum Mitarbeiter eine besondere und eine der wichtigsten Rollen ein, da er die Rahmenbedingungen für ambidextres Handeln innerhalb seiner Organisationseinheit entscheidend prägt. Neben der Ermittlung der Gestaltung von Rahmenbedingungen unter Berücksichtigung von Paradoxien soll auch der Zusammenhang ambidextrer Führung mit der Ideeneinreichung gemäß genannter Betriebsvereinbarung untersucht werden. Hieraus resultiert die dritte Forschungsfrage:

3. Inwieweit besteht ein Zusammenhang von ambidextrer Führung mit der erfolgreichen Generierung von OE-bezogenen und -übergreifenden Ideen?

1.5   Herleitung Forschungsfrage 4: Ideengenerierung und nachhaltiges Lernen

Nachfolgend wird die Bedeutung des Nachhaltigkeitsgedankens in Bezug auf Lernen aus nachhaltigkeits- und lerntheoretischer Sicht aufgezeigt, um daraus die vierte Forschungsfrage abzuleiten.

Nachhaltiges Lernen besteht aus einer ökonomischen, ökologischen und sozialen Dimension und kann um eine weitere temporale (Kurz- oder Langfristigkeit) ergänzt werden (vgl. Schellinger, Berchtold & Tokarski 2019: 2; vgl. Kozica & Ehnert 2014: 147–148, 150). Sie sind aus Diskussionen in Bezug auf Umwelt, Wirtschaftswachstum und menschliche Entwicklung entstanden. Um der Grundidee einer nachhaltigen Entwicklung zu entsprechen und nachhaltige Entwicklung interdisziplinär zu realisieren, wird ein integratives Konzept über alle drei Säulen hinweg thematisiert. Ökologische Nachhaltigkeit bezieht sich beispielsweise auf den vorhandenen Bestand an erneuerbaren Ressourcen oder Energieeffizienz. Ökonomische Nachhaltigkeit hat die Erhaltung bzw. Erhöhung von Sach-, Wissens- und Humankapital zum Ziel. Soziale Nachhaltigkeit bezieht sich auf das Sozialkapital wie Verbesserung der sozialen Beziehungen innerhalb des Unternehmens. Hierzu zählen auch persönliche Lern- und Entwicklungsmöglichkeiten. Jede Dimension ermöglicht die Verknüpfung der paradox miteinander verknüpften Lernmodi Exploitation und Exploration. Durch diese Ausführungen wird ersichtlich, dass Exploitation und Exploration aufgrund des Wissenskapitals auf ökonomische und aufgrund der Lern- und Entwicklungsmöglichkeiten auf die soziale Dimension von Nachhaltigkeit einzahlen. Je nachdem, in welchen Bereichen das Lernen und Wissensnutzung sowie -aufbau erfolgen, ist auch ein positiver Einfluss auf die ökologische Dimension denkbar (vgl. Kleine 2009: 5–11; vgl. Kozica & Ehnert 2014: 150). Aus diesem Grund stellt sich die Frage, inwiefern Organisationen mittels Ideeneinreichung nachhaltig lernen.

Bei der lerntheoretischen Perspektive rücken der subjektive Lernprozess und seine langfristige Wirkung in das Zentrum der Betrachtung des Nachhaltigkeitsbegriffes. Zum einen beschreibt der Nachhaltigkeitsgedanke die Bereitschaft sowie Fähigkeit zum lebenslangen Lernen, zum anderen auf den Lerntransfer in die Praxis, um die Handlungskompetenz zu erweitern. Die lerntheoretische Perspektive konzentriert sich somit auf die Dauerhaftigkeit von Lernergebnissen in Bezug auf ihre Relevanz für mögliche Handlungsproblematiken (vgl. Schüßler 2004 [www]: 150; vgl. Holzkamp 1993, S. 183).

Wie aufgezeigt, wird als Forschungsfeld das Ideenmanagement der Volkswagen AG gewählt. Es ist nicht nur betriebliches Vorschlagswesen, sondern ein Instrument zur Mitarbeiterführung, Kreativitäts- und Innovationsförderung sowie zur Steigerung einer lernenden Organisation (vgl. Wehrlin 2014: 14). Auch hierdurch wird ersichtlich, dass die Konzeption der Gestaltung von Innovationsprozessen als Führungsaufgabe und integrative organisationale Leistung essenziell ist. Es bedarf mehr als einer Vorgabe und Kontrolle von Innovationskennziffern durch Expertengremien, dass Mitarbeiter beispielsweise eine bestimmte Anzahl von Verbesserungsideen pro Jahr einreichen. Denn in diesem Fall wird Ideengenerierung nicht innerhalb des eigenen Handlungssystems vollzogen, sondern vielmehr in einem ausgewählten Expertenkreis. Mitarbeitern ist die Innovationsbedeutung in dieser Form oftmals nicht bewusst. Vielmehr muss Ideengenerierung als kollektiver, nachhaltiger Entwicklungs- und Lernprozess aller Organisationsmitglieder verstanden werden. Wenn dies nicht geschieht, besteht die Gefahr, dass Mitarbeiter und Führungskräfte strategische Innovationsaufträge mit zu großer Distanz betrachten und das Wissen dieser nicht eingebracht wird (vgl. Kaudela-Baum, Holzer & Kocher 2014: 1–3).

Aufgrund dieses Beitrages zu einer nachhaltig lernenden Organisation und der vorangegangenen Ausführungen ergibt sich die vierte Forschungsfrage:

4. Inwiefern handelt es sich bei der Ideengenerierung um nachhaltiges Lernen?

1.6   Ziele der Arbeit

Ziel dieser Arbeit ist die Erweiterung der bisherigen Forschung in Bezug auf ambidextre Führung und Innovation auf intraorganisationaler Teamebene.

Angestrebt wird die Entwicklung eines innovationsfördernden Führungskonzeptes auf unterer Hierarchieebene zur Steigerung der OE-bezogenen als auch -übergreifenden Teamintelligenz in bestehenden Organisationseinheiten. Als Resultat des zu ermittelnden ambidextren Führungskonzeptes, das geeignete Rahmenbedingungen zur Schaffung einer ausgeglichenen Verknüpfung des Kerngeschäftes (Optimierung und Wissensnutzung) mit Innovationen (Wissensaufbau) ermöglicht (vgl. Weibler & Keller 2015: 289), wird eine innovative Team Governance, d. h. eine zukunftsweisende Teamsteuerung, angestrebt. Diese soll Selbststeuerung von Teams mittels Gestaltung von Rahmenbedingungen durch ambidextre Führung ermöglichen. Die Ergebnisse könnten neben dem Nutzen für die Wissenschaft dahingehend hilfreich für die Praxis sein, dass auf Basis des entwickelten Führungskonzeptes Trainings für ambidextre Führungsansätze generiert und das individuelle, Team- und organisationale Verständnis in Bezug auf die Notwendigkeit von Ambidextrie geschärft werden können.

Auf den vorangegangenen Forschungsfragen basierend, wird demnach in Anlehnung an die Problemstellung und die dargelegte Forschungslücke untersucht, wie Rahmenbedingungen durch den direkten Vorgesetzten zu gestalten sind, um die intraorganisationale Teamintelligenz anhand des dialektischen Ansatzes der gegenseitigen Ergänzung von Exploitation und Exploration zu fördern und ein Modell einer innovativen Team Governance zu entwickeln.

Zunächst werden im Rahmen der Voruntersuchung auf Basis bestehender Datensätze des ausgewählten Ideenmanagements sieben OE ausgewählt, die im Vergleich zu anderen Abteilungen sowohl OE-bezogene als auch OE-übergreifende Innovationen/Ideen erfolgreich eingereicht haben. Durch zu führende Experteninterviews und Gruppendiskussionen soll ermittelt werden, wie die geforderte Integration der Aktivitätsmuster durch die Führungskraft erfolgt. Es ist zu bestimmen, wie die effizienzsteigernde OE-bezogene Exploitation sowie die flexibilitätssteigernde OE-übergreifende Exploration durch ambidextre Führung vor dem Hintergrund einer Paradoxie-Perspektive gestaltet werden kann, um nachhaltige Lernprozesse zu fördern (vgl. Renzl, Rost & Kaschube 2011: 158; vgl. Gibson & Birkinshaw 2004: 213; vgl. Schudy 2010: 36; vgl. Weibler & Keller 2015: 291–293). Ferner soll geprüft werden, inwiefern ein Zusammenhang zwischen der erfolgreichen Ideeneinreichung durch Teams mit einer ambidextren Führung besteht.

Abbildung 1.1 veranschaulicht die innovative Team Governance als neue Form organisatorischer Intelligenz:

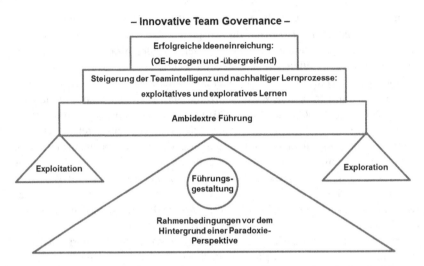

Abbildung 1.1 Innovative Team Governance als neue Form organisatorischer Intelligenz.
(Eigene Darstellung in Anlehnung an vgl. Frank, Güttel & Weismeier-Sammer 2010: 187;
vgl. Malik 2008: 2)

1.7   Forschungs- und Literaturstand

Das Ambidextriekonzept hat aufgrund der Notwendigkeit zur Erlangung von
Wettbewerbsvorteilen in zunehmend komplexeren und unsicheren Umfeldbedingungen an Bedeutung gewonnen. Es wurde in unterschiedlichen Forschungsdis-
ziplinen untersucht (vgl. Papachroni, Heracleous & Paroutis 2014: 71). Hierzu
zählen Organisationsdesign (vgl. Duncan 1976; vgl. Jansen, Van Den Bosch &
Volberda 2006; vgl. Tushman & O'Reilly 1996), Innovationsmanagement (vgl.
Tushman & O'Reilly 1996: 8–30; vgl. Cao, Gedajlovic & Zhang 2009; vgl.
Duwe 2018), strategisches Management (vgl. Prahalad & Hamel 1990; vgl. Markides & Chu 2009) sowie Organisationswissenschaften (vgl. O'Reilly & Tushman
2011; vgl. Raisch et al. 2009; vgl. Gibson & Birkinshaw 2004). Für den Kontext dieser Arbeit ist insbesondere die lerntheoretische Perspektive als Teil der
organisationswissenschaftlichen Forschungsdisziplin von Bedeutung.

Der Begriff der organisationalen Ambidextrie im Hinblick auf die gleichzeitige Verfolgung und Steuerung divergierender Unternehmensziele wurde 1976
erstmals von Duncan im wissenschaftlichen Diskurs thematisiert und fand so Einführung in die Organisations- und Managemententwicklung (vgl. Duncan 1976:

167–188; vgl. Stephan & Kerber 2010: VI). Im Jahr 1991 verdeutlichte March (1991: 71–74) in seinen Ausführungen zum Exploration-Exploitation-Trade-off, dass es Unternehmen gelingen kann, beide Ausrichtungen, also Exploitation und Exploration, zu verfolgen. Er zeigt auf, dass eine entsprechende Balance zwischen Exploitation und Exploration ein wesentlicher Erfolgsfaktor für Unternehmen in Bezug auf Wettbewerbsfähigkeit und Wachstum sei. Der positive Einfluss auf die organisatorische Leistung wird auch von He & Wong (2004: 485) bestätigt. Dieser positive Zusammenhang auf die organisatorische Leistung wird verringert, wenn Unternehmen einen Lernmodus überbetonen und den anderen dadurch vernachlässigen (vgl. Levinthal & March 1993: 100–103). Diese Vernachlässigung, also die Überbetonung des Lermodus Exploitation und Unterbetonung der Exploration betrifft ca. 80 Prozent der Unternehmen (vgl. Uotila et al. 2009: 222–227).

Kostopoulos & Bozionelos (2011: 386, 401) stufen Teamlernen als wichtigen Prädiktor für Team- und organisationalen Erfolg ein. Sie definieren exploratives und exploitatives Lernen wie folgt:

„Exploratory learning refers to those learning activities that develop new capabilities whereas exploitative learning refers to those activities that refine existing knowledge and skills. [...] Exploratory learning refers to activities that facilitate a team to search, experiment with, and develop new ideas and task-related capabilities. Exploitative learning, however, is associated with activities that help a team refine, recombine, and implement existing knowledge and skills. That is, exploration pertains to the creation of new knowledge whereas exploitation pertains to the utilization and processing of existing knowledge by the team." (Kostopoulos & Bozionelos 2011: 386, 388–389)

Somit bezieht sich exploitatives Lernen auf Wissens- und Kompetenznutzung, wohingegen Exploration Wissens- und Kompetenzerweiterung ist. Ferner wird aufgezeigt, dass es sich bei Exploitation und Exploration zwar um verschiedene Lernaktivitäten handelt, die auf Teamebene durchgeführt werden, jedoch schließen sie sich nicht gegenseitig aus. Im Gegenteil: Die Ergebnisse zeigen auf, dass eine Verfolgung beider Lernmodi zur Steigerung der Teamleistung angestrebt werden sollte (Kostopoulos & Bozionelos 2011: 404). Allerdings nennt March (1991: 71–74) auch eine gegenseitige Abweichung sowie Behinderung beider Aktivitätsmodi untereinander, die insbesondere durch einen Zielkonflikt bei der Ressourcenallokation gekennzeichnet sei. Die Ausführungen hinsichtlich der Differenzierung zwischen der Exploitation und Exploration sowie der Trade-off-Beziehung Marchs (1991: 71) werden anhand des nachstehenden Zitats verdeutlicht:

„Exploration includes things captured by terms such as search, variation, risk taking, experimentation, play, flexibility, discovery, innovation. Exploitation includes such things as refinement, choice, production, efficiency, selection, implementation, execution. Adaptive systems that engage in exploration to the exclusion of exploitation are likely to find that they suffer the costs of experimentation without gaining many of its benefits. They exhibit so many undeveloped new ideas and too little distinctive competence. Conversely, systems that engage in exploitation to the exclusion of exploration are likely to find themselves trapped in suboptimal equilibria. As a result, maintaining an appropriate balance between exploration and exploitation is a primary factor in system survival and prosperity."

In der Literatur werden drei Ambidextrieformen genannt: die sequentielle, strukturelle und kontextuelle (vgl. O'Reilly & Tushman [www]: 17.07.15). Unternehmen bedienen sich dieser unterschiedlichen Formen, um mit der von March genannten Trade-off-Beziehung umgehen zu können (vgl. Duwe 2018: 27). Zuvor war das parallele Verfolgen beider Aktivitätsmodi in der Organisationswissenschaft als unvereinbar und als nachteilig für die Unternehmensperformanz eingestuft worden, weshalb zunächst die von Duncan aufgezeigte zeitliche Trennung vollzogen wurde (vgl. Fojcik 2014: 40–41). Als eine Möglichkeit zum Umgang mit den durch Exploitation und Exploration hervorgerufenen Zielkonflikten nennt Duncan (1976: 178–179) die sequentielle Ambidextrie, die eine zeitliche Trennung beider Modi vornimmt und die Strukturen im Laufe der Zeit an die Strategie anpasst. Hierbei differenziert er zwischen den Innovationsphasen der Initiierung und Implementierung. Aufgrund der Kritik, dass diese Ambidextrieform angesichts der schnellen Umfeldveränderungen ineffektiv sei und Unternehmen beide Aktivitätsmodi simultan verfolgen müssen, erfolgte eine Erweiterung um das Punctuated Equilibrium, das zwischen längeren Zeiträumen der Exploitation und kürzeren Phasen der Exploration auf individueller Ebene wechselt (vgl. Tushman & O'Reilly 1996: 11, 24–25; vgl. Tushman & O'Reilly [www]: 17.07.15; vgl. Papachroni, Heracleous & Paroutis 2014: 72). Tushmann & O'Reilly (1996: 25; [www]: 17.07.15) führen in ihrer Untersuchung die Notwendigkeit einer strukturellen Ambidextrieform auf, die die räumliche Trennung zwischen Exploration und Exploitation auf Unterabteilungsebene befürwortet. Hierbei wird die strukturelle Ambidextrie durch das Top Management gesteuert, indem autonome Einheiten mit einer individuellen Zuordnung von Mitarbeitern, Strukturen, Prozessen und Kulturen bestehen. Weitere Forschungen zum Themenfeld Ambidextrie beschäftigen sich mit Verbindungsmechanismen im Hinblick auf explorative und exploitative Abteilungen aufgrund der gewählten strukturellen Ambidextrieform (vgl. Beckman 2006; vgl. Lubatkin et al. 2006) und Führungscharakteristika zum Umgang mit entstehenden Spannungen (vgl. Tushman, Smith & Binns 2011).

Jansen, Vera & Crossan (2009) untersuchen die strukturelle Ambidextrie auf der Ebene des mittleren Managements und befürworten cross-funktionale Schnittstellen (beispielsweise in Form cross-funktionaler Teams), um Wissensaustausche zwischen OE mit exploitativem und explorativem Fokus zu gewährleisten.

Zur kontextuellen Ambidextrie haben maßgeblich Gibson und Birkinshaw beigetragen. Ambidextrie kann durch einen entsprechenden organisationalen Kontext so gestaltet werden, dass Individuen täglich zu unterschiedlichen Zeitpunkten exploitativ oder explorativ handeln können (vgl. Gibson & Birkinshaw 2004: 212–219; vgl. Papachroni, Heracleous & Paroutis 2014: 72). Hierbei handelt es sich um ein kontextuelles Gleichgewicht zwischen Exploration und Exploitation, d. h. dass keine temporale oder strukturelle Trennung beider Aktivitätsmuster vollzogen wird, sondern dass sie innerhalb eines Organisations- oder Führungskontextes gleichzeitig stattfinden (vgl. Duwe 2018: 27–28), wenngleich kontextuelle Ambidextrie auf einer Art der temporalen Separation auf individueller Ebene basiert. Kontextuelle Ambidextrie ist erfüllt, sofern es Individuen ermöglicht wird, situativ zwischen exploitativem und explorativem Handeln zu wählen (vgl. Papachroni, Heracleous & Paroutis 2014: 76). Als ein Beispiel kontextueller Ambidextrie ist das Produktionssystem von Toyota zu nennen, in dessen Kontext Adler, Goldoftas und Levine (1999: 43–44) Exploitation und Exploration untersucht haben. Die Belegschaft führt hierbei zum einen exploitative Tätigkeiten wie Montagearbeiten durch; zum anderen sollen sie sich aber auch damit beschäftigen, wie sie ihre Tätigkeit kontinuierlich verbessern können, um effizienter zu werden, wobei es sich um Exploration handelt. Gibson & Birkinshaw (2004: 211–221) charakterisieren kontextuelle Ambidextrie durch mögliches Handeln außerhalb des eigenen Fachwissens, Kooperation, Selbstreflexion, Perspektivenvielfalt und Anpassungsfähigkeit. Ambidextrie auf individueller Ebene basiert auf der Annahme, dass ambidextre Organisationen ambidextre Individuen benötigen, die sich der Anforderungen und Notwendigkeit von Exploitation und Exploration bewusst sind (vgl. O'Reilly & Tushman 2004: 74–75). Mom, Van den Bosch & Volberda (2007: 911) weisen darauf hin, dass die Ausprägung des exploitativen und explorativen Verhaltens auf kollektiver Ebene vom ambidextren Verhalten der Führungskräfte abhängt. O'Reilly & Tushman (2008: 202) führen ferner auf, dass ambidextre Organisationen vor allem ambidextre Führungskräfte benötigen. Mom, Van den Bosch & Volberda (2009: 812–813) beschreiben, dass ambidextre Führungskräfte multitaskingfähig sind, mit Widersprüchen umgehen können sowie ihr Wissen und ihre Fähigkeiten optimieren und aufbauen. Laut Gibson & Birkinshaw (2004: 215) sollte Ambidextrie als Ermöglichung eines Prozesses menschlicher Interaktion gesehen werden, die die organisatorische Veränderungsfähigkeit unterstützt (vgl. Uhl-Bien & Arena 2018: 89).

Wie unter 1.3 Herleitung Forschungsfrage 2: Ambidextre Führung und Paradoxien dargestellt, beschäftigt sich die Ambidextrieforschung über die vorangegangenen Ausführungen hinaus mit Paradoxien, also Spannungen und Widersprüchlichkeiten, die sich aufgrund der beiden Lernmodi Exploitation und Exploration
ergeben. Gemäß March (1991: 71) handelt es sich bei Exploration und Exploitation um zwei gegensätzliche Lernprozesse und somit zwei Enden eines Kon-
tinuums, die um knappe Ressourcen konkurrieren und anhand unterschiedlicher
organisationaler Fähigkeiten umgesetzt werden. Somit handelt es sich bei Ambidextrie nicht nur um zwei Lernmodi, sondern auch um den Umgang mit den aus
den Lernmodi entstehenden Spannungen. Somit wird die Schaffung einer Balance
zum Umgang mit möglichen Paradoxien notwendig. Raisch & Zimmermann
(2017: 315) stufen die organisationalen Spannungen hingegen als komplementär
und sich gegenseitig verstärkend ein.

   Während sich Führungskräfte bei der strukturellen oder temporalen Ambidextrie entscheiden müssen, ob sie entweder im Bereich der Exploitation oder der
Exploration handeln, ist Führungshandeln bei der kontextuellen Ambidextrie vor
dem Hintergrund einer „sowohl als auch-Perspektive" beidhändig zu gestalten.
Hierbei besteht die größte Herausforderung im Führungshandeln, da Führungskräfte ein Gleichgewicht zwischen Exploitation und Exploration ermöglichen
und somit mit widersprüchlichen Anforderungen und Spannungen umgegan-
gen werden muss (vgl. Duwe 2018: 27–28; vgl. Zacher, Robinson & Rosing
2016: 1). Detaillierte Ausführungen zu diesen Spannungen werden unter 2.1.1
Gestaltung eines ambidextren Kontextes sowie 2.1.3 Organisationale Paradoxien
aufgeführt. Dennoch sei an dieser Stelle auf die unterschiedlichen Schwerpunkte
der Exploitation und Exploration sowie resultierenden Spannungen hingewiesen.
Im Bereich des organisationalen Lernens werden so beispielsweise das Single
Loop Learning und Optimierung dem Double Loop Learning und Experimentieren gegenübergestellt, wodurch Spannungen im Bereich des Wissensaufbaus
und der Wissensnutzung entstehen (vgl. Argyris & Schön 1978/1996; vgl. March
1991; vgl. Gupta, Smith & Shalley 2006; vgl. Levinthal & March 1993; vgl.
Mom, van den Bosch & Volberda 2009). Im Bereich der technologischen Innovation werden inkrementelle Innovationen gegenüber radikalen genannt, wodurch
beispielsweise die Paradoxie der Stabilität gegenüber Flexibilität hervorgerufen
wird (vgl. Tushman & O'Reilly 1996). Das strategische Management stellt bestehende Kernkompetenzen neuen gegenüber (vgl. Prahalad & Hamel 1990), beim
Organisationsdesign werden mechanistische und organische Organisationsstrukturen gegenübergestellt (vgl. Duncan 1976; vgl. Jansen, Van Den Bosch & Volberda
2006; vgl. Tushman & O'Reilly 1996). Da bisher noch nicht untersucht wurde,

mit welchen Paradoxien Führungskräfte von Teams auf Arbeitsebene im Rahmen kontextueller Ambidextrie umgehen müssen, soll dies im Rahmen dieser Arbeit basierend auf 1.3 Herleitung Forschungsfrage 2: Ambidextre Führung und Paradoxien ganzheitlich untersucht werden.

Die Aufführung der bisherigen Untersuchungen im Bereich der Ambidextrieformen ist an dieser Stelle besonders wichtig, da die Problematiken im Umgang mit Ambidextrie aufgeführt werden und verdeutlicht wird, dass es sich im Forschungskontext der ambidextren Führung von Teams um kontextuelle Ambidextrie handelt. Darüber hinaus wurde unter 1.2 Herleitung Forschungsfrage 1: Ambidextre Führung und Lernprozesse aufgezeigt, dass Führung nicht nur eine der wichtigsten Vorhersagevariablen für organisatorisches Lernen und organisatorischen Erfolg ist (vgl. Furtner & Baldegger 2014: 6; vgl. Rosing, Frese & Bausch 2011: 956; vgl. Doll 2016: 28; vgl. Yong 2013: 2), sondern dass ein Forschungsdesiderat hinsichtlich der Gestaltung von Ambidextrie in Unternehmen besteht (vgl. O'Reilly & Tushman 2011: 20). Zwar bestehen Studien zum Zusammenhang von Führung und Ambidextrie, in denen Führungshandeln als Einfluss für den unternehmerischen Erfolg aufgezeigt wird (vgl. Jansen, Van Den Bosch & Volberda 2006: 21; O'Reilly & Tushmann 2011: 9), jedoch zeigen O'Reilly & Tushman ([www]: 17.07.15) in ihrer Studie Organizational Ambidexterity: Past, Present and Future aus dem Jahr 2013 auch auf, dass bisherige Studien keine Erkenntnisse in Bezug auf die tatsächliche Balanceherstellung zwischen Exploitation und Exploration aufführen. Dies ist ein wichtiger Befund, der die Notwendigkeit dieser Forschungsarbeit im Bereich der kontextuell ambidextren Führung von Teams bestätigt. Dies wird auch von Schreyögg und Sydow bestätigt. Sie greifen die organisationale Ambidextrie in ihrem Konzept „Balancing Countervailing Processes" aus dem Jahr 2010 auf und verstehen Exploitation und Exploration als ausgleichende Prozesse. Es besteht die Notwendigkeit der Überprüfung der Stabilisierungsmechanismen sowie Anpassung an die Umfeldaktivitäten, die stetig zu hinterfragen sind (vgl. Schreyögg & Sydow 2010: 1258). Zu berücksichtigen ist laut March (1991: 72), dass aufgrund des Handelns in einem Lernmodus die Ressourcen für den anderen Lernmodus verringert werden. Als ein Beispiel nennt er die Geschwindigkeitsreduktion des bestehenden Kompetenzausbaus, wenn die Exploration neuer Alternativen stattfindet. Studien weisen jedoch auch auf, dass sich das parallele Verfolgen beider Aktivitätsmodi positiv auf den Unternehmenserfolg auswirken kann (vgl. He & Wong 2004: 485; vgl. Cao, Gedajlovic & Zhang 2009: 781). Hierfür ist ein entsprechender Führungsstil bzw. die Auswahl des passenden Führungspersonals notwendig (vgl. Rosing, Frese & Bausch 2011: 956–957).

Wie aufgeführt, bestehen trotz dieses Erfordernisses lediglich wenige empirische Erkenntnisse zur ambidextren Führungsforschung. Im Bereich des Ideen-
und Innovationsmanagements wurden bisher vor allem allgemeine Führungsstile
thematisiert (vgl. Rosing, Frese & Bausch 2011: 957), insbesondere der transformationale sowie transaktionale (vgl. Felfe 2015: 39; vgl. Schreuders & Legesse
2012 [www]: 16.02.18; vgl. Rost, Renzl & Kaschube 2014: 50; vgl. Zacher &
Rosing 2015: 54; vgl. Rosing, Frese & Bausch 2011: 958). So wurde ermittelt, dass die Förderung des exploitativen Lernens mittels transaktionaler Führung
und die der explorativen Innovation anhand transformationaler Führung erfolge
(vgl. Raisch et al. 2009: 693). Hunter (2011: 54) führt in diesem Kontext jedoch
auf, dass es eines einzigartigen Rahmens von Führungsverhalten bedürfe und
nicht nur ein einziges Führungsverhaltens. Zacher, Robinson & Rosing (2016:
29) bestätigen diese Annahme und führen auf, dass die zu gestaltenden Rahmenbedingungen der Führung über die Unterscheidung zwischen transaktionaler
(für Exploitation) und transformationaler Führung (für Exploration) hinausge-
hen. Rosing, Frese & Bausch (2011: 956–957) unterscheiden zwischen „opening"
and „closing behavior". Zacher, Robinson & Rosing (2016: 41) beschreiben mit
„opening behavior" ein breites Spektrum an Autonomie zum Experimentieren
mit dem Ziel der Ideengenerierung (Exploration). Im Gegensatz hierzu werden
durch „closing behaviors" klare Zielvorgaben erteilt und Optimierungen angestrebt (Exploitation). Sie zeigen ferner auf, dass transaktionale Führung nicht
mit „closing behaviors" und transformationale Führung nicht mit „opening behaviors" gleichgesetzt werden könne. Vielmehr war „closing behavior" mäßig mit
sowohl transformationaler als auch transaktionaler Führung verbunden; „opening
behavior" stärker mit transformationaler Führung und weniger mit transaktionaler.
Dennoch gibt es Überschneidungen, so dass transaktionale und transformationale
Führung sowohl die Funktion „opening" als auch „closing" einnehmen kann. Als
Beispiel führen sie die Visionskommunikation als Element der transformationalen
Führung auf. Im Hinblick auf Lernen und Entwicklung könnte sie als „opening
behavior" eingestuft werden, im Hinblick auf Zielerreichung jedoch als „closing
behaviors".
     Die praktische Umsetzung von Ambidextrie fand bisweilen vor allem im
Bereich von Top Management-Teams Beachtung und wird als „leadership-based
ambidexterity" bezeichnet (vgl. Duwe 2016: 6; vgl. Gibson & Birkinshaw 2004:
223; vgl. Tushman & O'Reilly 1996: 8–14; vgl. O'Reilly & Tushman 2011: 9;
vgl. Raisch et al. 2009: 686; vgl. Smith 2008 [www]: 17.02.18; vgl. Hafkesbrink
2014: 21) – weitaus seltener jedoch auf der unteren Hierarchieebene der Führungskräfte im Hinblick auf deren Teams (vgl. Busch 2015: 25). So weisen Raisch
et al. (2009: 686) darauf hin, dass auch Integrationsmechanismen in Unternehmen

genutzt werden sollten, um Wissensteilung abteilungsübergreifend zu ermöglichen
(vgl. Raisch et al. 2009: 686). Kostopoulos & Bozionelos (2011: 386) bestätigen,
dass Teams aktiv beide Lernmodi verfolgen können; jedoch sind die Erkenntnisse
zunächst sehr allgemein abgebildet und weisen Lücken in der praktischen Umsetzung auf. Aus diesen Gründen bedürfen sie einer konzeptionellen Fundierung
sowie empirischer Belege (vgl. Tyssen 2011: 26).

Kearney (2013 [www]: 19.12.15) führt als Untersuchungsergebnis ihrer Studie
„Die Effekte ambidextrer Führung auf die Ideengenerierung und Ideenimplementierung, die Team-Innovation und die allgemeine Teamleistung" zwar die positive
Korrelation ambidextrer Führung mit der Team-Innovation auf Arbeitsebene; Ideengenerierung und der allgemeinen Teamleistung auf; allerdings handelt es sich
hierbei um eine Fragebogen-Feldstudie an 75 Teams verschiedener Branchen und
Unternehmen, wodurch der Zusammenhang ambidextrer Führung mit der Ideengenerierung in einem Großunternehmen der Automobilbranche für diese Arbeit
nicht mit Gewissheit bestätigt werden kann und somit für diesen Kontext erneut
untersucht wird, um eine qualitativ weiter gefasste Begründung auf der Ebene der
unteren Führungshierarchie zu erzielen.

Des Weiteren vernachlässigen aktuelle Erkenntnisse zum Führungsverhalten
im Kontext Ambidextrie Realisierungsmethoden zur Steigerung des ambidextren
Verhaltens auf operativer Teamebene mittels Steuerung durch den direkten Vorgesetzten (vgl. Weibler & Keller 2015: 289–290). Vordergründig wird zumeist die
gesamtorganisationale Perspektive betrachtet, die der kollektiven Verhaltensebene
allerdings lediglich marginal Beachtung schenkt und Erklärungsgrenzen aufweist.
Essenziell ist jedoch, dass die Schaffung geeigneter Rahmenbedingungen zur
Koordination und Integration exploitativer und explorativer Handlungsweisen in
Bezug auf Aufgaben- und Verhaltensanforderungen durch die Führungsebene
widergespiegelt wird (vgl. Weibler & Keller 2015: 298–300).

Hierbei stoßen traditionelle Führungsstile an ihre Grenzen. Eine wesentliche
Erkenntnisnotwendigkeit besteht in einem Verständnis darüber, wie Führungskräfte bei der Erledigung gleichbleibender Aufgaben einen Wechsel zwischen
explorativen und exploitativen Aktivitäten ermöglichen. Da die ausschließliche
Betrachtung von Vorgesetzten Führungsergebnisse nicht ganzheitlich abbilden
könnte, ist auch die Mitarbeiterperspektive in der Untersuchung zu berücksichtigen und einschließlich ihrer Erwartungshaltung zu integrieren (vgl. Weibler &
Keller 2015: 300).

Diese Aspekte verdeutlichen die Relevanz der ambidextren Führungsforschung
zur Unternehmenssicherung und Krisenresistenz. Neben der Vernachlässigung der
ambidextren Führungsforschung auf Individual- und Teamebene (vgl. Rosing,
Frese & Bausch 2011: 957) bedarf es aufgrund der Vielzahl an Veröffentlichungen

im Bereich der Führungsforschung sowie des Ideen- und Innovationsmanagements eines integrierenden Konzeptes (vgl. Hobus & Busch 2011: 192). Anhand des Literaturstandes wird ersichtlich, dass Untersuchungen in einzelnen Forschungssträngen wie den Wirtschafts- und Sozialwissenschaften erfolgt sind und Differenzierungen innerhalb einzelner Disziplinen bestehen. Die vorliegende Dissertation verfolgt mittels des transdisziplinären Forschungsfeldes der Organisationswissenschaften einen ganzheitlichen Ansatz zur Schließung des Forschungsdesiderates. Aufgrund der hohen Anzahl von Veröffentlichungen im Bereich Ambidextrie und unzureichender Untersuchungen hinsichtlich der Gestaltung von Führung auf unterer Hierarchieebene ist der Bedarf eines integrierenden Konzeptes hoch. Für eine Konzepterstellung der innovativen Governance zur Förderung der Teamintelligenz für OE-bezogene und -übergreifende Innovationen mittels ambidexterer Führung werden innovationsbezogene Führungs- und Organisationsentwicklungsansätze auf Basis der systemischen sowie paradoxietheoretischen Ansätze reflektiert. Auf diese Weise werden neue Anhaltspunkte erforscht und die genannten Rahmenbedingungen mit dem Ziel einer umfassenden Übersicht zur ambidextrieförderlichen Gestaltung von Führung auf unterer Führungsebene zur Förderung der Teamintelligenz aufgearbeitet (vgl. Wollersheim 2010: 20; vgl. Hobus & Busch 2011: 192). Darüber hinaus soll ermittelt werden, inwiefern ein Zusammenhang zwischen ambidextrer Führung und OE-bezogener und -übergreifender Ideeneinreichung besteht und inwiefern es sich bei dieser Ideeneinreichung um nachhaltiges Lernen handelt.

1.8   Methodologisches Vorgehen

Zunächst wird ein Literaturüberblick (Kapitel 2) in Bezug auf die für die Forschungsfragen relevanten Themenbereiche „Ambidextrie", „organisatorisches Lernen von Nachhaltigkeit" und „Paradoxien" gegeben, um auf dieser Basis die Ermittlung eines Rahmenmodells ambidextrer Führung vorzunehmen. Um ein Ambidextrie-begünstigendes Führungsverhalten als Teil des Rahmenmodells zu erschließen, wird Literatur zu „teamkompetenzorientierter Führung", „Führung als Dienstleistung", „transformationaler Führung" mit einer kurzen Beschreibung „transaktionaler Führung" sowie „innovativer Team Governance" gegeben. Im Anschluss erfolgt die Entwicklung eines ambidextren Führungskonzeptes und Kategoriensystems (Kapitel 3). Das entwickelte Modell soll auf Basis der Forschungsergebnisse anhand des Kategoriensystems untersucht und erweitert werden. So wird zur Beantwortung der Forschungsfragen ein Führungskonzept entwickelt, das die grundlegenden Bedingungen dafür identifiziert, wie Führung

Rahmenbedingung zur Förderung einer innovativen Team Governance gestalten muss. Die Ergebnisse werden diskutiert und Hypothesen generiert (Kapitel 4), bevor mit einem Resümee abgeschlossen wird (Kapitel 5).

Die Untersuchung gliedert sich in zwei Teile und stellt eine methodische Kombination dar. Im ersten Teil wird anhand von Experteninterviews mit Führungskräften und Gruppendiskussionen mit Mitarbeitern bereits ambidexter handelnder Teams eine Momentaufnahme vollzogen. Es soll ermitteln werden, wie ambidextres Handeln in Bezug auf OE-bezogene und -übergreifende Ideengenerierung gestaltet wird. Zur Reflexion der Ergebnisse der Erstuntersuchung erhalten die Untersuchungsteilnehmer ein Jahr Zeit, um in einer anschließenden Längsschnittstudie anhand von ebenfalls Experteninterviews und Gruppendiskussionen eine alltagsprüfende kommunikative Validierung vorzunehmen. Dieses Vorgehen eröffnet die Chance einer Fortschrittsdokumentation mit dem Ziel der Verbesserung der unter 1.1 Ausgangssituation und Problemstellung genannten Change-Fitness.

Die grafische Darstellung des Aufbaus der Arbeit erfolgt anhand folgender Abbildung (Abbildung 1.2):

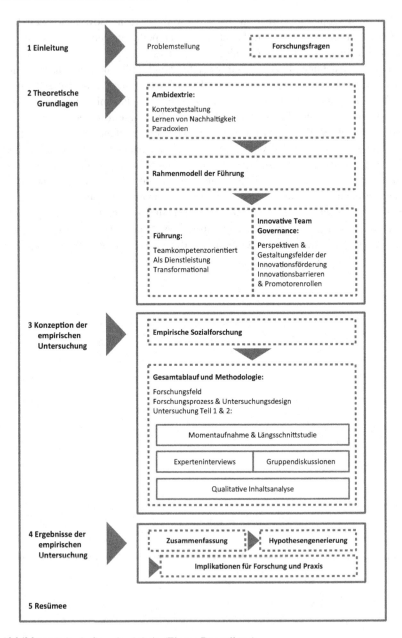

Abbildung 1.2 Aufbau der Arbeit. (Eigene Darstellung)

Theoretische Grundlagen 2

2.1 Grundlagen der Ambidextrie

Der Begriff Ambidextrie stammt aus dem Lateinischen und bedeutet Beidhändigkeit, also mit der linken Hand genauso geschickt umzugehen wie mit der rechten. Bezogen auf den unternehmerischen Kontext bedeutet dies, sowohl die stetige Optimierung bestehender Prozesse und Produkte voranzutreiben als auch Neues zu erkunden. Dies hört sich zunächst nicht herausfordernd an, die Realität verdeutlicht jedoch Gegenteiliges. Wie können Führungskräfte ein innovationsförderndes Umfeld schaffen, wenn zeitgleich die Notwendigkeit zur stetigen Optimierung, festgelegten Prozessen und Strukturen besteht? Wie schaffen es Führungskräfte, eine Balance zwischen der Einhaltung von Vorgaben im Bereich Prozesse, vorgegebenen Zeiten und monetären Aspekten auf der einen Seite zu ermöglichen und Mitarbeiter dennoch zum Durchbrechen traditioneller Muster und der Suche nach kreativen Lösungen zu ermutigen (vgl. Schulte-Kutsch 2017: 315)?

Nachfolgend werden Aspekte der Gestaltung eines ambidextren Kontextes, das organisatorische Lernen von Nachhaltigkeit sowie organisationale Paradoxien aufgeführt, um diese Erkenntnisse in ein Rahmenmodell der Führung zu integrieren.

Elektronisches Zusatzmaterial Die elektronische Version dieses Kapitels enthält Zusatzmaterial, das berechtigten Benutzern zur Verfügung steht https://doi.org/10.1007/978-3-658-33267-9_2.

2.1.1 Gestaltung eines ambidextren Kontextes

Bevor auf das Forschungsgebiet von Ambidextrie eingegangen wird, wird zunächst die Notwendigkeit für die Gestaltung eines ambidextren Kontextes unter Berücksichtigung von Lernprozessen beschrieben. Es wird so das Verständnis für die Balancegestaltung zwischen Wissensnutzung und der kontinuierlichen Verbesserung bestehender Produkte, Prozesse und Fähigkeiten des OE-bezogenen Aufgabengebietes (Exploitation) auf der einen Seite sowie Wissensaufbau und der Erkundung OE-übergreifender Erfolgspotenziale (Exploration) geschaffen (vgl. Durisin & Todorova 2003: 1; vgl. Güttel & Konlechner 2009 [www]: 17.07.15; vgl. Frank, Güttel & Weismeier-Sammer 2010: 187; vgl. Hotho & Champion 2010: 37). Auf diese Weise wird zudem erneut die Bedeutung der ersten Forschungsfrage „Wie muss ambidextres Führungshandeln gestaltet sein, um Lernprozesse im Team mittels Exploitation und Exploration auszulösen?" zum Zusammenhang ambidextrer Führung mit Lernprozessen untermauert.

Unternehmen sind soziale Systeme, die sich in einer Systemumwelt bewegen. Diese Umwelt hat sich in den letzten Jahrzehnten sehr stark verändert. Gründe hierfür finden sich in der VUCA-Systemumwelt (Volatility, Uncertainty, Complexity, Ambiguity). Volatility beschreibt, dass Veränderungsdynamiken und -geschwindigkeiten größer werden. Innovationsdruck und Diversifizierungsnotwendigkeiten steigen. Uncertainty beschreibt die schwierigere Vorhersehbarkeit von Umfeldfaktoren, wodurch die Lernfähigkeit von Organisationen an Bedeutung gewinnt. Complexity bezieht sich auf den Anstieg von Handlungsmöglichkeiten, wodurch das fortwährende Umdenken in Prozessen, Strategien und Zielen unerlässlich ist. Ambiguity ist Mehrdeutigkeit, wodurch der Bedarf an individuellen Lösungen und Wissensaufbau zunimmt. Organisationen können nur dann erfolgreich sein, wenn sie ihre Eigenschaften entsprechend an diese Umfeldbedingungen anpassen und somit eine Unternehmenstransformation ermöglichen (vgl. Olbert & Prodoehl 2019: 2–3).

Wenngleich im Rahmen dieser Arbeit nicht das Thema Agilität untersucht wird, sei aufgrund der Aktualität dieses Begriffes dennoch ein kurzer Exkurs auf die durch Agilisierung angestrebte duale Leistungskultur und ihr Bezug zu Ambidextrie zu nennen (vgl. Olbert & Prodoehl 2019: 6). Die vorzufindende strikte Trennung stabiler sowie agiler Organisationseinheiten in Unternehmen (beispielsweise Routinegeschäft vs. Innovation Lab) wird auch im Bereich des Agilitäts-Managements zunehmend angezweifelt (vgl. Jessl 2016 [www]: 11.12.18). Kotter (2012 [www]: 11.12.18) nennt in seinem Artikel „Accelerate!" die Notwendigkeit eines „Dual Operating Systems in Practice". Die Metapher verweist auf eine duale Leistungsstruktur, in der parallel zum Routinegeschäft selbstorganisiert und in

Netzwerkstrukturen gearbeitet wird, um neben der Optimierung des Kerngeschäftes die Innovationsfähigkeit zu steigern und diese nicht in Konkurrenz zueinander zu setzen. Olbert & Prodoehl (2019: 6) beziehen die duale Leistungskultur auf eine Haltung für kontinuierliche Verbesserungen, stetiges Lernen, selbstverantwortliches Handeln und Weiterentwicklung. Als Metapher nutzen sie den Begriff des „Korridors". Der Blickwinkel innerhalb des Korridors bezieht sich auf Exploitation, außerhalb des Korridors auf Exploration. Sie setzen diese Dualität der agilen Leistungskultur somit mit organisationaler Ambidextrie gleich. Prodoehl (2019: 13) bezeichnet die duale Leistungskultur der Agilität als ein Paradigma zur Transformation aller Unternehmensfacetten, beispielsweise Strategie, Struktur, Kultur, Prozesse, Führungsstile und Konventionen der Interaktion. Allerdings zeigt die Studie des Personaldienstleisters Hays „Zwischen Effizienz und Agilität. Fachbereiche in der Digitalisierung" mit 226 Befragten aus dem Jahr 2018 auf, dass lediglich 22 % der Führungskräfte Zeit in agiles Handeln investieren, da Prozesseffizienz nach wie vor im Vordergrund steht. Hierdurch werden sowohl die Entwicklung neuer Geschäftsfelder als auch der Austausch zwischen Projekt- und Linienorganisation gemindert, wodurch die duale Leistungskultur und die stetige Transformation vernachlässigt werden (vgl. [o. V.] 2018 [www]: 15.12.18).

Das Forschungsgebiet der Ambidextrie beschreibt die Fähigkeit von Unternehmen, mit verschiedenen Aktivitätsmustern in Bezug auf (scheinbar) dichotome Umfeldanforderungen umzugehen. Mittelpunkt der Ambidextrieforschung ist die Schaffung eines Gleichgewichtes zwischen den Lernmodi Exploitation und Exploration. Da diese beiden Lernmodi unterschiedliche Anforderungen an die Umsetzung aufweisen, wird von einem Spannungsverhältnis ausgegangen. Aus diesem Grund ist es für erfolgreiche Unternehmen wichtig, die (vermeintlich) paradoxen Anforderungen zu bewältigen und situationsadäquat auszubalancieren (vgl. Stephan & Kerber 2010: V-VI; vgl. Wollersheim 2010: 3; vgl. Uotila et al. 2009: 222–227; vgl. Hobus & Busch 2011: 189; vgl. Smith et al. 2017: 1; vgl. Konlechner & Güttel 2009: 29). Wang & Rafiq (2009: 90) unterscheiden Convergent und Divergent Learning. Convergent Learning beschreibt das Denken innerhalb eines bestehenden Rahmens (Exploitation) und Divergent Learning übergreifendes Denken (Exploration). Keller (2012 [www]: 27.12.15) zeigt auf, dass es sich bei der Exploitation um die Schaffung zuverlässiger Erfahrungswerte handelt, die auf etablierten Routinen und Verhaltensmustern basiert und Ausgangspunkt für das Single Loop Learning ist. Single Loop Learning (adaptives Lernen) ist ein Lernprozess des organisationalen Lernens, bei dem Handlungsstrategien geändert werden, falls sie nicht zu den zu erwartenden Unternehmensstrategien passen. Exploration ist eine Quelle zur Steigerung der Erfahrungsschatzvariation von Organisationen und wird mit dem selbstreflexiven Double Loop Learning bzw.

dem erweiterten Prozesslernen (Deutero Learning) in Verbindung gebracht. Beim Double Loop Learning (generatives Lernen) werden die Unternehmenswerte und -ziele, die Unternehmenskultur und etablierte Interessen auf Individual- und Gruppenebene über das Single Loop Learning hinaus hinterfragt. Deutero Learning beschreibt das Lernen des Lernens (vgl. Argyris & Schön 1996: 20–29; vgl. Argyris & Schön 1978: 18–28). Da Ambidextrie als Dynamic Capability (dynamische Fähigkeiten zum ständigen Wandel) die Lern- und Veränderungsbereitschaft einer Organisation fördert, unterstützt sie das Deutero Learning, sofern initiierte Lernprozesse gesammelt, geteilt und Wissen kodifiziert wird (vgl. Rost 2014: 29; Uhl-Bien & Arena 2018: 92). Häufige OE-übergreifende Personalaustausche fördern die Zuführung externer Wissenselemente und somit die Perspektiverweiterung (vgl. Argyris & Schön 1996: 20–29; vgl. Argyris & Schön 1978: 18–28).

Das ambidextre Handeln in Bezug auf das genannte Spannungsverhältnis wird anhand von Abbildung 2.1 dargestellt (weiterführende Paradoxien werden unter 2.1.3 Organisationale Paradoxien erörtert).

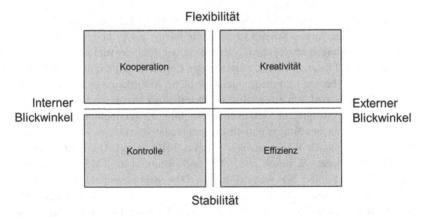

Abbildung 2.1 Ambidextres Handeln (Asselmeyer 2015: 5 in Anlehnung an Voelpel & Lanwehr 2009: 63)

Organisationen sind gefordert, neben der Optimierung des Kerngeschäftes auch Innovationen immer schneller voranzutreiben. Hierfür sind interne Organisationsstrukturen zu vernetzen, ein Gleichgewicht zwischen einem internen und externen Blickwinkel sowie Stabilität (Optimierung des Status Quo) und Flexibilität (für alternative Prozesse und Wissensaufbau) herzustellen, um den aufgeführten VUCA-Faktoren zu begegnen, die Innovationskraft zu stärken und so die Wettbewerbsfähigkeit zu steigern. Ein wesentlicher Fokus bezieht sich somit auf die Verwendung bestehender und Entwicklung neuer Wissensbestände (absorptive capacity zur Stärkung der organisationalen dynamischen Fähigkeit) als zentrale unternehmerische Herausforderung, um zukunftsfähig zu bleiben (vgl. Kruse 2013: 14; vgl. Disselkamp 2012: 15; vgl. Ebers 2017: 84; vgl. Wehmeier & Stumpf 2014: 12–13; vgl. Cao, Gedajlovic & Zhang 2009: 781–783; vgl. Kaudela-Baum, Holzer & Kocher 2014: 27; vgl. Renzl & Pausch 2016: 2; vgl. Keller 2015: 43; vgl. Konlechner & Güttel 2010: 45; vgl. Raisch & Birkinshaw 2008: 377–380; vgl. Vrontis et al. 2016: 377; vgl. O'Reilly & Tushman 2011: 6; vgl. Güttel et al. 2012: 189; vgl. Lavie, Stettner & Tushman 2010: 121; vgl. Andriopoulos & Lewis 2009: 698; vgl. Datta 2010: 2–3).

Somit bestehen höhere Anforderungen im Hinblick auf die organisatorische Wandlungsfähigkeit. Diese dynamische Wandlungsfähigkeit wurde Ende des 20. Jahrhunderts (vgl. Teece, Pisano & Shue 1997: 516) unter dem Begriff Dynamic Capabilites untersucht. Martin Rost (2014: 16) beschreibt Dynamic Capabilities als „[...] Lernprozesse, die es dem Unternehmen ermöglichen, seine den Geschäftsprozessen zugrundeliegenden Routinen systematisch zu verändern". Diese Definition basiert auf der inhaltlichen Ausarbeitung von Zollo & Winter (2002: 340): „A dynamic capability is a learned and stable pattern of collective activity through which the organization systematically generates and modifies its operating routines of improved effectiveness." Es handelt sich demnach um die optimale Nutzung und flexible Anpassung von Ressourcen und Kompetenzen. Eine Form von Dynamic Capabilities ist Ambidextrie, da es hierbei um die gleichzeitige Gestaltung von zum einen Exploitationsprozessen zur effizienten Nutzung bestehenden Wissens und aktueller Kernkompetenzen und zum anderen um Explorationsprozesse zum Wissensaufbau geht (vgl. Rost 2014: 16–17). Die Integration und Neukombination interner und externer Ressourcen bezieht sich im Kontext dieser Arbeit auf die internen Mitarbeiterressourcen (und damit Wissensressourcen) innerhalb einer OE und die externen Mitarbeiterressourcen (respektive Wissensressourcen über die eigene OE hinaus). Auf diese Weise wird der angestrebten Fähigkeit der Integration und Neukombination interner und externer Ressourcen der Kompetenzerhöhung entsprochen, um Wettbewerbsvorteile zu generieren. Es wird eine gesteigerte Synergienutzung durch die Ausschöpfung einer größeren Wissensbasis der Mitarbeiter außerhalb des eigenen Aufgabenbereiches gewährleistet (vgl. Renzl & Pausch 2015: 1–2; vgl. O'Reilly & Tushman 2011: 6; vgl. Wollersheim 2010: 5).

Für die Gestaltung von Ambidextrie nutzen Unternehmen unterschiedliche Ambidextrieformen. Rost (2014: 17–18) nennt die folgenden zwei zentralen Modelle von Ambidextrie:

1. Strukturelle Ambidextrie, die die räumliche Trennung von Organisationseinheiten befürwortet – solche mit exploitativen oder explorativen Tätigkeiten.
2. Kontextuelle Ambidextrie, bei der Mitarbeiter durch eine entsprechende Kulturgestaltung dazu angeregt werden, sowohl exploitativen als auch explorativen Tätigkeiten nachzugehen.

Er differenziert die Gestaltung struktureller und kontextueller Ambidextrie wie folgt:

Tabelle 2.1 Gestaltung struktureller und kontextueller Ambidextrie

	Strukturelle Ambidextrie	**Kontextuelle Ambidextrie**
Konflikthandhabung: Exploration/Exploitation	Räumliche und prozessuale Trennung von Exploitation und Exploration	Parallele Bearbeitung von Exploitation und Explorations-Aufgaben in einer Organisationseinheit. Handhabung des Konfliktes durch Kulturgestaltung.
Entscheidungen über Konzentration auf Exploitation und Exploration	Im Top-Management	Auf Mitarbeiter- und Abteilungsebene

(Rost 2014: 18)

Mit der strukturellen Ambidextrie wird versucht, Konflikten zwischen den Lernmodi Exploitation und Exploration entgegenzuwirken. Wie in Tabelle 2.1: Gestaltung struktureller und kontextueller Ambidextrie beschrieben, wird bei struktureller Ambidextrie durch das Top Management entschieden, ob sich die Organisation für Exploitation oder Exploration entscheidet. Es findet eine räumliche Trennung zwischen Exploitation und Exploration statt, wodurch Führungskräfte je nach Entscheidung durch das Top Management entweder Rahmenbedingungen für Exploitation oder für Exploration schaffen. Bei der strukturellen Ambidextrie wird der Wechsel zwischen situativen Anforderungen in Bezug auf Exploration und Exploitation vernachlässigt. Dies bedeutet, dass kein Gleichgewicht zwischen sowohl Flexibilität als auch Effizienz gegeben ist. Darüber hinaus werden die Kompetenzen der Teams aufgrund der einseitigen Fokussierung nicht ganzheitlich berücksichtigt. Ferner werden bei dieser Ambidextrieform Inkonsistenzen in Fähigkeiten, Strukturen und der Unternehmenskultur herbeigeführt (vgl. Weibler & Keller 2015: 290; vgl. Schad et al. 2016: 25–26; vgl. Rost, Renzl & Kaschube 2014: 35; vgl. Weibler & Keller 2011: 159; vgl. Wang & Jiang 2009: 276). Handelt es sich jedoch um kontextuelle Ambidextrie, stehen Führungskräfte vor der Herausforderung, eine „Sowohl als auch"-Perspektive einzunehmen und mit möglichen Spannungen umzugehen, die durch die gleichzeitige Verfolgung beider Lernmodi entstehen können (vgl. Weibler & Keller 2015: 289; vgl. Duwe 2018: 7; vgl. Konlechner & Güttel 2009: 48–50; vgl. Rost 2014: 18–19). Das Forschungsinteresse dieser Arbeit liegt im Bereich der kontextuellen Ambidextrie, da ermittelt werden soll, wie Führungskräfte Rahmenbedingungen in diesem diametral entgegengesetzten Ambidextriekontext gestalten, bei der beide Aktivitätsmuster (simultan oder zyklisch) zusammengeführt werden. Diese Sichtweise entspricht der Complement School (und steht im Gegensatz zur Conflict School, die eine strukturelle bzw. differenzierte Ambidextrie in spezialisierte Organisationseinheiten favorisiert). Sie bezeichnet die gleichzeitige Forcierung explorativen und exploitativen Lernens durch Individuen, Teams oder die ganze Organisation und wird durch einen ambidextriefördernden organisationalen Kontext begünstigt. Kontextuelle Ambidextrie wird deshalb als integriertes Organisationsmodell bezeichnet (vgl. Mothe & Brion 2008: 101; vgl. Renzl & Rost 2011: 156; vgl. Hobus & Busch 2011: 190; vgl. Kozica & Ehnert 2014: 155; vgl. Schad et al. 2016: 25–26; vgl. Gibson & Birkinshaw 2004: 209–211; vgl. O'Reilly & Tushman 2013 [www]: 17.07.15; vgl. Lubatkin et al. 2006: 647–652; vgl. Mom, van den Bosch & Volberda 2009: 813–821; vgl. Carmeli & Halevi 2009: 207–216; vgl. Ebers 2017: 85; vgl. Rost, Renzl & Kaschube 2014: 33–37; vgl. Lavie, Stettner & Tushman 2010: 130–131; vgl. Andriopoulos & Lewis 2009: 697–698; vgl. Hobus & Busch 2011: 189; vgl. Raisch & Zimmermann 2017: 317–318).

Bei kontextueller Ambidextrie bestehen zentrale und mechanistische Strukturen, die für den explorativen Lernmodus durch organische, informale Strukturen mit flexiblen und unbürokratischen Abläufen ergänzt werden. Mitarbeiter übernehmen die Rolle der Integrationsmanager, organisieren und kontrollieren sich überwiegend selbstständig. Sie erhalten zeitliche Freiräume und werden langfristig durch Visionen und Ziele motiviert. Durch die Bewusstseinsveränderung wird eine erhöhte Veränderungsbereitschaft ermöglicht (vgl. hierzu in detaillierter Ausführung Abbildung 3.7: Ausgangspunkte des organisatorischen Wandels). Kontextuelle Ambidextrie ist somit eine Fähigkeit, die sich eher durch Organisationsmitglieder zeigt und weniger durch die organisationale Struktur (vgl. Mothe & Brion 2008: 101; vgl. Renzl, Rost & Kaschube 2011: 156; vgl. Hobus

& Busch 2011: 190; vgl. García-Lillo, Úbeda-García & Marco-Lajara 2016: 1040; vgl. Weibler & Keller 2010: 261; vgl. Andriopoulos & Lewis 2009: 697; vgl. Buliga, Scheiner & Voigt 2016: 655; vgl. Gibson & Birkinshaw 2004: 210–211). Allerdings bestehen organisatorische Rahmenbedingungen, die kontextuelle Ambidextrie positiv oder negativ beeinflussen können (wozu auch die organisationale Struktur gehört). Rost (2014: 29) führt in Anlehnung an Wollersheim (2010: 18) eine modifizierte Darstellung der systematisierten Übersicht ambidextrieförderlicher Rahmenbedingungen auf.

Sie wird nachstehend in vereinfachter Form aufgeführt (Abbildung 2.2):

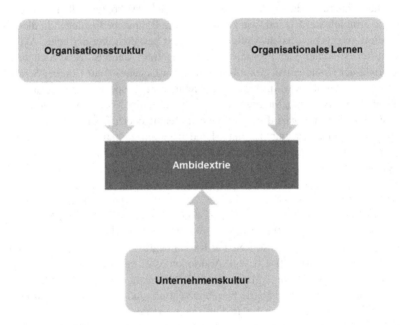

Abbildung 2.2 Ambidextrieförderliche Rahmenbedingungen. (Eigene Darstellung in Anlehnung an vgl. Rost 2014: 29; vgl. Wollersheim 2010: 18)

Die Grafik zeigt, dass sowohl die Organisationsstruktur als auch organisationales Lernen und Unternehmenskultur einen besonderen Einfluss auf die Entfaltung von Ambidextrie aufweisen (vgl. Wollersheim 2010: 18). Ein Hindernis des Lernens in Organisationen, das außerdem einen unternehmenskulturspezifischen

Aspekt darstellt, ist beispielsweise Konkurrenzdenken innerhalb des Unternehmens. Im Hinblick auf die aufgezeigten Forschungsfragen bedeutet es, dass bei OE-übergreifendem Wissensaufbau (Exploration) Barrieren bestehen, die wiederum zu einem schwieriger zu erzielenden stabilen Gleichgewicht von Exploitation und Exploration führen können. Darüber hinaus begrenzen zeitliche und fachliche Ressourcen ein verändertes Führungsverhalten hin zu Ambidextrie (vgl. Schabel 2018 [www]: 14.12.18).

Bei der kontextuellen Ambidextrieform müssen Führungskräfte durch das gleichzeitige Stattfinden der Aktivitäten kontinuierlich hinterfragen, wie sie ein Gleichgewicht herstellen und mit den unterschiedlichen Anforderungen, Spannungen und Paradoxien umgehen (vgl. Duwe 2018: 27–28). Gibson und Birkinshaw (2004: 209) fassen kontextuelle Ambidextrie wie folgt zusammen: „Contextual ambidexterity is the behavioral capacity to simultaneously demonstrate alignment and adaptability across an entire business unit". Sie stufen das Konzept der kontextuellen Ambidextrie als sehr vielversprechend ein, um zu verstehen, wie Führungskräfte Spannungen sowie die benötigte Balance in einem komplexen Umfeld gestalten müssen (vgl. Gibson & Birkinshaw 2004: 223).

Einen weiteren Grund für das Interesse an der Untersuchung von Führung innerhalb kontextueller Ambidextrie bietet Abbildung 2.3 von Wang und Jiang (2009: 274).

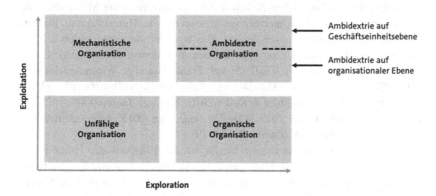

Abbildung 2.3 Ambidextre Organisation (Wang & Jiang 2009: 274)

Die Ausführungen verdeutlichen, dass sich Unternehmen heutzutage nicht mehr nur über Maschinen- und Produktionsanlagen und somit eine mechanistische Organisationsform definieren können (vgl. Pinnow 2011: 47); vielmehr muss zusätzlich zum bisher fokussierten Kerngeschäft und dessen Optimierung auch die Innovationsfähigkeit gesteigert werden (Exploitations- und Explorationsorientierung) (vgl. Baltes & Selig 2017: S. 142). Dies ist die Gestaltung eines ambidextren Kontextes. Die Grafik verdeutlicht, dass Unternehmen ambidexter sind, wenn sie sowohl Exploitation als auch Exploration auf Geschäftseinheitsebene verfolgen und nicht nur auf organisationaler Ebene, wie es bei beispielsweise struktureller Ambidextrie der Fall ist (vgl. Wang & Jiang 2009: 274). Der Untersuchungsgegenstand dieser Arbeit liegt im Bereich der Ambidextrie auf Geschäftseinheitsebene zur Ermöglichung des ambidextren Verhaltens von Teams durch Führungskräfte. Es handelt sich somit um den höchstmöglichen Ambidextriegrad einer Organisation. Weitere Ausführungen zur Bedeutung einer vollständig ambidextren Organisation vor dem Hintergrund des Nachhaltigkeitsansatzes erfolgen unter 2.1.2 Lernprozesse und Nachhaltigkeit.

Führungskräften wird eine wesentliche Bedeutung für die Gestaltung dieses beidhändigen Handelns, der Ambidextrie, beigemessen. Eine der wesentlichen Herausforderungen besteht in der Kontextgestaltung dieser doppelspurigen Ausführung (vgl. Weibler & Keller 2015: 289). Die ambidextre Führung beruht auf dem so genannten Paradoxieansatz. Es ist ein Gleichgewicht der konträren Ziele im Kontext von Flexibilität und Stabilität sowie internem und externem Blickwinkel herzustellen (vgl. Abbildung 2.1 Ambidextres Handeln), da die Balance der gleichzeitigen Berücksichtigung und Förderung komplementärer Gegensätze wesentlich für das langfristige Bestehen des Unternehmens am Markt sind. Sie konkurrieren um knappe Unternehmensressourcen wie Humankapital, Budget, Zeit und sind inhärent selbstverstärkend. Das bedeutet, dass eine fehlende Existenz zu Misserfolg führen kann (vgl. Durisin & Todorova 2003: 1; vgl. Güttel & Konlechner 2009 [www]: 17.07.15; vgl. Frank, Güttel & Wiesmeier-Sammer 2010: 187; vgl. Knott 2002: 339–340; vgl. Raisch et al. 2009: 686–687; vgl. Im & Rai 2008: 1282; vgl. Weibler & Keller 2010: 260; vgl. Jansen 2008: 102; vgl. Turner, Swart und Maylor 2013: 323–325; vgl. Choi 2015: 440; vgl. Reichert 2017: 15; vgl. Besharov & Sharma 2017: 189).

Eine wesentliche Voraussetzung hierfür ist die Fähigkeit der Führung zur Balanceherstellung zwischen Innen- und Außenperspektive sowie Stabilität und Flexibilität (vgl. Kruse 2013: 10; vgl. Disselkamp 2012: 15). Auch deshalb rückt die organisationale Ambidextrie als entscheidender Faktor zur Stärkung und Aufrechterhaltung der langfristigen Wettbewerbsfähigkeit von Unternehmen immer stärker in den Fokus (vgl. Disselkamp 2012: 15; vgl. Preda 2014: 67). Das Ziel ist die Schaffung eines Gleichgewichts dieser konträren Ziele: der kontinuierlichen Verbesserung der funktionellen und institutionellen Aufgaben der eigenen OE

(Exploitation) einerseits sowie der Generierung OE-übergreifender Ideen (Exploration) andererseits (vgl. Durisin & Todorova 2003: 1; vgl. Güttel & Konlechner 2010: 34; vgl. Frank, Güttel & Weismeier-Sammer 2010: 187).

Für diesen Kontext wird somit unter ambidextrer Führung das Folgende verstanden:

Ambidextre Führung verfolgt die simultane Kopplung von Exploration und Exploitation, wobei Exploration das Erschließen neuen Wissens in OE-übergreifenden Bereichen (Innovation) und Exploitation die Nutzung und Verbesserung bestehenden Wissens in der eigenen OE zur Erzielung von Effizienz (Replikation) beschreibt (vgl. Konlechner & Güttel 2009: 45; vgl. Turner, Swart und Maylor 2013: 320).

Vor dem Hintergrund des next practice-Ansatzes nach Peter Kruse bezieht sich Replikation somit auf den best practice-Ansatz zur Funktionsoptimierung. Hierdurch können bestehende Verhaltensmuster der eigenen OE verbessert und Leistungssteigerungen erzielt werden (Exploitation als triviales Lernen). Innovation bezeichnet in diesem Kontext Prozessmusterwechsel und geht somit auf die Ebene des next practice über, wodurch Verbesserungen in OE-übergreifenden Tätigkeitsfeldern erfolgen (Exploration als nichttriviales Lernen) (vgl. Kruse 2013: 20–25).

Bisherige Studienergebnisse zeigen eine Präferenz von Personen mit Führungsverantwortung auf unterer Hierarchieebene im Hinblick auf die Verfolgung OE-bezogener, exploitativer Fähigkeiten. Dies ist auch darauf zurückzuführen, dass organisationale Strukturen und Prozesse vor allem auf Effizienzen bei Bestandsaufgaben abzielen. So werden innovative Aufgaben und der Blick über Abteilungsgrenzen hinweg vernachlässigt bzw. nur bei freien Kapazitäten genutzt. Ein Anstieg des Gleichgewichts explorativer und exploitativer Ausrichtung ist erst mit aufsteigender Führungsverantwortung festzustellen, da hierdurch ein höherer Gestaltungsspielraum aufgrund gesteigerter Machtmöglichkeiten und dem damit verbundenen vergrößerten Machtspielraum besteht (vgl. Renzl, Rost & Kaschube 2013: 161; vgl. Ebers 2017: 91; vgl. Weibler & Keller 2011: 161; vgl. Mom 2006 [www]: 18.02.18; vgl. Choi 2015: 441). Den Fokus dieser Arbeit bilden direkte Vorgesetzte operativer Teams auf unterer Hierarchieebene (Meister und/oder Unterabteilungsleiter) – mit dem Ziel der Verhinderung der Vereinseitigung des exploitationsbezogenen Verhaltensmusters und für einen ambidextren Ausgleich (vgl. Renzl, Rost & Kaschube 2013: 162).

2.1.2 Lernprozesse und Nachhaltigkeit

Dieses Unterkapitel dient der Beschreibung des organisationalen Lernens sowie deren Einbettung in die Nachhaltigkeitsforschung, um theoretische Grundlagen für die vierte Forschungsfrage zum Thema Ideengenerierung und nachhaltiges Lernen aufzuzeigen.

James G. March hat in seiner Veröffentlichung „Exploration and Exploitation in Organizational Learning" im Jahr 1991 die divergierenden Lernmodi Exploitation und Exploration erstmals gegenübergestellt (vgl. March 1991: 71–74). Ambidextrie ist ein integratives Lernkonzept, das durch eine Balance exploitativen und explorativen Handelns besteht (vgl. Busch 2015: 29). Es wird die Nutzung bestehender Wissenspotenziale der Wissensgenerierung gegenübergestellt (Weibler & Keller 2011: 158). Ambidextrie übernimmt eine Mittlerrolle zwischen der Lernfähigkeit und dem Erfolg eines Unternehmens (vgl. Lin 2013: 263).

Organisationales Lernen wird von manchen Wissenschaftlern kritisiert, weil konstatiert wird, dass sich ein Großteil des Lernens auf Stabilität und nicht auf Wandel beziehe. Organisationen lernen so, den Status Quo zu erhalten, vernachlässigen dabei jedoch die Erzielung eines Gleichgewichtes zwischen Exploitation und Exploration (vgl. Argyris & Schön 1996: 194). Die Bedeutung von Wissen, Ressourcen und Kompetenzen zeigt auf, dass Unternehmen ihre Lernfähigkeit erhalten müssen, indem sie sowohl das bestehende Wissen nutzen als auch neues Wissen weiter aufbauen (vgl. Vrontis et al. 2016: 375). Wehrlin (2014: 209) nennt als unternehmerische Schlüsselqualifikationen in Bezug auf eine lernende Organisation und Innovationen bereichs- und tätigkeitsübergreifende Kompetenzen und veränderte Rahmenbedingungen überdauernde Fähigkeiten. Während sich Exploration mit dem Experimentieren von beispielsweise alternativen Prozessen, Flexibilität und Innovation beschäftigt, bezieht sich Exploitation auf Selektion, Effizienz, Nutzung bestehender Potenziale, Optimierung und Erhaltung des Status Quo. Ist nur ein Lernmodus ausgeprägt, besteht kein stabiles Gleichgewicht („stable equilibria"). Dies bedeutet im Fall einer zu hohen Ausprägung der Exploration, dass aufgrund des Experimentierens das Risiko der ausschließlichen Kostenverursachung zu hoch ist; bei zu ausgeprägter Exploitation rückt das Innovieren in den Hintergrund, was zu Wettbewerbsnachteilen führen kann. Aus diesem Grund ist eine ausgeglichene Balance der beiden Lernmodi wichtig, die jedoch um knappe Ressourcen (wie monetäre, zeitliche und personelle) konkurrieren. Dies bedeutet beispielsweise, dass die Geschwindigkeit der Optimierungen im eigenen Aufgabenbereich vermindert sein könnte, weil Teams mehr Zeit in die Exploration von OE-übergreifenden Innovationen investieren.

Nachhaltige organisatorische Intelligenz ist abhängig von der Balance zwischen exploitativem und explorativem Lernen. Häufig ist jedoch eine stärkere Ausprägung des exploitativen Lernens vorzufinden, was zur Selbstzerstörung lernfähiger Unternehmensprozesse führt, da der Lernmodus der Exploration vernachlässigt wird. Eine Bewusstseinsschärfung der Führungskräfte und Mitarbeiter im Hinblick auf Ambidextrie (vgl. Abbildung 3.7: Ausgangspunkte des organisatorischen Wandels) kann das Lernen von Nachhaltigkeit auf exploitativer und explorativer Ebene positiv beeinflussen (hierauf wird an späterer Stelle dieses Unterkapitels aus nachhaltigkeitstheoretischer Sicht Bezug genommen). Bei der Exploitation handelt es sich um explizites Wissen, das adaptiert wird, um den Anforderungen gegenwärtiger Kunden durch Anpassungen und Optimierung stärker zu entsprechen. Exploration beinhaltet die Nutzung impliziten Wissens, das die bestehenden Kompetenzen erweitert und wodurch Innovationen entwickelt werden können. Lernen durch Wissensnutzung und Wissensaufbau macht unternehmerische Leistung zuverlässiger (vgl. March 1991: 71–75, 83; vgl. Vrontis et al. 2016: 377–378; vgl. Zhou & Xue 2013: 539; vgl. Rost, Renzl & Kaschube 2014: 36–39; vgl. Weibler & Keller 2010: 260; vgl. Jansen 2008: 102; vgl. Reichert 2017: 15, 24; vgl. Smith & Lewis 2011: 393–394; vgl. Turner, Swart und Maylor 2013: 324). An dieser Stelle sei deshalb erneut auf die unter 1.5 Herleitung Forschungsfrage 4: Ideengenerierung und nachhaltiges Lernen aufgeführte lerntheoretische Perspektive in Bezug auf Nachhaltigkeit hingewiesen: die Bereitschaft und Fähigkeit zum Lernen in beiden Lernmodi sowie die langfristige Wirkung des Gelernten durch Lerntransfer zur Erweiterung der Handlungskompetenz in Bezug auf Wissen und Veränderungsbewusstsein, wodurch auch auf Abbildung 2.4: Lernprozesse zur Steigerung der Teamintelligenz referenziert werden kann (vgl. Schüßler 2004 [www]: 150; vgl. Holzkamp 1993, S. 183).

Für diese Arbeit wird nur das intraorganisationale Umfeld berücksichtigt, d. h. das Zusammenspiel mit anderen Handlungseinheiten des Unternehmens. Dies bezieht sich im Speziellen auf unterabteilungsübergreifende Ideengenerierung, also OE-interne Lernprozesse, die das Veränderungsbewusstsein und die Innovationsfähigkeit des Unternehmens betreffen (vgl. Franken & Brand 2008: 5).

Diese Lernprozesse basieren auf der Teamintelligenz im Bereich der Wissensnutzung, der Wissenserweiterung und somit nachhaltigen Lernens. Sie werden anhand von Abbildung 2.4 dargestellt (die dunklen Pfeile beschreiben das Wissen, das von der OE kreiert wird; die hellen Pfeile den Wissensrücklauf auf Teamebene):

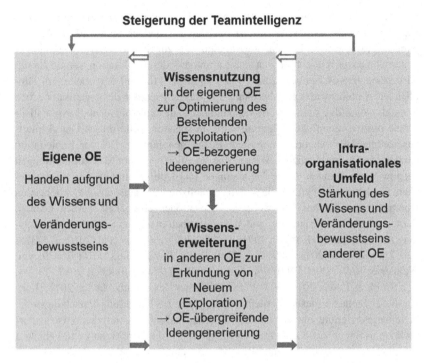

Abbildung 2.4 Lernprozesse zur Steigerung der Teamintelligenz. (Eigene Darstellung)

Spezifikationen, die Unternehmen zum intelligenten Handeln befähigen, sind die Informationsaufnahme, -bewertung, schlussfolgerndes, abstraktes und planendes Denken mit Lösungs- und Strategiebezug, Erfahrungslernen und die Bewältigung neuer Situationen für eine bestmögliche Gestaltung der Umwelt. Diese Fähigkeiten untermauern die Bedeutung von sowohl Nutzung des bestehenden Wissens als auch Erkundung von Neuem zum Wissensaufbau, also der Lern- und Innovationsfähigkeit (Ideenfindung) als kognitiver Intelligenz. Zur langfristigen Erhaltung und Entwicklung der organisatorischen Intelligenz bilden sie eine notwendige Basis, die durch die Methode der Ideengewinnung anhand eines systematischen Ideen- und Innovationsmanagements gefördert werden kann, indem die Potenziale der Mitarbeiter aktiviert, genutzt, koordiniert und vernetzt werden (vgl. Franken & Brand 2008: 7, 10–13, 36).

Mittels ambidextrer Führung als ganzheitlichem Ansatz beider Aktivitätsmuster der Exploitation und Exploration wird die Steigerung der Teamintelligenz angestrebt, um den diskontinuierlichen Umfeldgegebenheiten zu begegnen. Für ein nachhaltiges Lernen sind die sich wechselseitig bedingenden paradoxen Lernprozesse der Exploration und Exploitation zu berücksichtigen (vgl. zur detaillierten Ausführung 2.1.3 Organisationale Paradoxien). Die simultane Verfolgung kann trotz divergierender und widersprüchlicher Rahmenbedingungen und Managementlogiken erfolgen, wenn sie in einem ganzheitlichen Kontext gefördert werden. Ein wesentlicher Aspekt zur Umsetzung bzw. für das Vorleben des Konzeptes der ambidextren Führung ist die Bewusstseinsschärfung innerhalb der Organisation, dass Exploitation allein nicht ausreichend ist. Vielmehr bedarf es einer Kultur des Wandels, in der sowohl OE-bezogene als auch -übergreifende Ideeneffekte durch Wissensnutzung und -aufbau erzielt werden (vgl. Fojcik 2014: 73; vgl. Kozica & Ehnert 2014, S. 147–148; vgl. Zillner & Krusche 2012: 26–27; vgl. Kruse 2013: 20–26, 88).

Das organisationale Lernen, insbesondere Teamlernen, ist eine relativ junge Disziplin, die insbesondere durch das 1994 veröffentlichte Buch „The Fifth Discipline. Fieldbook" (vgl. Senge et al. 2008: iiii, 7) eine hohe Beachtung fand. Hierauf basiert die teamkompetenzorientierte Führung, die unter 2.2.1 Teamkompetenzorientierte Führung erörtert wird. Die Lernprozesse von Unternehmen werden in Teams vollzogen (vgl. Busch 2015: 1, 10). Teamlernen weist deshalb innerhalb des organisationalen Lernens eine wesentliche Bedeutung auf. Durch Teams werden Lernprozesse der Organisationsmitglieder angeregt und Erfahrungswissen genutzt. Die Mitglieder nehmen innerhalb des Unternehmens verschiedene Rollen ein und stehen hierdurch in Kontakt zu unterschiedlichen Organisationsmitgliedern. Auf diese Weise findet eine Beeinflussung der organisationsinternen Lernprozesse statt (Rekursivität). So wird die gemeinsame Zielerreichung begünstigt. Insofern kann mittels Teamlernen eine lernende Organisation gefördert werden. Aufgrund dessen ist es wesentlich, wie Rahmenbedingungen durch die Führung gestaltet werden, um nachhaltiges Teamlernen zu begünstigen (vgl. Busch 2015: 32–36; vgl. Levinthal & March 1993: 96).

Da im Rahmen der Teamambidextrieforschung die Hypothese bestätigt wurde, dass exploitatives und exploratives Lernen in einem positiven Zusammenhang zur Teamleistung stehen (vgl. Kostopoulos & Bozionelos 2011: 401; vgl. Liu & Leitner 2012: 97), ist es unerlässlich, dass in diesem Forschungsbereich weitere qualitative Untersuchungen folgen, bei denen die Förderung organisationalen Lernens sowie der Intelligenz mittels Wissensaufbau und -nutzung auf operativer Teamebene anhand der Gestaltung von Rahmenbedingungen durch die direkte Führungskraft den Fokus bildet und bei dem die OE-bezogene und -übergreifende Ideengenerierung im Kontext des Nachhaltigkeitsgedankens und vor dem Hintergrund des Paradoxieansatzes untersucht wird (vgl. Busch & Hobus 2012: 29,

35; vgl. Jacob et al. 2015: 1; vgl. Kostopoulos & Bozionelos 2011: 385–386).
Basierend auf diesem Nachhaltigkeitsgedanken wird nachstehend das Lernen von
Nachhaltigkeit anhand der Lernmodi Exploration und Exploitation aufgeführt, um
den Bezugsrahmen für vollständig ambidextre Organisationen zu erörtern.
Nachhaltige Organisationen müssen in drei Dimensionen lernen: der sozialen, ökonomischen und ökologischen. Diese Dimensionen können zusätzlich um
eine temporale Dimension (Kurz- und Langfristigkeit) erweitert werden. In jeder
dieser Dimensionen sind die paradox verknüpften Lernmodi einer ambidextren
Organisation möglich: Exploitation und Exploration. Unternehmen spielen eine
bedeutende Rolle für nachhaltige Entwicklung. Umso wichtiger ist daher die
Frage danach, wie Organisationen nachhaltig lernen. Es wurde bereits aufgezeigt,
dass dieses Lernen ermöglicht wird, indem vorhandene Potenziale ausgenutzt
und optimiert werden (Exploitation) und neue Möglichkeiten geschaffen werden (Exploration). Des Weiteren wurde erörtert, dass beide Lernmodi in einem
Spannungsverhältnis zueinander stehen, weshalb die im nachfolgenden Unterkapitel ermittelten Paradoxien entstehen können (vgl. Kozica & Ehnert 2014:
147). Kozica & Ehnert (2014: 148) thematisieren in ihrer Veröffentlichung
„Lernen von Nachhaltigkeit: Exploration und Exploitation als Lernmodi einer
vollständig ambidextren Organisation" paradoxe Spannungen und ihre Vereinbarkeit zwischen den beiden Lernmodi im Kontext des nachhaltigkeitsorientierten
Lernens. Sie untersuchen, wie ambidextres Lernen von Nachhaltigkeit möglich
ist. Hierbei berücksichtigen sie das integrative Nachhaltigkeitsverständnis der
aufgezeigten Dimensionen mit ihren komplexen Wechselwirkungen vor dem Hintergrund potentiell paradoxer Spannungen. Für ein nachhaltiges Handeln sind
die ökonomische, ökologische und soziale Dimensionen demnach kurz- und
langfristig miteinander zu bestimmen. Zuvor waren vor allem die Vor- und Nachteile von Ambidextrieformen (strukturelle, kontextuelle und temporale) diskutiert
und eine wettbewerbsorientierte, ökonomische Betrachtungsweise von Nachhaltigkeit eingenommen worden. Kozica & Ehnert verweisen darauf, dass ebenso
die Einnahme eines ökologischen und sozialen Blickwinkel für das Lernen von
Nachhaltigkeit notwendig sei. Ökologische Nachhaltigkeit bezieht sich beispielsweise auf die Nutzung regenerativer, natürlicher Ressourcen, Energieeffizienz und
die Reduktion schädlicher Einwirkungen (Emissionen) auf natürliche Umwelten.
Das Ziel sozialer Nachhaltigkeit ist die Verbesserung von organisationalen Austauschbeziehungen mit sozialen Umwelten wie Lieferanten und Kunden, aber
natürlich auch Mitarbeitern mit deren Lern- und Entwicklungsmöglichkeiten.
Das ökonomische Kapital, das sich häufig in Geldeinheiten messen und sich
deshalb am Ehestens bestimmen lässt, umfasst das wirtschaftlich eingebrachte

Produktionskapital mit Sach-, Human- und Wissenskapital. Anhand ökonomischer Nachhaltigkeit soll die ökonomische Ressourcenbasis auf- bzw. ausgebaut werden. Sie bezieht sich demnach nicht nur auf Produktgewinne, sondern auch auf die Förderung der Lebensqualität der Menschen und Systeme durch organisationales Handeln. Ökonomisch ambidextre Organisationen sind solche, die im Rahmen der ökonomischen Dimension sowohl explorativ als auch exploitativ lernen und mindestens kurzfristig wettbewerbsfähig sind, da neues Wissen generiert und bestehendes Wissen genutzt wird. Aufgrund der aufgeführten Lern- und Entwicklungsmöglichkeiten der sozialen Nachhaltigkeitsdimension sowie der Qualifizierung und des Wissenskapitals der ökonomischen Dimension wird die Bedeutung vom Ambidextrie mit den beiden Lernmodi Exploitation und Exploration deutlich (vgl. Kleine 2009: 10–11; vgl. Kozica & Ehnert 2014: 150, 155). Die vorliegende Arbeit leistet somit – als forschungsmethodischer Kompromiss – einen Beitrag zur Steigerung des Nachhaltigkeitsgedankens in Bezug auf die ökonomische und angrenzend auch auf die soziale Ebene. Je nach Wissens- und Lernbereich sind ferner positive Auswirkungen auf die ökologische Dimension nicht auszuschließen. Die Erhöhung der Ideeneffekte im Unternehmen ist eine notwendige Komponente im Hinblick auf den Ausbau vorhandener Effizienzen sowie die Steigerung vorhandener Wettbewerbsvorteile. Im Kontext der Ambidextrie und in Bezug auf die Ideeneinreichung bezieht sich ökonomischer Erfolg somit auf die erfolgreiche Einreichung von OE-bezogenen und -übergreifenden Ideen gemäß der Betriebsvereinbarung zum Ideenmanagement der VW AG, da der Fokus des Ideenmanagements auf Rationalisierungseffekten beruht. Somit sind solche OE als erfolgreich einzustufen und werden folglich auch bei der Untersuchung berücksichtigt, die die meisten OE-bezogenen und -übergreifenden Ideeneffekte aufgewiesen haben (vgl. Kozica & Ehnert 2014: 147–148, 159; vgl. Kleine 2009: 5–11). Hierbei werden jedoch monetäre Effekte (Prämienausschüttungen für die Mitarbeiter und Einsparungen für das Unternehmen) ausgeblendet. Lediglich die Anzahl der erfolgreich eingereichten Ideen auf OE-bezogener und OE-übergreifender Ebene gemäß Betriebsvereinbarung steht bei dieser Arbeit im Vordergrund. Sozialer Erfolg referenziert auf die durch die Ideengenerierung erzielten Lerneffekte (exploitativ und explorativ). Hierbei ist ein wesentlicher Untersuchungsaspekt, inwiefern dieser Nachhaltigkeitsgedanke des Lernens mit der OE-bezogenen und -übergreifenden Ideeneinreichung zusammenhängt.

Beim organisationalen Lernen von Nachhaltigkeit existieren die drei Analyseebenen Kontext, Organisation und Individuum. Die kontextuelle Ebene beschreibt unternehmensexterne Einflüsse. Um der Forderung nach mehr Nachhaltigkeit zu entsprechen, richten Unternehmen beispielsweise Stellen für Beauftragte für Nachhaltigkeit ein und gehen in einen Dialog mit externen Stakeholdern. Der externe Einfluss führt allerdings nicht immer dazu, dass Unternehmen tatsächlich nachhaltiger lernen. Das Lernen von Nachhaltigkeit auf organisationaler Ebene wird durch Reflexionen im Hinblick auf Prozesse, einer nachhaltigen Strategie und Lernmechanismen unterstützt, die durch Kommunikation und Projektarbeit begünstigt werden. Auf individueller Ebene beschäftigt sich die Forschung zum Lernen von Nachhaltigkeit mit der Rolle von Mitarbeitern und Führungskräften. Hierbei werden die Aspekte Nachhaltigkeitskompetenz, die Motivation zu nachhaltigkeitsorientiertem Handeln und Förderung der Möglichkeiten zum Treffen von nachhaltigkeitsorientierten Entscheidungen betrachtet (vgl. Kozica & Ehnert 2014: 152). Die individuelle Analyseebene ist diejenige, mit der sich die vorliegende Arbeit beschäftigt. Als weiteren Aspekt greifen Kozica & Ehnert (2014: 152–153) die Lernmodi Exploitation und Exploration auf und erstellen einen Bezugsrahmen zum integrativen Verständnis von Nachhaltigkeit, organisationalem Lernen sowie organisationaler Ambidextrie unter Berücksichtigung einer Paradoxieperspektive.

Dieser Bezugsrahmen wird anhand der nachstehenden Abbildung aufgeführt: Abbildung 2.5: Bezugsrahmen für das ambidextre Lernen von Nachhaltigkeit setzt sich aus drei Elementen zusammen. Die linke Spalte verdeutlicht die Paradoxiefelder des Lernens von Nachhaltigkeit, der mittlere Teil den Umgang mit den ermittelten Paradoxien und die rechte Spalte die Bestimmung der Unternehmenstypologie (vgl. Kozica & Ehnert 2014: 156). In jedem Lernfeld müssen Unternehmen, die Nachhaltigkeit anstreben, sowohl exploitativ als auch explorativ lernen. Als Beispiele für exploitatives Lernen im Gebiet der ökologischen Nachhaltigkeit sind inkrementelle Veränderungen in Fertigungsverfahren zur Optimierung des Ressourcenverbrauches zu nennen, auf explorativer Ebene der Aufbau von ressourcengenerierendem Wissen. Die nachhaltige Gestaltung von Unternehmenspraktiken und -prozessen oder die Erstellung eines Code of Conducts ist ein Beispiel für exploitatives Lernen in der sozialen Dimension. Exploratives Lernen der sozialen Dimension ist die Entwicklung neuer Prozesse für eine sozialere Nachhaltigkeit oder beispielsweise Partnerschaften mit Bildungsinstitutionen. Exploitation in der ökonomischen Dimension bezieht sich auf die Identifikation von langfristig negativem Verhalten wie Korruption und Kosteneinsparungen durch Effizienzerhöhung. Exploratives Lernen dieser Dimension bedeutet, beispielsweise systemisches Wissen darüber aufzubauen, in welche Innovationen Investitionen fließen sollten. Als weitere zeitliche Dimension sind der kurzfristige Lernzielerfolg bei Exploitation und der eher höhere Zeitbedarf für Exploration zu nennen, wobei sich die Wirkung des Lernens über einen längeren Zeitraum hinweg erweist und das Lernen von Nachhaltigkeit deshalb in einem systemischen Gesamtzusammenhang gesehen werden sollte. Dies wird

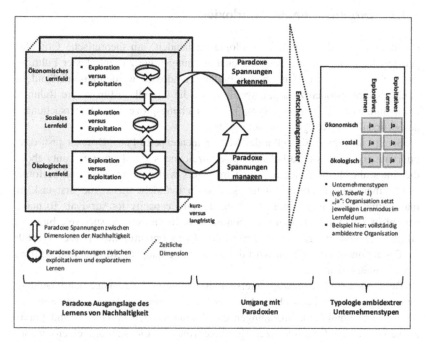

Abbildung 2.5 Bezugsrahmen für das ambidextre Lernen von Nachhaltigkeit (Kozica & Ehnert 2014: 156)

allerdings durch paradoxe Spannungen erschwert. Schaffen es Unternehmen, diese Paradoxien in allen Lernfeldern zu bewältigen, handelt es sich um vollständig ambidextre Unternehmen. Erfolgt eine Vereinbarung der Lernmodi innerhalb der Nachhaltigkeitsdimensionen nur teilweise, handelt es sich um partiell ambidextre Unternehmen. Die Fähigkeit von Führungskräften, mit Paradoxien umgehen zu können, stellt eine bedeutende Basis für nachhaltigkeitsorientiertes Lernen dar. Da eine Auflösung der Paradoxien nicht möglich ist, müssen sich Führungskräfte Integrationsmechanismen bedienen und die aufgezeigten Dynamic Capabilities für eine ständige Transformation nutzen (vgl. Kozica & Ehnert 2014: 156–162).

Effizientes und effektives organisationales Lernen ist einer der Hauptfaktoren für erfolgreiche kontextuelle Ambidextrie, da das Denken in Paradoxien gefördert wird (vgl. Zhou & Xue 2013: 540). Organisationale Paradoxien werden im nächsten Unterkapitel behandelt.

2.1.3 Organisationale Paradoxien

Nachstehend werden Paradoxietypologien behandelt, um theoretische Grundlagen für die Beantwortung der zweiten Forschungsfrage zu ambidexter Führung und Paradoxien zu schaffen. Die ermittelten Paradoxien werden anschließend zu Paradoxiedimensionen zusammengeführt, die die Grundlage für das im Rahmen der qualitativen Untersuchung (vgl. 3.2.2 Forschungsprozess und Untersuchungsdesign) benötigte Kategoriensystem bilden.

Bereits im Jahr 1980 stellte der Managementexperte Peter Drucker fest, dass Führung zukünftig von Turbulenzen gekennzeichnet sei: „The one certainty about the times ahead, the times in which managers will have to work and perform, is that there will be turbulent times. And in turbulent times, the first task of management is to make sure of the institution's capacity for survival. To make sure of its structural strength and soundness, of its capacity to survive a blow, to adapt to sudden change, and to avail itself of new opportunities" (Drucker 1980: 1). Bereits durch dieses Zitat wird der notwendige Umgang von Führungskräften mit Dualitäten deutlich.

Paradoxien sind ein häufig untersuchtes Thema in der Managementforschung und Organisationswissenschaft. Sie werden angewandt, um den Umgang mit Pluralitäten, Konflikten, Spannungen und Inkonsistenzen in Theorie und Praxis zu verstehen. Im Gegensatz zur Kontingenztheorie, die sich auf einen „wenn, dann"-Ansatz im Umgang mit Spannungen bezieht, ist beim Paradoxieansatz die „sowohl als auch"-Perspektive vordergründig, um Widersprüchlichkeiten in Organisationen zu verstehen (Chia & Nayak 2017: 125). Unternehmen, die das Dualitätsparadox überwinden, verbessern ihre Wettbewerbsfähigkeit (vgl. Biloslavo, Bagnoli & Rusjan F. 2012: 423). Durch die Globalisierung, hohen Innovationsbedarf, soziale Ansprüche, steigenden Wettbewerb sowie ein zunehmend komplexeres Umfeld gewinnt die Berücksichtigung von Paradoxien immer stärker an Bedeutung (Biloslavo, Bagnoli & Rusjan F. 2012: 423), denn Führungskräfte müssen Mitarbeiter insbesondere in diesem Umfeld Freiräume und Kreativität ermöglichen (Exploration), wohingegen sie jedoch auch die Sicherstellung von Standards, Produktivität und Effizienz (Exploitation) gewährleisten müssen (vgl. Hunter et al. 2011: 54).

Karrer und Fleck (2015: 375–376) nennen zwei Bewältigungstaktiken von Paradoxien: Separation (entspricht der strukturellen Ambidextrie) und Integration (entspricht der kontextuellen Ambidextrie). In diesem Untersuchungskontext der kontextuellen Ambidextrie steht deshalb die integrative Paradoxieperspektive im Fokus.

Nachfolgend wird der Umgang mit Paradoxien durch die Führung untersucht. Dies ist relevant, weil ein durch Ambidextrie geprägter Kontext wesentliche Widersprüchlichkeiten bzw. Dilemmata in Bezug auf zu gestaltende Rahmenbedingungen zur Förderung von Exploitation und Exploration aufweist (vgl. Kaudela-Baum, Holzer & Kocher 2014: 66). Die gegensätzlichen Anforderungen an die beiden Lernmodi Exploration und Exploitation bedingen Spannungen, die zur Ermöglichung einer innovativen Team Governance ausbalanciert werden müssen (vgl. Kearney 2013 [www]: 19.12.15; vgl. Smith & Lewis 2011: 398; vgl. Biloslavo, Bagnoli & Rusjan F. 2012: 423). Führungskräfte müssen sich der Paradoxien bewusst sein und den größtmöglichen Nutzen aus diesen Spannungen erzielen (vgl. Zhou & Xue 2013: 538; vgl. Proff & Haberle 2010: 95). Die fortwährende Herausforderung des Ambidextriekonzeptes besteht darin, dass Exploitation und Exploration in einer paradoxen Beziehung zueinander stehen. Während die simultane Verfolgung organisationale Spannungen hervorruft, sind sie dennoch komplementär und sich gegenseitig verstärkend. Das primäre Ziel von Führung ist somit keine Behebung der Widersprüchlichkeiten, sondern die Akzeptanz dieser Lernparadoxien (vgl. Raisch & Zimmermann 2017: 315). Somit nimmt dieses Unterkapitel Bezug auf die zweite Forschungsfrage, indem die paradoxiebasierte Ambidextriegestaltung durch Führung untersucht wird (vgl. Smith & Lewis 2011: 397), denn „If there is something that successful companies know, it is how to manage paradoxes" (Peters & Waterman 1982: 91).

Slaatte (1968: 4) definiert Paradoxien wie folgt:

> „A paradox is an idea involving two opposing thoughts or propositions which, however contradictory, are equally necessary to convey a more imposing, illuminating, life-related to provocative insight into truth than either fact can muster in its own right. […] What the mind seemingly cannot think, it must think."

Spannungen existieren auf Makro- und Mikroebene von Organisationen. Bisherige Untersuchungen fokussieren überwiegend die Makroebene wie Exploitation und Exploration auf Managementebene sowie widersprüchliche Anforderungen an interne und externe Stakeholder. Paradoxierelevante Untersuchungen auf Mikroebene, insbesondere auf Ebene der unteren Führungshierarchie ggü. Teams und insbesondere in Bezug auf OE-bezogene und -übergreifende Team Governance, haben bisher weniger Aufmerksamkeit erfahren (Zhang et al. 2015: 540). Wang & Jiang (2009: 271–272, 296) sowie Turner, Swart und Maylor (2013: 327) zeigen auf, dass Ambidextrie nicht nur auf Organisationsebene existiert, sondern dass es sich um ein Multi-Ebenen-Konstrukt handelt, das auch auf Teams und Individuen

anwendbar ist. Aus diesem Grund wird auch Literatur von Paradoxien auf Makroebene hinzugezogen und auf diesen Untersuchungskontext der Exploitation und
Exploration auf Teamebene adaptiert.

Die Verortung eines Unternehmens und somit auch einer OE als Teilsystem
einer Organisation ist im Kontext der Systemtheorie ein „Grenzproblem", das
die erste Paradoxie der Differenzierung ggü. der Integration verdeutlicht. Die
Grenze zwischen der eigenen OE und seiner Umwelt, also einer andere OE,
entspricht einem Komplexitätsgefälle. Mittels einer selektiv reduzierten Komplexität der eigenen OE von anderen OE wird ihr Erhalt gewährleistet. Anderenfalls
wäre die OE aufgrund der unklaren Trennung von der Umwelt keine Sinneinheit.
Dennoch sind Unternehmen nie gänzlich geöffnet oder geschlossen. Die Balance
zwischen Selbst- und Fremdreferenz bestimmt die Identität der OE. Die Selbstreferenz bezieht sich auf OE-interne Elemente und Fremdreferenz einen erweiterten
Wahrnehmungshorizont. Eine zu hohe Selbstreferenz führt zu einer hohen Starre,
während eine hohe Fremdreferenz einer hohen Entscheidungsfindung bedarf. Die
Differenzierungskriterien verdeutlichen, dass strukturelle Öffnung die Entschei-
dungsvarietät erhöht. Je offener ein Unternehmen für Irritationen ist, desto höher
die Möglichkeit der Komplexitätsvereinbarung, jedoch desto geringer die Ent-
scheidungsstrukturierung durch Hierarchie und desto höher die Konflikte und
der Kommunikationsaufwand. Aus diesem Grund ist die gezielte Beeinflussung
dieses Wechselspiels durch die Führung und insbesondere die Gestaltung des
Grenzmanagements notwendig (vgl. Kaudela-Baum, Holzer & Kocher 2014:
50). Organisationale Spannungen resultieren aus diesem komplexen und adap-
tiven Charakter von Organisationen, die aus einzelnen, hierarchisch aufgeteilten
Subsystemen (z. B. Unterabteilungen) bestehen, die räumliche Spannungen zwischen Subsystemen sowie zwischen dem Gesamtsystem (Gesamtunternehmen)
und Subsystemen verursachen. Während jedes Subsystem unabhängig voneinander agieren kann, ist das Gesamtsystem nur erfolgreich, wenn das Zusammenspiel
der Subsysteme erfolgreich ist. Spannungen sind somit integraler Bestandteil
komplexer Systeme. Paradoxien werden in Abhängigkeit der Organisationsform
unterteilt: organisch (beispielsweise Exploration) oder mechanistisch (beispielsweise Exploitation). Mechanistische Organisationsformen sind förderlich für
einfache und stabile Aufgaben. Sie weisen als Ziel Effizienz auf. Bei komplexen und wechselnden Aufgaben sowie dem Ziel der Flexibilität sind organische
Organisationsformen geeignet (vgl. Biloslavo, Bagnoli & Rusjan F. 2012: 425;
vgl. Zhang et al. 2015: 540; vgl. Zhou & Xue 2013: 539; vgl. Adler, Goldoftas &
Levine 1999: 44; vgl. Mom, van den Bosch & Volberda 2009: 824; vgl. Jansen
2008: 104, 113; vgl. Fischer & Breisig 2000: 46–60; vgl. Smith & Lewis 2011:
389–390, 397).

Beim Eintreten von Spannungen oder Widersprüchen werden von Organisationsmitgliedern häufig Abwehrmechanismen wie Unterdrückung oder Verneinung eingenommen, um Inkonsistenzen zu vermeiden. Darüber hinaus wird durch starre Prozesse, Routinen und Strukturen Exploitation unterstützt, wodurch Exploration vernachlässigt wird. Deshalb ist die Akzeptanz von Paradoxien durch Führungskräfte wesentlich (vgl. Smith & Lewis 2011: 391). Wird das Bewusstsein im Hinblick auf Widersprüche bei ihnen geschärft, wachsen das Verständnis sowie die Sinnstiftung in Bezug auf den Nutzen der komplementären Paradoxien (vgl. Smith & Berg 1987: 215; vgl. Luscher & Lewis 2008: 222–224; vgl. Biloslavo, Bagnoli & Rusjan F. 2012: 437; vgl. Karrer & Fleck 2015: 372, 378; vgl. Martini 2013: 2–3; vgl. Wang & Jiang 2009: 272).

Widersprüche und Dilemmata sind im Bereich der Führung repräsentativ. Aus diesem Grund stößt die klassische Führungsforschung, die sich zu einem großen Teil mit aufgaben- und verhaltensorientierten Ausprägungen beschäftigt, schnell an ihre Grenzen, da das Entweder-oder fokussiert wird. Zur Vermeidung von Ambivalenz wird das Entweder-oder jedoch auch im deutschen Kulturraum präferiert. Dies liegt auch daran, dass einseitige Ausrichtungen bzw. Entscheidungen oftmals Führungsstärke signalisieren. Aufgrund der mehrfach aufgeführten bestehenden Komplexität ist es jedoch essenziell, eine Synthese in Bezug auf Gegenpole herzuleiten, um Mitarbeiter so bestmöglich zu involvieren. Denn Studien zeigen, dass die Mitarbeiterinvolvierung durch die Führungskraft im Zeitalter der Komplexität wesentlich für den Unternehmenserfolg und weniger von der Organisationsform abhängig ist (vgl. Stahl 2014: 57–61).

In der Forschung aufgeführte Lösungsansätze für Paradoxien sind vielfältig. So nennen Poole und Van de Ven (1989: 565) die folgenden vier Ausprägungen:

1. Akzeptanz: Separierung und Akzeptanz der Unterschiede von Spannungen,
2. Räumliche Trennung: OE-bezogene Trennung gegensätzlicher Pole,
3. Zeitliche Trennung: Wahl einer Ausprägung zu einem Zeitpunkt sowie
4. Synthese: Vereinbarung von Paradoxien.

Zunächst wurden in der Forschung die zweite und dritte Ausprägung fokussiert. So beschreiben beispielsweise Tushman und Romanelli (1985: 173–178), dass Stabilität und Flexibilität zu unterschiedlichen Zeiten erfolgen. Weitere Forschungen trennen Exploitation von Exploration durch Zuordnung zu unterschiedlichen OE (vgl. Burgelman 2002: 325–326).

Insbesondere die erste und vierte Ausprägung sind für diese Untersuchung von Relevanz. Der erste Aspekt bezieht sich auf die Akzeptanz der Organisationsmitglieder, mit Paradoxien zu leben und sich derer fortwährender Existenz bewusst zu sein. Der vierte Aspekt bezieht sich auf mögliche Gestaltungswege, den gegensätzlichen Anforderungen gerecht zu werden und auseinander gehende Perspektiven zu integrieren, da der unternehmerische Gesamterfolg von der simultanen Verfolgung von Exploitation und Exploration abhängig ist. Es wird davon ausgegangen, dass Exploitation und Exploration kurzfristig um knappe Ressourcen konkurrieren. Eine Balance beider Aktivitäts- und Lernmodi ist jedoch für den langfristigen Unternehmenserfolg wesentlich (vgl. Smith & Lewis 2011: 386; vgl. Bledow et al. 2009: 316–319; vgl. Farjoun 2010: 203–208; vgl. Gibson & Birkinshaw 2004: 209; vgl. O'Reilly & Tushman 2013 [www]: 17.07.15; vgl. Raisch & Birkinshaw 2008: 377–380; vgl. He & Wong 2004: 485–486; vgl. Andriopoulos & Lewis 2009: 697–703; vgl. Schad et al. 2016: 11–20; vgl. Beverland, Wilner & Micheli 2015: 590).

Beide Ausprägungen sind die Grundlage für die unter 2.1.1 Gestaltung eines ambidextren Kontextes beschriebene kontextuelle Ambidextrie: Führung muss sich den Paradoxien bewusst sein und Rahmenbedingungen schaffen, die sowohl Exploitation als auch Exploration ermöglichen. Denn in einer dynamischen Organisation ist es Aufgabe der Führungskraft, beide Lernmodi zu unterstützen und ihre Spannungen nutzbar zu machen, um die langfristige Innovations- und Wettbewerbsfähigkeit des Systems zu fördern (vgl. Smith & Lewis 2011: 386; vgl. Weick & Quinn 1999:362; vgl. Zhou & Xue 2013: 538).

Der Umgang mit Paradoxien als Führungsfähigkeit gewinnt zunehmend an Bedeutung. Führungskräfte mit ganzheitlichem Denken akzeptieren die Widersprüche der aufgeführten Paradoxien, verbinden und integrieren sie zu einem Gesamtsystem und finden Möglichkeiten einer dynamischen Koexistenz (vgl. Zhang et al. 2015: 544, 561; vgl. Mom, van den Bosch & Volberda 2009: 813). Darüber hinaus ist für erfolgreiche Unternehmen die dauerhafte Ambidextrieausrichtung von Relevanz. Karrer & Fleck (2015: 376) beschreiben auf Basis von Separations- und Integrationsmechanismen vier Ausprägungen eines organisationalen Ambidextriegrades.

Die Abbildung wird nachstehend aufgezeigt (Abbildung 2.6):

Monolithische Organisationen verfolgen entweder Exploitation oder Exploration, wodurch es zu Kompetenzeinschränkungen kommt und Ambidextrie nicht entsteht. Der Quadrant links unten beschreibt Organisationen, bei denen Ambidextrie nicht vorhanden ist. Kurzfristig ambidextre Organisationen (rechts unten) fokussieren sich auf Separationstaktiken von Exploitation und Exploration, ohne die Paradoxien zu integrieren. Dies verhindert langfristig nachhaltige Ambidextrie. Beim Quadranten oben rechts nutzt das Unternehmen sowohl Separations- als auch Integrationstaktiken für Exploitation und Exploration. Auf diese Weise wird langfristige Ambidextrie angestrebt.

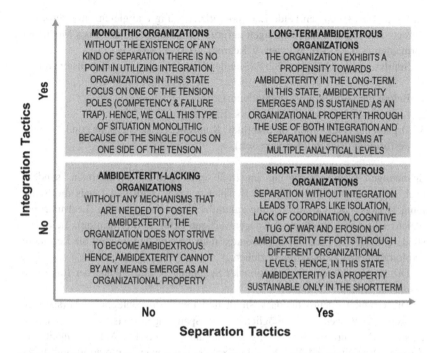

Abbildung 2.6 A Paradox-Based Typology of Organizational States Related to Ambidexterity (Karrer & Fleck 2015: 376)

Wenngleich Paradoxien zunächst ausschließlich widersprüchlich erscheinen, sind sie gleichzeitig komplementär, da der unternehmerische Erfolg von ihren Synergien abhängt. Es werden nicht mehr nur die einzelnen Subsysteme betrachten, sondern die „Intrasubsystemebene". Der genannte Entweder-oder-Ansatz kann kurzfristige Erfolge herbeiführen. Langfristiger und vor allem nachhaltiger Erfolg bedarf jedoch der Erhaltung der Balance zwischen Exploration und Exploitation, einem Sowohl-als-auch-Ansatz, da er von der Ausübung beider Lernmodi abhängig ist. Paradoxiebezogene Spannungen können nicht aufgelöst werden, sondern bleiben fortwährend bestehen (vgl. Smith & Lewis 2011: 381; vgl. Kearney 2013 [www]: 19.12.15; vgl. Cameron 1986: 546; vgl. Zhang et al. 2015: 538, 541; vgl. Schad 2016: 2; vgl. Karrer & Fleck 2015: 372; vgl. Hobus & Busch 2011: 190; vgl. Smith et al. 2017: 1). Smith & Lewis (2011: 382) definieren Paradoxien deshalb als „contradictory yet interrelated elements that exist simultaneously and persist over time". Laut Gebert, Boerner und Kearney

(2010: 594–599) müssen beide Lernmodi gleichmäßig und gleichzeitig gefördert werden, um negative Auswirkungen aufgrund der Überbetonung eines Modus zu vermeiden (vgl. Gebert, Boerner & Kearney 2010: 593–608). Smith und Lewis (2011: 382–383) teilen Paradoxien in vier Dimensionen auf:

1. Belonging (Kollektiv vs. Individuum),
2. Learning (Erhalt des Status Quo vs. Erneuerung),
3. Organizing (Flexibilität vs. Stabilität; Kontrolle vs. Kooperation) und
4. Performing (Stakeholderinteressen).

Spannungen können nicht nur innerhalb einer Dimension auftreten, sondern auch dimensionsübergreifend. Als Beispiel nennen Smith und Lewis die Spannung zwischen der Gewährleistung zukunftsfähiger Kompetenzen (Learning) bei gleichzeitiger Sicherstellung des gegenwärtigen Erfolges (Performing), die insbesondere für diesen Untersuchungskontext relevant sind und sich auf die Lernmodi Exploitation und Exploration beziehen.

Die Kategorisierung organisationaler Spannungen wird anhand der folgenden Grafik dargestellt (Abbildung 2.7):

Die Grafik verdeutlicht, dass Smith und Lewis eine integrative Perspektive mehrerer Analyseebenen ermöglichen, die Spannungen zwischen Gegensätzen darstellt. Die Lernparadoxien zeigen Spannungen zwischen Vergangenheit und Zukunft, Stabilität und Wandel und Exploitation sowie Exploration auf. Paradoxien der Organisation beziehen sich auf die Gestaltung widersprüchlicher Ausrichtungen und Prozesse zur Zielerreichung. Paradoxien der Zugehörigkeit beschreiben konkurrierende Identitäten innerhalb der Organisationen. Darüber hinaus verursacht der adaptive Charakter zeitliche Spannungen, die mit den Paradoxien des Lernens und Organisierens zusammenhängen (beispielsweise Zukunfts- vs. gegenwärtig benötigte Kompetenzen), die internen und externen Einflüssen und somit einem permanenten Wandel unterliegen. Die aufgezeigten Inhalte verdeutlichen jedoch zwei wesentliche Einschränkungen in Bezug auf den Forschungsgegenstand ambidextrer Führung. Zum einen beziehen sich die Inhalte nicht explizit auf Führung, darüber hinaus wird keine eindeutige Zuordnung in Bezug auf den Ambidextriebegriff mit den zwei Lernmodi Exploitation und Exploration gegeben. Dennoch sind die herausgearbeiteten Paradoxien auf Basis von über 30 Veröffentlichungen ein profundes Modell zur Paradoxieforschung (Smith & Lewis 2011: 383).

Lernen::Zugehörigkeit	Lernen	Lernen::Organisieren
Spannungen zwischen Anpassungs- und Veränderungsbedarf sowie dem Wunsch nach einem stabilen Lebenskonzept	Bemühungen zur Anpassung, Erneuerung, Veränderung und Innovation fördern Spannungen dadurch, dass auf der Vergangenheit aufgebaut, aber diese gleichzeitig zunichte gemacht werden muss, um zukunftsfähig zu sein.	Organisationale Routinen und Fähigkeiten bedürfen Stabilität, Klarheit, Fokus und Effizienz bei gleichzeitiger Ermöglichung von Dynamik, Flexibilität und Anpassungsfähigkeit.
Zugehörigkeit Identität fördert Spannungen zwischen dem Individuum und dem Kollektiv sowie zwischen gegensätzlichen Werten, Rollen und Zugehörigkeiten.	**Zugehörigkeit::Organisieren** Spannungen zwischen Individuum und Kollektiv.. **Lernen::Leistung** Der Aufbau von Zukunftskompetenzen bei gleichzeitiger Sicherstellung des gegenwärtigen Erfolges.	**Organisieren** Struktur und Führung fördern Spannung im Bereich Zusammenarbeit vs. Wettbewerb, Befähigung vs. Lenkung sowie Kontrolle und Flexibilität..
Leistung::Zugehörigkeit Spannungen zwischen individuellen Zielen und Zielen auf betrieblicher Ebene mit sozialen und beruflichen Anforderungen.	**Leistung** Vielfalt fördert das Verfolgen multipler und konkurrierender Ziele aufgrund unterschiedlicher Stakeholderinteressen.	**Leistung::Organisieren** Das Verhältnis zwischen Mitteln vs. Zweck, Mitarbeiter- vs. Kundenanforderungen sowie hohem Engagement vs. hoher Leistung.

Abbildung 2.7 Kategorisierung organisationaler Spannungen (Smith & Lewis 2011: 382–383)

Nachdem nachfolgend weitere Quellen zu Paradoxien aufgeführt werden, werden diese vor dem Hintergrund ambidextrer Führung mit den Lernmodi Exploitation sowie Exploration zusammengefasst und im Fall von Überschneidungen zusammengeführt.

Biloslavo, Bagnoli & Rusjan F. (2012: 425–429) ordnen Paradoxien drei Managementebenen zu: dem operationalen, strategischen und normativen Management. Sie nennen 21 Paradoxien. Da sich die Forschungsfragen auf die untere Hierarchieebene und somit Subsysteme beziehen und nicht auf das Management

und das Gesamtsystem, werden nur solche Paradoxien aufgeführt, die für diesen Untersuchungsrahmen, die OE-bezogene und -übergreifende Ideeneinreichung, eine mögliche Gültigkeit aufweisen (so ist beispielsweise das Paradoxon „uniform vs. heterogeneous culture" kein Untersuchungsgegenstand dieser Arbeit). Insgesamt handelt es sich um sieben Paradoxien, die auf Subsystemebene anwendbar sind.
Sie werden in Tabelle 2.2 aufgeführt und beschrieben.

Tabelle 2.2 Paradoxien nach Biloslavo, Bagnoli & Rusian

Mechanistisch	Organisch	Beschreibung
Exploitation	Exploration	Nutzung von bestehendem Wissen und Fähigkeiten bei gleichzeitigem Aufbau neuen Wissens
Core business	Diversification	Das Kerngeschäft bezieht sich in diesem Untersuchungskontext auf die Tätigkeiten der eigenen OE, während OE-übergreifend zusätzliche Kompetenzen aufgebaut werden.
Stability	Change	Stabilität und Zuverlässigkeit in der eigenen Tätigkeit bei gleichzeitiger Flexibilität (in diesem Kontext, um Innovationen über die OE-Grenzen hinaus hervorzubringen).
Competition	Collaboration	Konkurrenzdenken bei gleichzeitiger Kooperation zwischen OE, um übergeordnete Unternehmensziele zu erreichen.
Functions	Processes	Funktionale ggü. prozessbasierter Perspektive zur Steigerung der Kundenorientierung
Standardisation	Mutual adjustments	Standardisierung von Prozessen ggü. übergreifendem Kompetenzaufbau
Closed	Open	Interner vs. externer Blickwinkel

(Eigene Darstellung in Anlehnung an vgl. Biloslavo, Bagnoli & Rusjan F. 2012: 425–429)

Cameron (1986: 545) führt auf organisationaler Ebene sechs Paradoxien auf, von denen fünf diesem Untersuchungskontext entsprechen. Sie werden in der folgenden Tabelle inkl. Beschreibung aufgeführt (Tabelle 2.3):

Darüber hinaus führen Lavie, Stettner und Tushman (2010: 110) die in Tabelle 2.4 genannten fünf Paradoxien auf.

Zhang et al. (2015: 538) nennen fünf Paradoxiedimensionen der Führung, von denen vier aufgezeigt werden, da keine verhaltensorientierten Ansätze wie

Tabelle 2.3 Paradoxien nach Cameron

Mechanistisch	Organisch	Beschreibung
Tight-coupling	Loose-coupling	Implementierung und Verbesserung ggü. Innovation und funktionaler Autonomie
High specialization of roles	High generality of roles	Hohe Expertise und Effizienz ggü. Flexibilität und funktionale Wechselseitigkeit
Deviation reducing processes	Deviation amplifying processes	Prozessreduktion ggü. Prozesserweiterung
Creation to inhibitors to information overload	Expanded search in decision-making	Informationsbegrenzung ggü. Informationserweiterung
Reintegration and reinforcement of roots	Disengagement and disidentification with past strategies	Identitätsförderung ggü. Perspektivenvielfalt

(Eigene Darstellung in Anlehnung an vgl. Cameron 1986: 545–546)

Tabelle 2.4 Paradoxien nach Lavie, Stettner und Tushman

Mechanistisch	Organisch	Beschreibung
Specialization and experience	Diversity and experimentation	Spezialisierung und Erfahrung ggü. Diversität und Experimentieren
Resource-allocation constraints		Ressourcenallokation
Short-term	Long-term	Kurzfristigkeit ggü. Langfristigkeit
Present	Future	Gegenwarts- ggü. Zukunftsorientierung
Stability	Adaptability	Stabilität ggü. Anpassungsfähigkeit

(Eigene Darstellung in Anlehnung an vgl. Lavie, Stettner und Tushman 2010: 110–111)

narzisstisches Verhalten berücksichtigt werden und nur solche, die auch OE-übergreifend angewandt werden können. Die verbleibenden Paradoxien werden anhand der folgenden Tabelle aufgezeigt und ebenso der mechanistischen und organischen Organisationsform zugeordnet wie die vorangegangen (Tabelle 2.5):

Tabelle 2.5 Führungsparadoxien nach Zhang et al.

Mechanistisch	Organisch	Beschreibung
Enforcing work requirements	Allowing flexibility	Stabilität ggü. Flexibilität
Maintaining decision-control	Allowing autonomy	Kontrolle ggü. Autonomie

(Eigene Darstellung in Anlehnung an vgl. Zhang et al. 2015: 538, 541–543)

Abschließend wird die Studie Paradox Research in Management Science von Schad et al. (2015) hinzugezogen. Sie fasst Studienergebnisse zu Paradoxien der Bereiche Governance, Leadership und Change aus 133 Artikeln und über 25 Jahren zusammen Es werden vier Paradoxiekategorien mit insgesamt neun Kategorien aufgeführt (vgl. Schad et al. 2016: 1, 11). In der folgenden Tabelle werden lediglich acht den Organisationsformen mechanistisch und organisch zugeordnet werden, da unterschiedliche Stakeholder keinen Untersuchungsgegenstand darstellen (Tabelle 2.6):

Hafkesbrink (2014: 16) nennt die folgenden Paradoxien organisationaler Kompetenzen, die er fünf Dimensionen zuordnet (Tabelle 2.7):

Identification/assimilation of knowledge baut auf dem bereits aufgezeigten Konzept der absorptive capacity auf. Dies geht über Wissensnutzung hinaus und beschäftigt sich mit der externen Wissenszuführung. Outside-in collaboration capability beschreibt den bereits aufgeführten internen und externen Blickwinkel bzw. tight ggü. loose coupling. Dynamic adaptability bezieht sich auf die Notwendigkeit des Double Loop Learnings ggü. Single Loop Learning. Inventive capability steht als Betonung von Innovationen Replikation gegenüber. Effectiveness wird durch „die richtigen Dinge tun" ggü. „Dinge richtig tun" verdeutlicht (vgl. Hafkesbrink 2014: 17–20).

Abschließend sind als weitere Paradoxien die unter 2.1.1 Gestaltung eines ambidextren Kontextes genannten Lernelemente Convergent Learning vs. Divergent Learning sowie Single vs. Double Loop Learning zu nennen (vgl. Wang & Rafiq 2009: 90; vgl. Argyris & Schön 1996: 20–29; vgl. Argyris & Schön 1978: 18–28).

Anhand der Ausführungen wird deutlich, dass die Trennschärfe der Paradoxiedimensionen von Smith und Lewis (2011: 382–383) ggü. den aufgeführten Paradoxietypologien von Schad et al. (2016: 21–22) nicht ganzheitlich gegeben ist. Während im ersten Beispiel Zusammenarbeit und Wettbewerb der Dimension Organisieren zugeordnet sind, sind sie im zweiten Fall der Dimension Leistung zugeordnet. Dies bestätigt zum einen die intradimensionale Verknüpfung

Tabelle 2.6 Paradoxietypologien

Paradoxiekategorie	Mechanistisch	Organisch	Beschreibung
Learning	Exploitation	Exploration	Nutzung von bestehendem Wissen und Fähigkeiten bei gleichzeitigem Aufbau neuen Wissens
	Stability	Change	Stabilität ggü. Veränderung
	Short-Term	Long-term	Kurzfristiger ggü. Langfristigem Kompetenzaufbau
Organizing	Alignment	Flexibility	Anpassung ggü. Flexibilität
	Control	Autonomy/Empowerment	Kontrolle ggü. Autonomie/Befähigung
Belonging	Competing identities		Zugehörigkeitsgefühl
	Individual vs. Collective		Individualismus ggü. Kollektivismus
Performing	Competition	Cooperation	Konkurrenz ggü. Kooperation

(Eigene Darstellung in Anlehnung an vgl. Schad et al. 2016: 21–22; vgl. Andriopoulos & Lewis 2009: 697–703; vgl. Raisch & Birkinshaw 2008: 377–380; vgl. Farjoun 2010: 203–208; vgl. Das & Teng 2000: 85; vgl. Gebert, Boerner & Kearney 2010: 594–599; vgl. Wareham, Fox & Cano Giner 2014: 1204–1209)

bei Smith und Lewis, andererseits ist es für die unter 3.2.2 Forschungsprozess und Untersuchungsdesign beschriebenen Kategorienbildung notwendig, dass eine solche Trennschärfe für den gewählten Forschungsprozess sowie das -design gewährleistet wird. Da die genannten Paradoxiedimensionen von Smith und Lewis als Rahmenmodell der Paradoxie dienen soll, denen die in diesem Kapitel aufgeführten Paradoxien zugeordnet werden, ist eine Überarbeitung der jeweiligen Schlüsselbegriffe für diesen Kontext notwendig.

Sie werden anhand der nachfolgenden Tabelle aufgeführt (Tabelle 2.8):

Nichtsdestotrotz wird die intradimensionale Verknüpfung bzw. Beeinflussung nicht widerrufen, wobei ersichtlich wird, dass bei den Dimensionen Lenken, Zugehörigkeit und Leistung deutliche Überschneidungen vorhanden sind. Aus diesem Grund werden die erörterten Paradoxien den Dimensionen Lernen, Lenken und Leisten in den folgenden drei Tabellen (Tabelle 2.9, 2.10 und 2.11)

Tabelle 2.7 Paradoxien nach Hafkesbrink

Dimension	Exploration	Exploitation
Knowledge management/-absorption	Identification/assimilation of knowledge	Transfer/valorization of knowledge
Collaboration with external partners	Outside-in collaboration capability	Inside-out collaboration capability
Stability/organizational learning	Dynamic adaptability	Routinization
Innovation process	Inventive capability	Imitation/Replication capability
Performance	Effectiveness	Efficiency

(Hafkesbrink 2014: 16)

Tabelle 2.8 Paradoxiedimensionen und Schlüsselbegriffe

Dimension	Schlüsselbegriffe
Lernen	Anpassung, Erneuerung, Veränderung, Innovation, Wissensmanagement und organisationales Lernen
Organisieren	Befähigung, Steuerung, Kontrolle, Flexibilität
Zugehörigkeit	Zusammenarbeit und Wettbewerb
Leistung	Konkurrierende Ziele

(Eigene Darstellung)

zugeordnet, bevor eine grafische Gesamtdarstellung vorgenommen wird[1]. Die Dimensionen mit den zugeordneten Paradoxien dienen außerdem als Ankerbeispiele der drei Kategorien im Kategoriensystem (vgl. *3.2.2 Forschungsprozess und Untersuchungsdesign*).

Abbildung 2.8 fasst die Gesamtübersicht der drei Paradoxiedimensionen zusammen und verdeutlicht durch die grafischen Schnittstellen die bereits von Smith und Lewis (2011: 382–383) genannte Verknüpfung ihrer Paradoxiekategorien.

---

[1]Die Clusterung der Paradoxien erfolgte in einem mehrstufigen Selektionsprozess durch die Verfasserin dieser Arbeit.

Tabelle 2.9 Zusammenfassende Übersicht der Paradoxien des Lernens

Lernen	
Exploitation	Exploration
Status Quo und Routinisierung	Veränderung und Anpassungsfähigkeit
Informationsbegrenzung	Informationserweiterung
Erfahrung	Experimentieren
Kurzfristiger/Gegenwartsorientierter Kompetenzaufbau	Langfristiger/Zukunftsorientierter Kompetenzaufbau
Identifikation und Anpassung von Wissen (adaptiv, konvergent, single loop)	Transfer und Erschließung von Wissen (generativ, divergent, double loop)
Optimierung	Innovationsfähigkeit

(Eigene Darstellung)

Tabelle 2.10 Zusammenfassende Übersicht der Paradoxien des Lenkens

Lenken	
Ressourcenallokation	
Konkurrierende Identitäten	
Kontrolle	Autonomie/Befähigung
Stabilität	Flexibilität
Interner Blickwinkel	Externer Blickwinkel, Perspektivenvielfalt
Funktionsorientierung und Prozessreduktion	Prozessorientierung und Prozesserweiterung
Individuum	Kollektiv
Wettbewerb	Kooperation

(Eigene Darstellung)

Tabelle 2.11 Zusammenfassende Übersicht der Paradoxien des Leistens

Leisten	
Unterschiedliche Stakeholderinteressen	
OE-interne Zielerreichung	OE-externe Zielerreichung

(Eigene Darstellung)

- **Exploitation vs. Exploration**
- **Status Quo & Routinisierung vs. Veränderung & Anpassungsfähigkeit**
- **Informationsbegrenzung vs. Informationserweiterung**
- **Erfahrung vs. Experimentieren**
- **Kurzfristiger vs. langfristiger Kompetenzaufbau**
- **Identifikation & Anpassung von Wissen vs. Transfer & Erschließung von Wissen**
- **Optimierung vs. Innovationsfähigkeit**

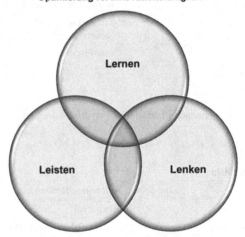

- **Unterschiedliche Stakeholderinteressen**
- **OE-interne vs. -externe Zielerreichung**

- **Ressourcenallokation**
- **Konkurrierende Identitäten**
- **Kontrolle vs. Autonomie/Befähigung**
- **Stabilität vs. Flexibilität**
- **Interner vs. externer Blickwinkel, Perspektivvielfalt**
- **Funktionsorientierung/Prozessreduktion vs. Prozessorientierung/-erweiterung**
- **Individuum vs. Kollektiv**
- **Wettbewerb vs. Kooperation**

Abbildung 2.8 Zusammenfassung der Paradoxien ambidextrer Führungsgestaltung (Eigene Darstellung in Anlehnung an vgl. Smith & Lewis 2011: 382–383; vgl. Sheep, Kreiner & Fairhurst 2017: 461)

2.1.4 Zusammenfassung und Ermittlung eines Rahmenmodells der Führung

Für diesen Kontext wird ambidextre Führung unter Berücksichtigung der unter 2.1 Grundlagen der Ambidextrie vorgenommenen Ausführungen wie folgt definiert: Ambidextre Führung ist eine Kombination scheinbar gegensätzlicher, jedoch komplementärer Führungsstrategien, mittels derer Rahmenbedingungen geschaffen werden, die den Mitarbeitern die Generierung neuer Wissensbestände in OE-übergreifenden Bereichen (Exploration) ermöglicht und den Ausbau bestehenden Wissens im eigenen Aufgabenbereich (Exploitation) forciert (vgl. Kearney 2013 [www]: 19.12.15; vgl. Ebers 2017: 86; vgl. Andriopoulos & Lewis 2009: 696).

Als Rahmenmodell der Führung wird das von Lutz von Rosenstiel zugrunde gelegt. Während Nerdinger (vgl. Nerdinger 2014: 85) die fünf Aspekte Führungsperson, Führungsverhalten, Führungssituation, geführte Mitarbeiter und Führungserfolg aufzeigt, setzt sich das Modell von Rosenstiels aus der Person des Führenden, dem Führungsverhalten, der Führungssituation und dem Führungserfolg zusammen. Als Führungssituationen werden z. B. die Kultur und das politische System des Landes, Branchenzugehörigkeit, Organisationsstruktur und -kultur, die Gruppengröße, deren Klima und Struktur sowie Persönlichkeitsmerkmale genannt. Für diesen Kontext wird lediglich berücksichtigt, dass es sich beim Untersuchungsgegenstand um ein Großunternehmen der Automobilindustrie handelt. Weitere Aspekte finden keine Berücksichtigung. Beim Führungserfolg differenziert von Rosenstiel zwei Komponenten: zum einen das Geführtenverhalten und zum anderen die Effizienz (vgl. Von Rosenstiel 2008 [www]: 10.09.2016). Diese beiden Aspekte sind für die vorliegende Untersuchung essenziell: Führungserfolg ist das ambidextre Verhalten der Mitarbeiter in Bezug auf die erfolgreiche Ideeneinreichung. Somit wird auf die ökonomische Dimension aufgrund der Rationalisierungseffekte referenziert. Die Führungssituation wird adaptiert, so dass sie nicht als Rahmen für das Führungsverhalten und das Einwirken auf das Mitarbeiterverhalten gesehen wird, sondern als durch die Führungskraft zu gestaltende „mediative" Rahmenbedingungen – der innovativen Team Governance – für den Führungserfolg.

Somit ergibt sich das nachstehend adaptierte Rahmenmodell (Abbildung 2.9):

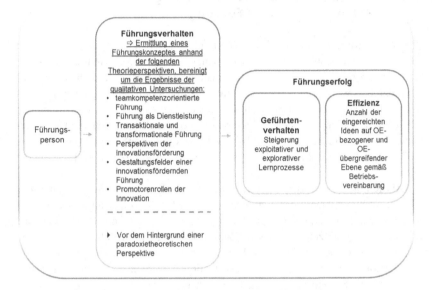

Abbildung 2.9 Rahmenmodell zur Ermittlung ambidextrer Führung. (Eigene Darstellung in Anlehnung an vgl. Von Rosenstiel 2010: 10.09.16; mit freundlicher Genehmigung von © Iris von Rosenstiel 2020. All Rights Reserved)

2.2   Grundlagen der Führung

Nachstehend werden die Bedeutung von Führung und aktuelle bzw. für den Untersuchungskontext relevante Führungstheorien dargestellt. So soll die Bedeutung eines veränderten Führungsverhaltens mit dem Fokus auf Ambidextrie aufgezeigt werden. Darüber hinaus werden notwendige Führungsgestaltungsaspekte in Bezug auf die erste Forschungsfrage, jedoch auch das Rahmenmodell zur Ermittlung ambidextrer Führung erörtert und das Kategoriensystem für die qualitative Untersuchung erstellt.

Das folgende Zitat verdeutlicht, dass Grote und Hering (2012: 10) in ihrem Artikel „Mythen der Führung" dafür plädieren, bestehende Führungsmethoden und -techniken zu hinterfragen:

> „Die Führungskraft der Zukunft sollte sich von der Vorstellung verabschieden, dass tradierte Managementtechniken und Managementsysteme unveränderliche, nicht zu diskutierende und somit auch nicht entwickelbare Techniken und Instrumente

darstellen. Mit Konzepten aus dem letzten Jahrhundert allein lassen sich kaum zukunftsfähige Veränderungen in Unternehmen umsetzen. Ein „kontinuierlicher Verbesserungsprozess der Führung" ist gefragt. Das heißt (sic!) die Veränderung von Führungsinstrumenten sollte so selbstverständlich als Erfolgsgarant betrachtet werden wie die Neuentwicklung von Produkten und Dienstleistungen."

Traditionelles Führungsverhalten mit Attributen wie Autorität und Profitorientierung sind zu träge sowie schwerfällig, um ständigen Veränderungsprozessen gerecht zu werden, die vielmehr Vernetzung, Vertrauen und Eigenverantwortung der Mitarbeiter bedürfen. Mitarbeiter müssen ihren Beitrag zur Zielerreichung kennen, um ihr Wissen bestmöglich weiterzuentwickeln und Veränderungsbereitschaft zu zeigen. Das Führungsverhalten muss permanent reflektiert werden (vgl. Franken 2016: 46–47). Fortlaufende Veränderungen bedingen unterschiedliche Führungsverständnisse. Traditionelle Führungsverständnisse sind zu Zeiten eines mechanistischen Weltbildes entstanden. Die bedeutendsten dieser Führungskonzepte sind Eigenschafts-, Verhaltens- und Situationstheorien. Da weder Eigenschaften der Führungskraft noch situationsabhängige Führungsstile (vgl. 2.1.4 Zusammenfassung und Ermittlung eines Rahmenmodells der Führung) untersucht werden, werden sie für diese Arbeit ausgeklammert. Ferner ist nicht das Führungsverhalten, das die Mitarbeiter in ihrem Handeln direkt beeinflusst, für diesen Kontext zutreffend, sondern die Gestaltung von Rahmenbedingungen durch die Führungskraft, damit Mitarbeiter ihre Leistungen bestmöglich für das Unternehmen einbringen können. Traditionelle Führungskonzepte versuchten, Führungshandeln vor allem durch Kausalzusammenhänge zu begründen; neue Führungskonzepte beziehen sich auf Führung als Resultat gemeinsam sozialen Handelns. Diese neuen Führungsansätze sind notwendig, um dem Wandel der Arbeitswelt in Bezug auf Innovationsfähigkeit und Wissensarbeit gerecht zu werden. Mitarbeiter können aufgrund höherer Qualifikationen selbstständig Entscheidungen treffen; an dieser Stelle wirken traditionelle Führungsstile wie autoritäres Führungsverhalten kontraproduktiv. Wie unter 1.7 Forschungs- und Literaturstand aufgezeigt, bedarf es Rahmenbedingungen zur Ideen- und Innovationsförderung der Mitarbeiter.

Zu den neueren Entwicklungen von Führungskonzepten zählen die transformationale, transaktionale, emotionale und symbolische Führung. Die symbolische Führung befasst sich mit Symbolisierung zur Gestaltung der Unternehmenskultur anhand von Visionen, Symbolen, Ritualen und Helden. Emotionale Führung fokussiert die emotionale Intelligenz der Führungskraft. Die Hauptattribute dieser zwei neueren Führungsansätze sind nicht Untersuchungsgegenstand dieser Arbeit;

für diese Arbeit wird nachfolgend die transformationale erörtert und der transaktionalen gegenübergestellt. Des Weiteren werden zwei weitere Führungsansätze hinzugezogen, die die Förderung und Selbstorganisation von Teams fokussieren (vgl. Franken 2016: 29–30, 36–37): die teamkompetenzorientierte Führung sowie Führung als Dienstleistung, um auf Basis ihrer Gestaltungsattribute ein Kategoriensystem für die Untersuchung zu entwickeln.

2.2.1 Teamkompetenzorientierte Führung

Bevor die Inhalte der teamkompetenzorientierten Führung dargestellt werden, wird zunächst der systemische Führungsansatz erörtert. Im Anschluss werden die Inhalte der teamkompetenzorientierten Führung auf dieser Basis reflektiert.

Anhand des systemischen Führungsansatzes kann den organisationsinternen und -externen Anforderungen an die Führung begegnet werden, da sie sich am Systeminneren orientiert und der benötigten komplexen und netzwerkartigen Organisation gerecht wird. Schematische Führung mit standardisierten Werkzeugen ist zu vermeiden und Paradoxien und Ambivalenzen sowie Unsicherheiten werden akzeptiert. Neben beziehungsreicherem Führen liegt das Augenmerk auf der Schaffung zentraler Rahmenbedingungen, flexibler Strukturen sowie gezielter Interventionen (vgl. Pinnow 2011: 169–170). Im Rahmen des systemischen Führungsansatzes wird die Führungskraft als Teil eines sich fortwährend verändernden Systems gesehen. Forschungsgebiete, auf denen dieser Ansatz aufbaut, sind die systemtheoretisch-orientierte Biologie der Erkenntnisform sozialer Systeme und die neuere Systemtheorie von Niklas Luhmann. Hierbei wird jedes System als Ganzes eingestuft, wobei die einzelnen Komponenten vernetzt sind. Da das Ganze mehr als die Summe seiner Teile ist, können nicht alle Systemeigenschaften gesteuert werden. Jedes System grenzt sich von seiner Umwelt ab, wobei Austauschbeziehungen bestehen. Eine direktive Steuerung von außen ist nicht möglich, sondern wird durch Selbstorganisation/Selbsterhaltung („Autopoiesis") verarbeitet. In der Systemtheorie wird nicht von linear-kausalen Zusammenhängen von Managementmodellen ausgegangen, sondern von komplexen Interaktionsmustern, die auf zirkulären Wechselbeziehungen basieren. Unvorhersehbare Umfeldveränderungen bedürfen der Ansätze des systemischen Denkens und der Steuerungslehre (Kybernetik) (vgl. Doll 2016: 26). Merkmale des kybernetischen Denkens sind der Umgang mit Veränderungen, keine Angst vor Fehlern, Zielaufstellung und -änderung, Aushalten von Widersprüchen/Umgang mit Paradoxien sowie das Einnehmen unterschiedlicher Perspektiven in ihrer Vernetztheit (vgl. Noé 2013: 101–105). Somit ist eine genaue Kalkulation gemäß Ursache und

Wirkung nicht möglich. Kommunikation ist die wesentliche Komponente eines sozialen Systems. Wird dieser Gedanke auf ein Unternehmen übertragen, bedeutet dies, dass langfristiger Erfolg nicht durch eine Führungskraft erzielt werden kann, sondern mittels systemimmanenter Kräfte, die anhand der Führung angeregt werden können (vgl. Kammel 2000: 125; vgl. Krummaker 2007: 26). Aus diesen Gründen ist die Bewusstseinsschaffung dafür wesentlich, dass es sich um ein offenes, soziales System mit Subsystemen, Vernetzungen und Lenkungszusammenhängen über den OE-Aufgabenbereich hinweg handelt. Klassische Steuerungsmöglichkeiten oder kooperative Führung sind aufgrund des Verständnisses einer reinen Steuerungsmöglichkeit, die in dieser simplen Form nicht gegeben ist, zu oberflächlich. Vielmehr sind die Gestaltung von Rahmenbedingungen, die Steuerung und Impulse wesentlich, da hierdurch Veränderungsprozesse initiiert und fortwährend etabliert werden.

Eine innovative Team Governance wird nicht in den Chefetagen vollzogen, sondern im Arbeitsalltag der direkten Vorgesetzten in der Interaktion mit den Mitarbeitern (vgl. Pinnow 2011: 169–170). Führung spielt auch deshalb eine zentrale Rolle bei der Arbeitszufriedenheit der Mitarbeiter, weil eine zentrale Führungsaufgabe die Koordination von Arbeitsprozessen ist (vgl. Pircher Verdorfer, van Dierendonck & Peus 2014: 102). Aus systemtheoretischer Sicht besteht auch bei der Teamarbeit das Ziel der Selbstorganisation (vgl. Ellebracht, Lenz & Osterhold 2009: 213).

Trotz der genannten Aspekte und der sich immer stärker entwickelnden Marktdynamik ist im Bereich der Führung eine eher verhaltene Entwicklung zu verzeichnen. Oftmals existiert noch immer ein mechanistisches Managementverständnis. Zum einen mangelt es trotz moderner Organisationsmodellen an einer angepassten Führungspraxis, zum anderen sind zwar auf der einen Seite neue Führungsideen implementiert wurden, jedoch ohne Anpassung der Organisationsstrukturen, die eine nachhaltige Entwicklung bedingen. Aufgrund der Organisationskomplexität sowie Veränderungsfähigkeit können Organisationen nicht mehr im Sinne der klassischen Managementlehre gesteuert werden. Der Erfolg hängt von denjenigen ab, die die Organisation gestalten, also den Mitarbeitern und Führungskräften. In der Studie „Das Unternehmen der Zukunft" wird als wesentliches Element die Rollenerwartung der Führung thematisiert. Mut zur Veränderung, Experimentierfreudigkeit, Innovativität und Wissenserweiterung außerhalb des eigenen Tätigkeitsgebietes sind wesentliche Attribute. Systemisch zu führen, bedeutet für den Kontext dieser Arbeit, Entwicklungen des Umfeldes des Führungsbereiches wahrzunehmen und entsprechend in die Entscheidungen der Unternehmensentwicklung zu integrieren. Es wird ersichtlich, dass vereinfachte Führungsmodelle und -schemata überholt sind (vgl. Pinnow

2011: 7–11, 71). Die systemische Führung steht im Gegensatz zum klassischen Führungsverständnis, bei dem Führung top-down zu erfolgen hat und eine direkte Beeinflussung der Mitarbeiter durch die Führungskraft als möglich erachtet wird. Die Handlungssituation wird nicht mehr nur aus der Führungsperspektive gesehen, sondern als ganzheitliche Betrachtung aller Beteiligten. Es geht um die Entwicklung von Lösungsansätzen des organisationalen Lernens als selbstreferentiellen Prozess. Wie aufgeführt, folgt systemische Führung keinem linearen Prozess, weshalb eine direkte Steuerung oder Beeinflussung der Mitarbeiter in Bezug auf eine gewünschte Intention, in diesem Kontext die Förderung der Teamintelligenz, nicht möglich ist (vgl. Kauschke 2010: 219–220). Systemische Führung basiert somit auf dem Konzept des Handelns unter Adaption der zu gestaltenden Rahmenbedingungen. Demnach ist der eigentliche Antrieb der Steigerung der Teamintelligenz die Führungskraft selbst, weil sie tiefgreifende und nachhaltige Veränderung in der Organisation bewirken kann (vgl. Kauschke 2010: 219–220; vgl. Pinnow 2011: 48, 56). Führungskräfte, die systemisch führen, sind intrinsisch motiviert. Es geht wie bei der Führung als Dienstleistung nicht um das Ausnutzen der Machtposition, sondern um das Umsetzen von Ideen und die Verbesserung von Abläufen – mittels Nutzung des Potenzials der Mitarbeiter in der Funktion als Mitunternehmer. Ein positives Menschenbild, Empathie für die Unternehmensaufgaben und -ziele sowie Wertschätzung sind repräsentativ (vgl. Pinnow 2011: 150–151, 156). Darüber hinaus ist es essenziell, dass Führungskräfte ihre Mitarbeiter nicht aus buchhalterischer Sicht sehen, sondern als bedeutendstes Potenzial für den Unternehmenserfolg. Dies bedeutet, dass ein stärkerer Fokus auf Mitarbeiter eingenommen werden muss. Kooperatives Verhalten und Bewusstseinskompetenz für systemische Wechselwirkung und die Schaffung notwendiger Rahmenbedingungen sind Voraussetzungen zur nachhaltigen Leistungssteigerung (vgl. Pinnow 2011: 58–61).

Im Rahmen der systemischen Führung wird die Führungskraft als Teil eines komplexen, sich fortwährend verändernden Systems gesehen. Alle Systeme, also auch alle Unternehmen, verfügen über die notwendige Energie zur Innovationsförderung und Wettbewerbsfähigkeit mit anderen Unternehmen. Balance und Selbsterhalt gehen über Selbststeuerung hinaus. Das Anstoßen von Veränderungen im Rahmen dieses Systems ist die wesentliche Aufgabe der Führungskraft. Die Eigendynamik von Organisationen bedingt jedoch auch die eingeschränkt mögliche Kontrolle, weshalb Führungskräfte lediglich Impulse zur Steuerung der Systembeziehungen geben können. Wesentliche Voraussetzungen der Führung von Mitarbeitern sind Selbstreflexion und Selbstführung (vgl. Pinnow 2011: 58–61, 86). Die Leistungsfähigkeit der Mitarbeiter kann erhöht werden, wenn intelligente

Möglichkeiten der Selbststeuerung und Entfaltungsmöglichkeiten geboten werden (vgl. Krusche 2008: 155).

Teamkompetenz und Systemkompetenz stehen in engem Zusammenhang, da systemkompetentes Wissen sich bei Menschen auf den Umgang mit kognitiven und emotionalen Fähigkeiten sowie technischen, sozialen und natürlichen Umwelten bezieht. Teamkompetenz ist somit die nachhaltige Gestaltung sozialer Systeme anhand sozialer Systeme (vgl. Kriz & Nöbauer 2008: 13).

Die teamkompetenzorientierte Führung von Kriz & Nöbauer (2008) baut auf den fünf Disziplinen von Senge et al. (2008) auf, die zu Teamkompetenz führen. Sie prägen den Begriff der lernenden Organisation. Die fünf Disziplinen werden nachfolgend dargestellt (Abbildung 2.10):

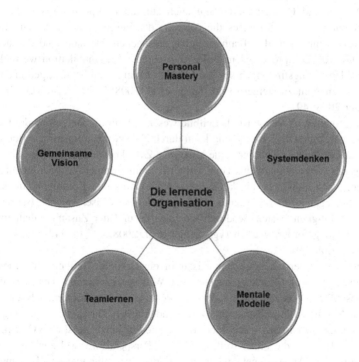

Abbildung 2.10 Die fünf Disziplinen der lernenden Organisation. (Eigene Darstellung in Anlehnung an vgl. Senge et al. 2008: 99, 223, 271, 343, 405)

Diese fünf Disziplinen bauen teilweise aufeinander auf und sollen deshalb nicht unabhängig voneinander betrachtet werden. Wesentliche Aspekte der Personal Mastery als erste der fünf Disziplinen sind persönliche Selbstführung und sich aus eigenem Entschluss weiterentwickeln zu wollen. Diese Disziplin ist vor allem bedeutend, weil niemand zu dieser Personal Mastery gezwungen werden kann. Vielmehr sind Rahmenbedingungen zu schaffen (Kontextsteuerung), die eine persönliche Weiterentwicklung und eigenverantwortliches Handeln aller Mitglieder fördern und begünstigen (vgl. Senge et al. 2008: 6–7, 223; vgl. Krusche 2008: 155; vgl. Kriz & Nöbauer 2008: 48).

Mentale Modelle zeigen die individuelle Realitätskonstruktion. Dies bedeutet, dass Führungskräfte sich darüber im Klaren sein müssen, dass jeder Mitarbeiter über gewisse Einstellungen und Wissensschemata verfügt, die Einfluss auf das Denken und Handeln und somit auch auf die Lernprozesse und die Ideeneinreichung haben. So ist es die Aufgabe der Führung, diese verschiedenen Sichtweisen innerhalb des Teams sichtbar zu machen. Deshalb sind die stetige Reflexion von Lernprozessen und eine transparente Kommunikation wesentlich, um Problemlösungsfindungen sowie Ideeneinreichungen zu begünstigen und effiziente Teamarbeit zu steigern (vgl. Senge et al. 2008: 7, 271–274; vgl. Kriz & Nöbauer 2008: 49).

Die gemeinsame Vision ist als Leitbild wesentlich für die Steigerung des Gruppenengagements. Diese Steigerung kann durch Zielvereinbarungen, das Befragen sowie aufmerksames Zuhören, eine kollektive Zweckbestimmung sowie die Förderung des Netzwerkhandelns zum Austausch gemeinsamer Visionen begünstigt werden. Auch hierbei ist ein konsistenter Reflexions- und Kommunikationsprozess grundlegend. Die Mitarbeiter verstehen auf diese Weise, welchen Beitrag sie mit ihrer Tätigkeit leisten, wodurch die Identität und der Zusammenhalt innerhalb der OE gefördert werden (vgl. Senge et al. 2008: 7, 344–348; vgl. Kriz & Nöbauer 2008: 49).

Das Teamlernen ist als vierte Disziplin ein zentraler Teilbereich lernender Organisationen zur Erzielung nachhaltiger Wettbewerbsvorteile. Durch stetigen Wissensaufbau, Wissensnutzung, Wissensweitergabe und Problemanalysen können OE-Mitglieder miteinander und voneinander lernen. Durch die Gestaltung von Kommunikationskanälen – auch über die eigene OE hinaus – ist eine Gesprächskultur zu fördern, die einen Reflexions- und Perspektivwechsel zur Steigerung der Lern- und Anpassungsfähigkeit im Hinblick auf die individuellen mentalen Modelle ermöglicht (vgl. Senge et al. 2008: 7, 344–348; vgl. Levinthal & March 1993: 96; vgl. Kriz & Nöbauer 2008: 49–50; vgl. Lin et al. 2013: 262). Raisch et al. (2009: 687–690) weisen in diesem Zusammenhang darauf hin, dass Exploration und Exploitation gesteigert werden können, indem Führungs-kräfte Kommunikationswege sowohl bottom-up als auch top-down und horizontal fördern, um den internen und externen Wissensaufbau zu fördern. Das Systemdenken beschreibt als fünfte Disziplin eine ganzheitliche Sicht-weise und dient als integrierende Disziplin. Somit bedingen die mentalen Modelle das Systemdenken und das Systemdenken wiederum die mentalen Modelle. Die-ses ist in Bezug auf den Umgang mit der Organisation als komplexem System teilweise unzureichend vorhanden. Es ist daher notwendig, die OE-bezogene und OE-übergreifende Vernetzung zu fördern, um eine einseitige Problemanalyse zu verhindern und (kreative) Problemlösungen zu begünstigen. Jede dieser Diszipli-nen ist permanent und im Gesamtzusammenhang mit den anderen Disziplinen zu berücksichtigen. Es handelt sich um einen integrativen, fortwährenden sowie nachhaltigen Lern- und Veränderungsprozess als Ergebnis eines ganzheitlichen, selbstorganisierten Teamprozesses, der durch die Schaffung geeigneter Rahmen-bedingungen von Seiten des direkten Vorgesetzten gefördert werden kann (vgl. Senge et al. 2008: 7, 99–101; vgl. Kriz & Nöbauer 2008: 50, 75; vgl. Buliga, Scheiner & Voigt 2016: 664).

Kriz und Nöbauer (2008: 54) definieren Teamkompetenz auf Basis der fünf Disziplinen wie folgt:

„Teamkompetenz ist eine fortwährende, selbstorganisierte, bewußte (sic!), gemeinsam reflektierte, als stimmig empfundene und situative Rollen- und Beziehungsgestaltung von Teams als Ausdruck geteilter sozialer Konstruktion von Realität. Teamkompetenz dient sowohl der Rollen- und Beziehungsgestaltung der einzelnen Teammitglie-der innerhalb des Teams als auch der Rollen- und Beziehungsgestaltung zwischen Teams und anderen sozialen Systemen. Teamkompetenz bedeutet eine nachhaltige Entwicklung und kontinuierliche Veränderung der Kommunikations- und Handlungs-prozesse im Team mit dem Zweck, gemeinsam definierte Leistungsziele zu erreichen, die Arbeitszufriedenheit der Beteiligten sicherzustellen und im Rahmen der sich verändernden Umgebungsbedingungen als soziales System existenzfähig zu bleiben."

Bisherige Untersuchungen zur Teamführung beziehen sich im Wesentlichen auf Teamrollen, Phasen der Teamentwicklung oder Teamreflexivität (vgl. Belbin 2010: 20–22; vgl. Van Dick & West 2013: 23), vernachlässigen jedoch den systemischen Aspekt der Teamführung im Kontext des Lernens von Nachhaltig-keit. Teamkompetenzorientierte Führung ist für diesen Kontext so relevant, weil Teams die elementare Lerneinheit für lernende Organisationen sind, da Organisa-tionen ohne sie nicht lernen können (vgl. Senge et al. 2008: 54). Busch & Hobus (2012: 29) beschreiben organisationales Lernen als „Fähigkeit einer Organisation,

Fehler zu entdecken, zu korrigieren und die Werte- und Wissensbasis entsprechend zu verändern. Die Organisation wird dabei als ein Organismus betrachtet, der grundsätzlich lernfähig ist. Sie wird daher auch als ‚lernende Organisation' bezeichnet".

2.2.2 Führung als Dienstleistung

Organisatorische Barrieren wie fehlende Ressourcen, fehlende Möglichkeiten des Wissensaufbaus und zu ausgeprägter Individualismus erschweren die Partizipation der Mitarbeiter (vgl. Hanse et al. 2016: 233). Seit mehreren Jahren wird auch deshalb im Bereich der Führungsforschung eine deutlichere Orientierung zu ethikbezogenen Fragestellungen deutlich. Das im englischen Sprachraum als „Servant Leadership" und im Deutschen als „Führung als Dienstleistung" bezeichnete Führungsverständnis erfährt besondere Aufmerksamkeit und basiert auf den Arbeiten von Robert K. Greenleaf (1904–1990). Das in seinem 1977 veröffentlichten Buch „Servant Leadership: A Journey into the Nature of Legitimate Power & Greatness" enthaltene Kapitel „The Servant as Leader" wurde bereits 1969 verfasst und thematisierte erstmalig diesen Dienstleistungsgedanken der Führung, der die Bedürfnisse der Mitarbeiter über die eigenen Interessen stellt (vgl. Hinterhuber & Mohtsham 2014: 69; vgl. Greenleaf 2002: 17; vgl. Pircher Verdorfer & Peus 2015: 67; vgl. Hinterhuber et al 2014: 13; vgl. Pircher Verdorfer & Peus 2014. 1–2; vgl. Olesia, Namusonge & Iravo 2014: 75). Ein Paradigmenwechsel zum Servant Leadership umfasst das Vorleben von Leadership, das Einbeziehen der Mitarbeiter in Entscheidungen, das Stärken und Verstehen der Mitarbeiterrollen, die Förderung des individuellen Einzelnen und des gesamten Teams, die Forcierung innovativer Beiträge, Implementierung einer Fehlerkultur (auch bei Innovationsbemühungen) sowie Vertrauensstärkung (vgl. Hinterhuber & Mohtsham Saeed 2014: 81–85). Wenngleich häufiger in der Unternehmenspraxis verbreitet als noch im 20. Jahrhundert und trotz der steigenden Bedeutung der gesellschaftlichen Verantwortung (Corporate Social Responsibility) wird diese Führungspraxis noch nicht allgemein respektiert (vgl. Laszlo 2014: 1). Während Servant Leadership im deutschen Sprachraum nahezu unbekannt ist, bekennen sich in den USA bereits über 30 Prozent der Fortune 100-Unternehmen hierzu (vgl. Hinterhuber et al 2014: 13). Bis zu vier befinden sich sogar unter den zehn erfolgreichsten Unternehmen. In Deutschland tritt jede dritte Führungskraft autoritär auf. Nur ein Drittel verfolgt einen integrierenden Führungsstil (vgl. Schnorrenberg 2014: 31, 43).

Servant Leadership wird von namhaften Managementinnovatoren wie Peter
Senge, Warren Bennis, Stephen Covey, Ken Blanchard und Max DePree überein-
stimmend als Führungskultur des 21. Jahrhunderts bezeichnet – ihrer Meinung
zufolge werde die Bedeutung stark zunehmen (vgl. Schnorrenberg 2014: 21).
Servant Leadership ist demnach eine der aufkommenden Führungstheorien und
unterscheidet sich von verhaltens- und situationsbezogenen Führungstheoriemerk-
malen dahingehend, dass mittels der Veränderungsbewusstseinsgestaltung der
Führung als Dienstleistung die Verantwortung für die Mitarbeiter betont und
Humanität sowie Sinngebung forciert werden. Hierdurch werden die Motivation,
das Engagement sowie die Leistung der Mitarbeiter gesteigert, um eine nachhaltig
erfolgreiche, beständige und innovative Organisation zu gestalten (vgl. Gibson &
Birkinshaw 2004: 209; vgl. Olesia, Namusonge & Iravo 2014: 75; vgl. Laszlo
2014: 5; vgl. Weibler & Keller 2015: 289; vgl. Hanse et al. 2016: 228, 232).
    Während transformationale Führung (vgl. 2.2.3 Transformationale und trans-
aktionale Führung) den Fokus auf die Erreichung der organisatorischen Ziele
durch die Steigerung des Mitarbeiterengagements richtet, wird durch Führung als
Dienstleistung das Augenmerk auf die Mitarbeiter gerichtet – die Zielerreichung
spielt hierbei eine untergeordnete Rolle. Der Einfluss der Führungskraft entsteht
durch das Dienen (vgl. Stone, Russell & Patterson 2003 [www]: 17.05.15). „Servant Leaders" hinterfragen, wie sie ihre Mitarbeiter unterstützen können, um
OE-bezogene und -übergreifende Ideen/Innovationen zu fördern. Auf diese Weise
werden die Rahmenbedingungen für die Mitarbeiter so gut gestaltet, dass sie auf
Basis einer stark ausgeprägten Vertrauensbasis sowie guter Zusammenarbeit für
besondere Leistungen befähigt werden (vgl. Walter & Cornelsen 2005: 223). Es
findet ein Perspektivwechsel statt, der in Bezug auf Führung nicht mehr fragt,
wie Mitarbeiter geführt werden müssen, damit sie das tun, was die Führungskraft
fordert. Stattdessen ist es bedeutend zu hinterfragen, was die Führungskraft für
die Mitarbeiter tun kann, um die persönliche Weiterentwicklung der Mitarbeiter sowie die Realisierung gemeinschaftlicher Ziele zu fördern. Führungskräfte
müssten heute vor allem eines sein: bescheiden, demütig und Diener ihres Teams.
Vom „Star-CEO", dem Chief Executive Officer, dem alle zu Füßen liegen, ist
keine Rede mehr (vgl. Schnorrenberg 2014: 20). Vordergründig ist Führung im
Dienst der Gemeinschaft mittels Orientierung und Entscheidungsfindung, um das
Potenzial der Mitarbeiter zu entfalten (vgl. Olesia, Namusonge & Iravo 2014: 75,
77; vgl. Pinnow 2011: 11).
    Wenngleich Servant und Leadership zwei gegensätzliche Begriffe sind, tritt
Führung als Dienstleistung auf, wenn beide Begriffe simultan im Führungsverhalten gelebt werden. Der Fokus liegt auf dem Führen bei gleichzeitigem Dienen
(vgl. Schnorrenberg 2014: 20). Wie auch transformationale Führung werden

Veränderungsprozesse durch Führung als Dienstleistung begünstigt, da der Dienstleistungsgedanke auch auf die Mitarbeiter übertragen wird (vgl. Stone, Russell & Patterson 2003 [www]: 17.05.15).

In den letzten zwei Jahrzehnten wurden viele Studien zum Thema Servant Leadership/Führung als Dienstleistung durchgeführt. Hierzu zählen u. a. Laub (1999), Page und Wong (2000), Stone, Russell und Patterson (2004), Spears und Lawrence (2004), Ehrhart (2004), Liden et al. (2008), Parolini, Patterson und Winston (2009), Barbuto und Wheeler (2006), Reed, Vidaver-Cohen und Colwell (2011). Die Studie von Van Dierendonck und Nuijten (2011) stellt allerdings eine der aktuellsten und das präziseste integrative Konzept bestehender Modelle dar. Aus diesem Grund und vor dem Hintergrund der zu ermittelnden Rahmenbedingungen der Führung wird es mit den Dimensionen Empowerment, Humility, Standing back, Authenticity, Forgiveness, Courage, Accountability und Stewardship zugrunde gelegt (vgl. Schnorrenberg 2014: 20; vgl. Olesia, Namusonge & Iravo 2014: 76; vgl. Pircher Verdorfer & Peus 2014: 2–3). Das Servant Leadership Survey von Van Dierendonck und Nuijten (2011: 251–259, 263) fokussiert die Gestaltung führungskultureller Rahmenbedingungen.

Im Folgenden werden die genannten Dimensionen erörtert (vgl. Pircher Verdorfer, van Dierendonck & Peus 2014: 97–100; vgl. Pircher Verdorfer & Peus 2015: 70–71):

1. Befähigung (Empowerment): Förderung des Verantwortungs- und Entscheidungsbewusstseins sowie der Lernfähigkeit der Mitarbeiter mit dem Ziel höherer Autonomie und Eigeninitiative.
2. Rechenschaft (Accountability): Schärfung der Verantwortlichkeit der Mitarbeiter durch klare Zielvereinbarungen und Vertrauen.
3. Bescheidenheit (Standing back): Offene Anerkennung der Leistungen und Beiträge der Mitarbeiter und Teilen der Anerkennung bei erfolgreichen Ergebnissen.
4. Demut (Humility): Realistische Selbsteinschätzung der Führungskraft sowie Anerkennung eigener Schwächen (und Zulassen von Unterstützung durch die Mitarbeiter), Wertschätzung und Kritikakzeptanz.
5. Authentizität (Authenticity): Offener Umgang im Hinblick auf Grenzen und Schwächen.
6. Mut (Courage): Eintreten gegen Widerstände zur Erprobung von Ideen/Innovationen.
7. Versöhnlichkeit (Forgiveness): Fehlertoleranz und -kultur.
8. Verantwortungsübernahme (Stewardship): Anstatt Macht und Kontrolle steht das Allgemeinwohl der Organisationsmitglieder im Vordergrund.

Beim Servant Leadership-Modell (vgl. Van Dierendonck & Nuijten 2011: 251–259, 263) handelt es sich um eine „Deglorifizierung" der Führung mit Attributen wie Macht und Einfluss, sondern ist das legitime Interesse der Mitarbeiter vordergründig (vgl. Pircher Verdorfer & Peus 2014: 1; vgl. Reed, Vidaver-Cohen & Colwell 2011: 421; vgl. Van Dierendonck Nuijten 2011: 251–259, 263). Hierzu zählt auch das Attribut der Autonomie, um bestehenden Denk- und Handlungsmustern mit Widerstand begegnen zu können, somit eine Selbststeuerungsfunktion des Teams zu gewährleisten und alte Handlungsmuster zu überdenken (vgl. Steinmann & Schreyögg 1986: 760). Dieser Führungsgedanke fokussiert als einziges Führungskonzept eine altruistische Grundhaltung (vgl. Pircher Verdorfer & Peus 2014: 1) und fördert darüber hinaus eine Lernumgebung der Wissensnutzung, des -aufbaus und der -weitergabe (vgl. Olesia, Namusonge & Iravo 2014: 77). Es konnte aufgezeigt werden, dass Servant Leadership positiv mit Hilfsbereitschaft, Gewissenhaftigkeit, Teamleistung und freiwilligem Arbeitsengagement auf Teamebene korreliert. Auf individueller Ebene weist das Modell einen positiven Einfluss auf prosoziale, kreative und innovationsförderliche Verhaltensweisen sowie das arbeitsbezogene Selbstwertgefühl auf und verfolgt die autonome moralische Entwicklung der Mitarbeiter (vgl. Pircher Verdorfer & Peus 2015: 71–74; vgl. Stone, Russell & Patterson 2003 [www]: 17.05.15). Wesentliche Elemente dieses Paradigmas des Dienens sind u. a. die Vereinbarung von Zielen und Rahmenbedingungen anstatt der Weisungserteilung, prozessorientierte und flexible Strukturen sowie eine lernende Unternehmung (vgl. Hinterhuber & Mohtsham Saeed 2014: 80).

Insbesondere die Dimension Humility wird in vielen Studien (wie der aufgezeigten von Van Dierendonck und Nuijten) als wesentliches Element der Führung als Dienstleistung genannt. Dies verdeutlicht, dass es bei der Demut vor allem um die Einstellung und Einsicht der Führungskräfte handelt, dass sie weder allwissend noch allmächtig sind. Sie sind sich dessen bewusst, dass Mitarbeiter mehr Wissen und Erfahrungen aufweisen können als sie selbst (vgl. Hinterhuber & Mohtsham Saeed 2014: 80).

Eine Studie von Pircher Verdorfer und Peus aus dem Jahr 2014 zeigt die positive Korrelation des Selbstwertempfindens, der Arbeitszufriedenheit sowie des Arbeitsengagements der Mitarbeiter und einen negativen Zusammenhang der Tendenz der inneren Kündigung mit Servant Leadership. Darüber besteht ein positiver Zusammenhang in Bezug auf die kollektive Selbstwirksamkeitserwartung von Gruppen (vgl. Hinterhuber & Mohtsham Saeed 2014: 80).

Obwohl Charakterzüge Führung beeinflussen, können diese Eigenschaften nicht mit Führung gleichgesetzt werden. Kompetenzen und Fähigkeiten, die erlernt und trainiert werden können, und das daraus resultierende Verhalten sind wesentlich. Darüber hinaus verdeutlicht dieser Prozesscharakter, dass eine unabhängige Betrachtung der Führung nicht unabhängig von den geführten Mitarbeitern und nicht nur top-down betrachtet werden kann. Die Wechselwirkung dieses Gruppenphänomens ist wesentlich (vgl. Hinterhuber & Mohtsham Saeed 2014: 95).

Da Hierarchien häufig Hindernisse darstellen und um Mitarbeiter bestmöglich in ihrer Aufgabenausführung zu unterstützen, bedarf es eines Wandels von der hierarchischen Unternehmensorganisation, in der Entscheidungen lediglich top-down getroffen werden, hin zur Führung als Dienstleistung – einer Neuausrichtung bestehender Machtstrukturen zu einer Sinnorientierung (vgl. Walter & Cornelsen 2005: 222–223). Dies bedeutet nicht, dass die Führung als Hierarchiestufe entfällt, sondern vielmehr, dass die Funktion eine veränderte Bedeutung, nämlich die des Servant Leaderships, einnimmt. Durch diese sollen Innovationsbarrieren überwunden werden.

2.2.3 Transformationale und transaktionale Führung

Transformationale Führung wird in der Literatur auch als werteorientierte Führung bezeichnet. Transaktionale Führung wird ihr häufig als gegensätzlich gegenübergestellt, da sie sich rationalen Austauschbeziehungen (Austauschbeziehungen hinsichtlich Leistung und Gegenleistung sowie Zielerreichung durch Belohnung) bedient und sich somit auf den Mitarbeiter als Homo oeconomicus bezieht. Während unerwünschtes Verhalten bestraft werden soll, sind gute Leistungen zu belohnen. Ferner wird die Einhaltung von Vorgaben fokussiert und bei Abweichungen korrigierend interveniert. Die Nutzenmaximierung von Führungskraft und Geführtem steht im Vordergrund (vgl. Özbek-Potthoff 2014: 12). Die transformationale Führung weist hingegen eine ganzheitliche Orientierung auf, da sie sich auf die ganze Persönlichkeit des Mitarbeiters ausrichtet. Das „Warum" des Handelns sowie ihre Sinnorientierungen sollen durch Vertrauensschaffung verstanden und gelenkt, ihre Werte, Ziele und Motive beeinflusst, also transformiert, werden (vgl. Franken 2016: 36–37, 40).

Transformationale Führung wird von Beschäftigten weniger mit persönlichen Entwicklungszielen in Verbindung gebracht; wie die Benennung bereits verdeutlicht, ist das Ziel dieses Führungsansatzes die Transformation der Mitarbeiter zur Erreichung der Unternehmensziele. Ursprünglich wurde diese Führungstheorie als veränderungsorientierte Führung konzipiert. Den Mitarbeitern ist Orientierung für ihr Engagement sowie der Veränderungsnutzen durch Schärfung der Visionsrelevanz zu vermitteln – für den Teamerfolg und über die eigenen Interessen hinaus (vgl. Pundt & Nerdinger 2012: 27–28; vgl. Stone, Russell & Patterson 2003 [www]: 17.05.15; vgl. Bass 1990: 21; vgl. Kaudela-Baum, Holzer & Yves-Kocher 2014: 73–74). Es stehen also nicht traditionelle Zielvorgaben durch die Führungskraft mit absoluter Zielorientierung im Vordergrund, sondern eine gemeinsame Zielvereinbarung zwischen Führungskraft und Mitarbeitern, die die Selbstorganisation der Mitarbeiter fördert (vgl. Özbek-Potthoff 2014: 12; vgl. Kaudela-Baum, Holzer & Yves-Kocher 2014: 74).

Der Politikwissenschaftler Burns legte 1978 den Grundstein für die Entwicklung des transformationalen Führungskonzeptes im Kontext politischer Umbrüche. Die Untersuchungsergebnisse verdeutlichen, dass die übergeordnete Ideenvermittlung durch Führungskräfte wesentlich ist, um das Interesse der Mitarbeiter zu steigern. Dies steht im Gegensatz zu der noch häufig vorzufindenden Verfolgung von Austauschbeziehungen. Diese Ergebnisse wurden von Bass im Jahr 1985 tiefergehend untersucht. Über die genannten Austauschprozesse hinaus werden Mitarbeiter zu besonderer Leistung begeistert, motiviert und inspiriert. Hierbei werden sie intellektuell gefördert und individuelle Bedürfnisse berücksichtigt. Sie werden dazu angeregt, die Probleme des Unternehmens zu realisieren, Lösungen und Ideen herbeizuführen und zu überdenken, um die Visionen zu erreichen (vgl. Furtner & Baldegger 2014: 131; vgl. Pundt & Nerdinger 2012: 29; vgl. Burns 1978: 19–20; vgl. Bass 1985: 90–99). Es wurden die vier Dimensionen Idealized influence (Vorbildfunktion), Inspirational motivation (inspirierende Motivation), Intellectual stimulation (intellektuelle Anregung) sowie Individualized consideration (individuelle Unterstützung) ermittelt (vgl. Bass & Avolio 1990: 22–25).

Im Hinblick auf die transformationale Führung wird das Modell von Podsakoff, MacKenzie & Bommer verwendet, da es über die vier Kategorien von Bass hinausgeht. Vier dieser Kategorien ähneln denen von Bass; darüber hinaus werden jedoch zwei weitere Dimensionen hinzugezogen: die Förderung von Gruppenzielen sowie die hohe Leistungserwartung. Es finden somit die zu untersuchende kollektive Ebene sowie ein möglicher Aspekt der zu schaffenden Rahmenbedingungen der Führung dieser Arbeit Berücksichtigung.

Die Theorieinhalte werden in der nachstehenden Abbildung aufgeführt (Abbildung 2.11):

Die Vorbildfunktion bezeichnet das charismatische Element transformationaler Führung. Vertrauen, integres Verhalten und Risikoübernahme sind wesentliche Elemente. Die Zukunftsvision dient der Stärkung der Akzeptanz durch die Übereinstimmung persönlicher Werte mit den Teaminteressen durch inspirierende und sinngebende Motivation. Um individuelle Unterstützung zu bieten, fungiert

Abbildung 2.11 Dimensionen transformationaler Führung. (Eigene Darstellung in Anlehnung an vgl. Podsakoff, MacKenzie & Bommer 1996: 259–298; vgl. Bass & Riggio 2006: 6–7)

die Führungskraft als Coach sowie Mentor und fördert die Lernfähigkeit und -bereitschaft, das Engagement und die Eigenständigkeit der Mitarbeiter. Aufgrund der Betonung der Teaminteressen und des -zweckes wird die Relevanz der Förderung von Gruppenzielen verdeutlicht. Im Rahmen der intellektuellen Anregung sind Innovations- und Kreativitätsförderung wesentlich, indem Annahmen hinterfragt, Prozesse überdacht und neue Lösungsansätze gesucht werden. So zeigt die Studie über transformationale Führung und organisationale Innovation von Gumusluoglu & Ilsev (2009: 264–273) die positive Beeinflussung der Kreativität in Bezug auf Innovationen. Es besteht sowohl ein großes Vertrauen in die Leistungsfähigkeit der Mitarbeiter als auch eine hohe Leistungserwartung. Mitarbeiter sollen somit eine hohe Leistungsbereitschaft zeigen und das kollektive Interesse vor ihre individuellen Ziele stellen. Zusammenfassend kann konstatiert werden, dass mittels transformationaler Führung das Anspruchsniveau sowie die Veränderungsbereitschaft der Mitarbeiter gesteigert werden sollen. Dies geschieht auch durch die sicherheitsbietenden Aspekte (wie Orientierung), die vor allem bei Innovationsvorhaben relevant sind (vgl. Podsakoff, MacKenzie & Bommer 1996: 259–298; vgl. Bass & Riggio 2006: 6–7; vgl. Stone, Russell & Patterson 2003 [www]: 17.05.15; vgl. Kaudela-Baum, Holzer & Yves-Kocher 2014: 74; vgl. Gumusluoglu & Ilsev 2009: 265–267; vgl. Franken 2016: 411). Mitarbeiter identifizieren sich mit den Zielen der Führungskräfte und setzen sich motiviert für die gemeinsame Zielerreichung ein. Sie erhalten eine aktive Rolle und auch hierdurch Möglichkeiten der Weiterentwicklung (vgl. Franken 2016: 41, 185).

Auch bei dieser Führungstheorie ist der innovationsfördernde Einfluss stark von der intrinsischen Motivation der Mitarbeiter, ihrer empfundenen Unterstützung sowie der Glaubwürdigkeit der Werte und Visionen der Führung abhängig (vgl. Kaudela-Baum, Holzer & Yves-Kocher 2014: 75; vgl. Franken 2016: 41). Ferner besteht das Hindernis, dass die Kreativität und Innovationsfähigkeit der Geführten zwar grundsätzlich betont wird; allerdings kann der Führungsstil auch in einer zu starken Abhängigkeit resultieren. Diese Abhängigkeit führt wiederum zu einer Reduktion des Hinterfragens bestehender Prozesse (vgl. Gebert 2002: 62).

Transformationale Führung wurde vielfach untersucht – auf unterschiedlichen Ebenen (Organisations-, Team-, Individualebene) und mit unterschiedlichen Schwerpunkten (Veränderungsbereitschaft, Kontext, Kreativität und Innovationsfähigkeit). So wurde verdeutlicht, dass die Veränderungsbereitschaft der Führungskraft auf die Mitarbeiter übertragen und die Mitarbeiterkreativität positiv beeinflusst werden kann. Der Führungserfolg ist jedoch auch von Variablen abhängig. So wurde beispielsweise aufgezeigt, dass zwar ein positiver Zusammenhang zwischen inspirierender Motivierung und Engagement besteht, jedoch nicht zwischen intellektueller Stimulierung und individuellem Engagement (vgl. Waldman et al. 2001: 135–136; vgl. De Hoogh, Den Hartog & Koopman 2005: 840–845; vgl. Rubin et al. 2009: 681–683; vgl. Levay 2010: 130–133; vgl. Jaussi & Dionne 2003: 476–480; vgl. Jung 2000: 186–191; vgl. Shin & Zhou 2003: 704–707; vgl. Jung, Chow & Wu 2003: 526–530; vgl. Pundt & Schyns 2005: 56–61; vgl. Pieterse et al. 2010: 610–613; vgl. Keller 2006: 203–207).

Nichtsdestotrotz ist diese Führungstheorie wesentlich für diese Untersuchung, da sie insbesondere in Veränderungssituationen Vorteile aufweist. Darüber hinaus wird deutlich, dass Führung ein dauerhafter Gestaltungs- und Austauschprozess ist. Die Führungskraft benötigt die Mitarbeiter, die ihre Leistung für das Unternehmen bestmöglich einbringen; die Mitarbeiter benötigen wiederum die Visionen und das Vertrauen der Führungskraft (vgl. Franken 2016: 41).

Ferner ist zu betonen, dass Ambidextrie – entgegen bisheriger Annahmen – durch transformationale Führung gefördert wird. Zuvor war exploitatives Handeln vor allem mit transaktionaler Führung und Exploration mit transformationaler Führung in Verbindung gebracht worden (vgl. Rost 2014: 42). Nemanich & Vera (2009: 19) zeigen in ihrer Studie Transformational leadership and ambidexterity in the context of an acquisition jedoch auf, dass Ambidextrie und somit die Balance zwischen Exploitations- und Explorationsprozessen sowie Lernkultur durch transformationale Führung begünstigt werden.

2.3   Grundlagen innovativer Team Governance

Nachfolgend werden theoretische Grundlagen zu innovativer Team Governance aufgezeigt, um notwendige Rahmenbedingungen zur Innovationsförderung aufzuzeigen und so insbesondere auf die erste Forschungsfrage der Gestaltung von Rahmenbedingungen der Führung Bezug zu nehmen. Ziel ist ferner die Zuordnung der aufgeführten Aspekte für das zu entwickelnde Kategoriensystem der qualitativen Untersuchung.

Lebensfähige Systeme passen sich inneren und äußeren Veränderungen an. Veränderung, Lernen und selbstständige Weiterentwicklung dienen der Überlebensfähigkeit von Systemen. Stafford Beer bezieht das „Gesetz der Lebensfähigkeit" nicht auf das Führen von Mitarbeitern, sondern das Steuern und Regulieren von Organisationen durch Informationsnetzwerke, die eine Selbstorganisation ermöglichen (vgl. Beer 1970: 28–32). Daran knüpft die Innovative Team Governance an.

Das systemtheoretische Organisationsverständnis geht nicht davon aus, dass eine direkte Steuerung der Teams durch die direkte Führungskraft möglich ist. Stattdessen sind die Kontextgestaltung sowie die Ermöglichung der Selbstorganisation wesentlich für Führungskräfte. Hierfür bedarf es einer permanenten Selbstreflexion – auch hinsichtlich der Gestaltung der Rahmenbedingungen (vgl. Von der Reith & Wimmer 2014: 141–142). Aus diesem Grund werden nachstehend kontextuelle Gestaltungsmerkmale von Ambidextrie (vgl. Weibler & Keller 2015: 293) aufgeführt, um Rückschlüsse auf zu gestaltende Rahmenbedingungen zu ziehen. Darüber hinaus wird zur Ermittlung der zu gestaltenden Rahmenbedingungen die systemtheoretische Managementlehre mit Governance-Funktionen reflektiert. Es bestünde die Möglichkeit, ausschließlich die Ordnungsmomente Kultur, Struktur und Strategie zu berücksichtigen – beispielsweise in Anlehnung an die Dimensionen des General Management Systems (vgl. Malik 2008: 2) sowie der innoLEAD©-Gestaltungsfelder (vgl. Kaudela-Baum, Holzer & Kocher 2014:

161, 193, 221). Dies erfolgt jedoch bewusst nicht begrenzt auf nur diesen Rahmen, da der explorative Charakter dieser Untersuchung sonst limitiert würde. Zwar werden Elemente der genannten Gestaltungsfelder erörtert, aber nicht auf die drei Dimensionen begrenzt. Nachfolgend werden deshalb zunächst Perspektiven der Innovationsförderung und Merkmale von Gestaltungsfeldern einer innovationsfördernden Führung beschrieben, bevor im Anschluss Innovationsbarrieren und die Promotorenrollen zur Überwindung dieser erläutert werden, um die Inhalte zur Kategorien- und Subkategorienbildung der empirischen Untersuchung heranzuziehen.

2.3.1 Perspektiven der Innovationsförderung

Wie aufgezeigt wurde, besteht vor dem Hintergrund eines dynamischen und unsicheren Umfeldes ein positiver Zusammenhang der Ambidextrie mit einer Erhöhung der Unternehmensinnovationen und Verbesserung der finanziellen Kennzahlen (vgl. O'Reilly & Tushman 2013 [www]: 17.07.15). Darüber hinaus weist ambidextre Führung einen positiven Einfluss auf Team-Innovation, die Ideengenerierung sowie die allgemeine Teamleistung auf. Zur Förderung der Ideeneinreichung (und für diesen Kontext im Speziellen OE-bezogen und -übergreifend) ist eine Anpassung der Rahmenbedingungen, so genannter Governance-Funktionen, notwendig (vgl. Kearney 2013 [www]: 19.12.15). Dies dient der Überwindung der Gefahr von Unternehmen, in Kurzsichtigkeit oder Trägheit zu verfallen – einer aus der Kongruenz resultierenden Trägheit, die erst zum Unternehmenserfolg beigetragen hat (vgl. Tushman & O'Reilly 1996: 11–18; vgl. O'Reilly & Tushman 2013 [www]: 17.07.15; vgl. Levinthal & March 1993: 101; vgl. Choi 2015: 439).

Das 3-Säulen-Modell der Innovationsförderung zeigt theoretische Perspektiven auf, die den Grundstein für die Schaffung einer innovative Team Governance legen und nachfolgend dargestellt werden (Abbildung 2.12):

Die Grundbausteine der Systemtheorie sowie des Sozialkonstruktivismus dienen als Metatheorien der Förderung des ambidextren Handelns der Mitarbeiter durch den Vorgesetzten. Aufgrund der ambidextren Spannungsfelder ist ein weiterer wesentlicher Theoriebezug die Paradoxie-Perspektive (vgl. Kaudela-Baum, Holzer & Kocher 2014: 52; vgl. Turner, Swart und Maylor 2013: 320–323), die unter 2.1.3 Organisationale Paradoxien aufgezeigt wurden.

Auf der Systemtheorie ist die systemische Selbstorganisation von Unternehmen begründet, da diese für die integrative Ambidextrieform wesentlich ist. Dies bedeutet, dass es Vorgesetzten gelingen muss, Flexibilität zu schaffen, die

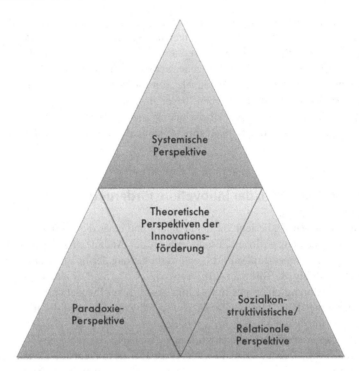

Abbildung 2.12 Das 3-Säulen-Modell: Theoretische Perspektiven der Innovationsförderung (Kaudela-Baum, Holzer & Kocher 2014: 52)

einen Wissensaufbau für OE-übergreifende Ideen ermöglicht, jedoch die Wissensnutzung zur Replikation in der eigenen OE nicht vernachlässigt (vgl. hierzu auch Abbildung 2.1: Ambidextres Handeln). Die neuere Systemtheorie betrachtet die Analyse der Systemwirkung ambidextriefördernder Führungshandlungen (vgl. Kaudela-Baum, Holzer & Kocher 2014: 36, 52–53; vgl. Lavie, Stettner & Tushman 2010: 114–115). Durch den nicht-steuerbaren Einfluss der Führung handelt es sich nicht um „Führung im System", sondern um „Führung am System". Dies bedeutet, dass diese Führung einen Veränderungsprozess zu einer lernenden Organisation durch Interaktions- und Kommunikationsprozesse verfolgt. Es werden Umfeldbedingungen berücksichtigt, die Mitarbeiter hierfür sensibilisiert und entsprechende Handlungen abgeleitet. Eine Veränderung der Geführten bildet also nicht den Fokus, sondern vielmehr die Kommunikationsbeziehung. Durch Führungsimpulse soll eine Selbststeuerung ermöglicht werden. Die Schaffung einer

Lernbereitschaft ermöglicht Innovationsförderung (vgl. Doppler 2009: 4–6; vgl. Kaudela-Baum, Holzer & Kocher 2014: 36, 63–64).

Der Sozialkonstruktivismus bietet die Grundlage für interaktive Konstruktionsprozesse wie die Gestaltung innovatorischer Freiräume, die optimale Nutzung und flexible Anpassung von Ressourcen und Kompetenzen durch Führungshandeln – zur Erfassung von Kontextbedingungen sowie der Reflexion des ambidextren Führungshandelns als zentrale Rolle. Vor dem Hintergrund sozial auszuhandelnder Wirklichkeiten anhand der Kommunikation der Organisationsmitglieder sind Innovationsprozesse an Kooperations- und Wissensprozesse gebunden. Dieses grundlegende Bewusstsein der organisationalen Kontingenz verdeutlicht, dass eben diese Prozesse so zu gestalten sind, dass Mitarbeiter Handlungsfreiräume für das Denken in Alternativen und Perspektivenvielfalt, kritische Prüfungen sowie problemorientiertes Lernen erhalten. Bezogen auf die teamkompetenzorientierte Führung spielt die Berücksichtigung der mentalen Modelle somit eine wesentliche Bedeutung (konstruktivistisch-systemische Sichtweise). Führung ist somit auch keine einseitige Einflussnahme wie mittels autoritärem Führungshandeln. Vor dem Hintergrund der sozialkonstruktivistischen Perspektive stehen vielfältige Gestaltungsimplikationen im Fokus. Eine bedeutende Führungsaufgabe ist die Begleitung von Lern- und Entwicklungsprozessen als gemeinschaftlichem Interpretationsprozess zur Ermöglichung der kritischen Reflexion, Wissensnutzung und des Wissensaufbaus. Für die Entstehung einer innovationsfördernden Lernumgebung ist die Nutzung kontinuierlicher Spannungsfelder im Hinblick auf etablierte Praktiken und neue Ideen wichtig. Kennzeichnend für Lernprozesse ist somit das Verständnis, dass sie aktiv, konstruktiv, selbstgesteuert, sozial und situativ verlaufen. Zusammenfassend erfordert problemorientiertes Lernen deshalb im Hinblick auf zu gestaltende Rahmenbedingungen Impulse zu erfahrungsorientiertem Lernen, Perspektivenvielfalt, Teamlernen, Zielvorgaben sowie Unterstützung zur Ermöglichung von Reflexionen, Wissensnutzung und Wissensaufbau (vgl. Kaudela-Baum, Holzer & Kocher 2014: 53–54, 62; vgl. Kriz & Nöbauer 2008: 100–102).

Beide Theorien gehen von einer wechselseitigen Wirklichkeitsbeeinflussung und -aushandlungsprozessen aus. Somit sind Unternehmen das Produkt menschlichen Handelns (nicht jedoch unbedingt menschlicher Absichten). Die Analyse interaktiver Konstruktionsprozesse (beispielsweise innovatorische Freiräume) ist ein wesentliches Element. So können Kontextbedingungen der Führung beschrieben werden (vgl. Kaudela-Baum, Holzer & Kocher 2014: 36, 53; vgl. Fojcik 2014: 175; vgl. Bergmann & Daub 2008: 40; vgl. Krusche 2008: 79).

Die Paradoxie-Perspektive verdeutlicht, dass ambidextres Handeln mit Spannungsfeldern verbunden ist. Führung muss paradoxiefähig sein. Der Erhalt ist notwendig, um sowohl Exploitation als auch Exploration zu ermöglichen. Die Führungskraft muss eine hohe Sensibilität hinsichtlich eines Balanceaktes in Bezug auf Stabilität und Flexibilität, externem und internem Blickwinkel, Kooperation und Kontrolle, Kreativität und Effizienz aufweisen. Es ist beispielsweise essenziell, dass auch organisationserhaltende Routinen und Replikationen forciert werden und nicht nur risikoreichere Innovationen. Ein konstruktiver Umgang mit Widersprüchen ist wesentlich (vgl. Kaudela-Baum, Holzer & Kocher 2014: 53, 65; vgl. Asselmeyer 2015: 5; vgl. Krusche 2008: 159). Paradoxien im Umgang mit Ambidextrie beginnen bereits beim Paradox der Veränderung, da auch ambidextres Handeln durch einen Veränderungsprozess darstellt. Dies bedeutet, dass Unternehmen nur wettbewerbsfähig bleiben können, wenn sie ihre Prozesse fortwährend überdenken und Wandel konsolidieren (vgl. Bergmann & Daub 2006: 153). Die systemische Perspektive geht davon aus, dass keine direkte Mitarbeitersteuerung durch den Vorgesetzten möglich ist. Es können jedoch Rahmenbedingungen gestaltet werden. Führungskräfte wissen also nicht mit Sicherheit, welche Auswirkungen ihr Handeln haben wird. Der paradoxe Auftrag der Führung ist dennoch, wirksam zu handeln (vgl. Schiersmann & Thiel 2009: 88–89; vgl. Ludewig 2005: 75–76).

Der Paradoxieansatz wird bereits bei der zentralen Paradoxie der Führung deutlich. Das Zusammenspiel von Führung und Organisation ist eine permanent zu berücksichtigende Paradoxie. Die beabsichtige Planungs- und Steuerbarkeit durch Führung ist nicht gegeben. Hierbei ist zu überprüfen, ob die Führungsstrukturen den Organisationsverhältnissen entsprechen. Aus diesem Grund ist Selbstreflexivität essenziell (vgl. Krusche 2008: 84).

Im Hinblick auf die Paradoxie der Entscheidung wird Führung aus einem funktionalen Blickwinkel als notwendig eingestuft, um Entscheidungen zu treffen. Entscheidungen werden getroffen, um Komplexität und Unsicherheit zu reduzieren. Die vor der Entscheidung bestehenden Möglichkeiten werden somit eingeschränkt. Der paradoxe Aspekt wird aber eben durch die Entscheidungsfindung ersichtlich; zum einen hätten auch andere Möglichkeiten bestanden (Kontingenz) und zum anderen führt diese Entscheidung zur strukturellen Voraussetzungen für weitere nachfolgende Entscheidungsnotwendigkeiten (vgl. Luhmann 2000: 125–144; vgl. Krusche 2008: 11–12). Es ist also maßgeblich von den durch Führung zu schaffenden Rahmenbedingungen sowie dem Umgang mit Paradoxien abhängig, inwiefern sich Exploitation und Exploration durch die Mitarbeiter entfalten können.

Unternehmen treten durch organisatorischen Wandel in eine enge Reflexion mit Exploitation und Exploration. Die Reflexionskompetenz ist wesentlich; durch

eine hohe Reflexion der Organisation und somit einer erhöhten Selbstregulie-
rung und Varietät wird die Deorganisation als zentrales Organisationsmodell
betont. Die Systemtheorie betrachtet Organisationen als komplexe Systeme, die
zur Erhaltung Selektionen vorzunehmen haben. Diese Selektion zur Überwindung der Komplexität, Steigerung der Handlungsfähigkeit sowie Abgrenzung von
der Umwelt bezieht sich auf das Schaffen von beispielsweise Hierarchien und
Organigrammen. Durch die ausdifferenzierten Strukturen werden Umweltinfor-
mationen verarbeitet und an -veränderungen angepasst. Diese Abgrenzung ist
jedoch vor allem erfolgreich, da das Unternehmen sich als Organisation auf sich
selbst bezieht. Somit sind Unternehmen selbst-referenzielle, autonome Systeme,
die sich fortlaufend anpassen. Dies bedeutet auch, dass der eigene Erhalt eine permanente Herausforderung ist. Im Rahmen der systemischen Eigendynamik sind
die Varietät und Freiräume entscheidend für die Anpassungen in Bezug auf die
Umwelt sowie die Implementierung neuen Wissens und werden bedeutend von
strukturellen Rahmenbedingungen beeinflusst (vgl. Luhmann 1973: 39–45; vgl.
Bateson 1983: 147; vgl. Kaudela-Baum, Holzer & Kocher 2014: 37).

Vom System können nicht alle Informationen oder Irritationen verarbeitet
werden. Auch Organisationsmitglieder unterliegen aufgrund der Vielfalt an Informationen einem Selektionszwang. Es wird somit zwischen systemzugehöriger
und nicht-systemzugehöriger Kommunikation differenziert. Der organisatorische
Anschlussfreiraum der Kommunikation einer Organisation ist abhängig von den
Möglichkeiten, die der Organisation aufgrund seiner strukturellen Rahmenbedingungen zur Verfügung stehen. Die Begrenzung bedingt jedoch auch den
Aufbau von Sinnkomplexen (vgl. Aderhold & Jutzi 2003: 146; vgl. Luhmann
1984: 92–96; vgl. Kaudela-Baum, Holzer & Kocher 2014: 38). In Bezug auf
ambidextre Führung zur Förderung der Exploration und Exploitation bedeu-
tet dies, dass die Gestaltung der strukturellen Rahmenbedingungen durch die
Führungskraft wesentlich für die Förderung OE-bezogener Replikationen sowie
OE-übergreifender Innovationen ist.

Darüber hinaus definieren die strukturellen Rahmenbedingungen den so
genannten Resonanzbereich, also die Reaktion auf die Umwelt. Je größer das
interne Repertoire an unterschiedlichen Wirklichkeitsvorstellungen, desto höher
die Innovationsermöglichung (vgl. Aderhold & Jutzi 2003: 124; vgl. Nagel &
Wimmer 2002: 17–24). Wird eine OE als relationales System betrachtet, bedeutet
dies demnach, dass der gegenseitige Kommunikationsbezug der Organisationsmitglieder und somit die Innovationsfähigkeit aufgrund einer stärkeren strukturellen
Vernetzung und der damit verbundenen Zunahme der Wirklichkeitsvorstellungen
gesteigert werden kann.

Für eine lernende Organisation ist das Schaffen von Austauschmöglichkeiten durch die Führung notwendig, um die bestehende organisationale Logik mit ihren Praktiken zu hinterfragen und Ideen zu fördern (vgl. Kaudela-Baum, Holzer & Kocher 2014: 40). Dennoch, wie aufgezeigt, benötigen Unternehmen auch Beständigkeit. Diese Paradoxie des zirkulären Zusammenhanges von Routine und Innovation ist durch die Überwindung von Beharrungstendenzen zu ermöglichen. Dies ist so schwierig, weil sich Unternehmen in einem institutionellen Kontext mit Regeln, Werten, Ressourcen und nicht anzuzweifelnder Annahmen befinden. Als Konsequenz dessen werden bestehende Strukturen reproduziert, seltener hinterfragt und Risiken ebenso seltener eingegangen. Dies wird auch dadurch deutlich, dass Unternehmen zu einer deutlich höheren Exploitationsfokussierung tendieren als bei Exploration (80 % ggü. 20 %). Es ist deshalb essenziell, dass durch organisationale Veränderungs- und Lernprozesse neue Wirklichkeitskonstruktionen geschaffen werden. Die Schaffung einer Balance zwischen beiden Ausrichtungen ist durch veränderte Rahmenbedingungen herbeizuführen, die die Verbesserungs- und Erneuerungssuche als Routine forcieren (vgl. De Vries 1998: 77).

Wie aufgezeigt, sind Unternehmen selbst-referenzielle Systeme, die sich auf Basis bestehender Strukturen reproduzieren. Zur Überlebenssicherung bedarf es eines entsprechenden Beständigkeitsgrades. Um Innovationen zu ermöglichen, sind diese Beharrungstendenzen jedoch zu überwinden. Berücksichtigt man die Einbindung der Organisation in ihre Werte und Regeln, wird deutlich, dass vorhandene Strukturen eher reproduziert werden, da sich Mitarbeiter eher auf das Vertraute verlassen und das Eingehen von Risiken meiden. Aus diesem Grund verhält sich das Umsetzen von Innovationen schwierig, weshalb es notwendig ist, dass organisationale Veränderungs- und Lernprozesse (neue Wirklichkeitskonstruktionen) umgesetzt werden. Es ist eine Balance zwischen der Erforschung neuer Möglichkeiten und der Nutzung alter, sicherer Erkenntnisse/Routinen herzustellen. Um die Pfadabhängigkeiten dieser Routinen nicht zu überbetonen, müssen Irritationen zugelassen werden. So können die Verhaltensroutinen der Mitarbeiter durchbrochen werden. Mittels innovationsfördernder Kommunikations- und Handlungsmuster, die aufgrund ihrer Etablierung auch Routinen darstellen, wird verdeutlicht, dass Innovationsmanagement eine routinierte Verbesserungssuche darstellt. Erst durch diese standardisierten Routineprozesse werden Ideen zu Innovationen. Dies bedeutet wiederum, dass eine wechselseitige Beziehung zwischen Routine und Innovation existiert – die Paradoxie der Innovation. Darüber hinaus sind Innovationen zum Zeitpunkt ihrer Aktualität Störungen der Routinen. Mit der Zeit werden sie aufgrund ihres Systemanschlusses jedoch ebenso zu Routinen. Vor diesem Hintergrund wird die Bedeutung der Paradoxiegestaltung hinsichtlich einer ambidextren Führung deutlich (vgl. Kaudela-Baum, Holzer & Kocher 2014: 42).

Entscheidungs- und evolutionstheoretische Perspektiven verdeutlichen die enge Verflechtung der Anpassungsfähigkeit von Organisationen mit der Ambidextrie (vgl. Weibler & Keller 2015: 289). Ambidextre Unternehmen erzielen in ausgeglichenem Maße die Ermittlung neuer, OE-übergreifender Innovationen (Exploration) sowie die Optimierung bestehender Potenziale (Exploitation). Beide Ausrichtungen stellen unterschiedliche Anforderungen an die Gestaltungsansprüche dar wie strukturelle, kulturelle und strategische (vgl. Dover & Dierk 2010: 50; vgl. Busch & Hobus 2012: 29–30; vgl. Thompson 1967: 15; vgl. Markides & Chu 2009: 325; vgl. Durisin & Todorova 2003: 11; vgl. Weibler & Keller 2015: 289). Die daraus resultierenden Paradoxien können durch ambidextre Führung bewältigt werden (vgl. Kozica & Ehnert 2014: 152). Während klassische Organisationsmodelle von einem rationalistischen, linearen Grundverständnis ausgehen, weist der Management- und Systemtheorieexperte Fredmund Malik auf Unternehmen als autopoietische Systeme hin, die Einflüsse systemspezifisch verarbeiten und deshalb nur in Grenzen beeinflussbar sind. Entsprechende Rahmenbedingungen sind für eine mögliche (Selbst-) Organisation von Teams zur Förderung der Innovationsfähigkeit zu gestalten (vgl. Malik 2013: xi–xii, IXXVII–IXXX, 51, 64–66, 98–99, 106; vgl. Krusche 2008: 71).

2.3.2 Gestaltungsfelder einer innovationsfördernden Führung

Zur Gestaltung einer innovationsfördernden Führung sind Führungsbeziehungen zwischen dem direkten Vorgesetzten und Mitarbeitern notwendig, die das Einbringen aller Organisationsmitglieder mit ihren innovationsfördernden Stärken ermöglichen (relationale Führungsebene). Hierzu zählt auch die Bewusstseinskompetenz der Führungskräfte, sich selbst führen zu können und zu wissen, welche Führungsrolle sie bei anderen Anspruchsgruppen innerhalb des Unternehmens einnehmen müssen. Gemäß des innoLEAD©-Modells, einem von Kaudela-Baum, Holzer und Kocher im Jahr 2014 veröffentlichten integriertem Modell zur innovationsfördernden Führung, ist sowohl Flexibilität zur Steigerung der Exploration als auch Stabilität zur Steigerung der Exploitation zu gewährleisten. Das Denken in Dualitäten ist ein probates Mittel. Zum einen sind Flexibilität, Veränderungsbereitschaft, die Beschäftigung mit Zukunftsthemen und Handlungsspielräume zu ermöglichen (Exploration), auf der anderen Seite jedoch die Einhaltung von Kosten- und Zeitvorgaben, die Beschäftigung mit dem operativen Geschäft und die Begrenzung von Handlungsspielräumen (Exploitation). Wesentlich ist bei dieser „sowohl-als-auch"-Perspektive, dass das Veränderungsbewusstsein, das Lernen sowie die Wissensentwicklung langfristig ausgerichtet werden. Diese so genannte Multi-Ebenen-Betrachtung innovationsfördernder Führung basiert auf der Grundannahme, dass bei der Führung von Lern- und Entwicklungsprozessen die Notwendigkeit eines Gleichgewichts von (paradoxen) öffnenden und schließenden Leitungsaufgaben besteht. Weitere Führungsebenen zur Innovationsförderung sind strukturelle, kulturelle sowie strategische Bedingungen (vgl. Kaudela-Baum, Holzer & Kocher 2014: 15, 70–72). Weiterführende Aspekte dieser drei Ebenen werden nachfolgend dargestellt.

Die Innovationsstrategie muss integraler Bestandteil der Unternehmensstrategie sein, da sie den Rahmen der Zukunftsfähigkeit des Unternehmens in Bezug auf Ziele und Aktivitäten schafft (vgl. Hutterer 2013: 68). Es ist notwendig, die Strategie-Leitgedanken fortlaufend an die sich verändernden Rahmenbedingungen anzupassen (vgl. Hinterhuber & Mohtsham Saeed 2014: 83). Im Kontext der ambidextren Führung bedeutet dies, dass Mitarbeiter die Strategie kennen und mit ihr vertraut sein müssen, um strategische Implikationen zu berücksichtigen. Darüber hinaus ist die Herstellung der wichtigsten Zusammenhänge (wie Schnittstellen-OE und -Ansprechpartner) notwendig, um divergierende Sichtweisen – auch über die eigene OE hinaus – zu erlangen. Des Weiteren muss eine Ambiguitätstoleranz von Seiten des Vorgesetzten vorliegen. Es dient dem Ziel, unsichere Situationen zu verstehen. Die Verständnisübertragung auf die Mitarbeiter ist essenziell (vgl. Steinmann & Schreyögg 1986: 760).

Die Forschungsströmung im Bereich Strategie beeinflusst die Ambidextrieforschung entscheidend, da sich die richtige Balance aus der Strategie ergibt. Denn diese gibt erst das Portfolio vor. Die Balance ist immer auf die Strategie bezogen. Während in der traditionellen Strategieforschung hybride Strategien (wie die gleichzeitige Verfolgung von Exploitation und Exploration) als nachteilig für den Unternehmenserfolg eingestuft wurden (vgl. Fojcik 2014: 73–74), zeigte Burgelman (1990: 166–167) die simultane Verfolgungsmöglichkeit der Steigerung von sowohl vorhandenen als auch neuen Kompetenzen und Prozessen auf. Denn die Kombination dieser Ressourcenkombinationen ist von essenzieller strategischer Bedeutung für das Unternehmen; sie weist höhere Wachstumsraten auf und verstärkt die langfristige Wettbewerbfähigkeit (vgl. Eckardt 2015: 24). Allerdings ist die Verfolgung beider Aktivitätsmodi eine große Herausforderung – vor allem aufgrund der sich kontinuierlich und sprunghaft ändernden Umwelten, in denen sich Unternehmen befinden. Die in der Unternehmenspraxis häufig primär anzutreffende Exploitation kann die Gefahr zu starrer Routinen und somit strategischer Optionsminderung bergen (vgl. Kaiser & Rössing 2010: 167). Diese Tendenz zur Exploitation ist vor allem bei Führungskräften mit Führungsverantwortung auf unterer Hierarchieebene und in kleinen Organisationseinheiten präsent. Die strategische Verfolgung exploitativer Fähigkeiten wird bevorzugt. Ein erhöhtes Gleichgewicht zwischen explorativen und exploitativen Tätigkeiten ist erst mit aufsteigender Führungsverantwortung festzustellen (vgl. Renzl, Rost & Kaschube 2013: 161). Ansatzpunkte beziehen sich somit nicht nur auf die Systemebene, sondern ebenso auf die individuelle Verhaltensebene (vgl. Steinmann & Schreyögg 1986: 747). Dies verdeutlicht, dass die Schwierigkeit der strategischen Balance dieser konträren Ziele auf der Teamebene liegt. Der Einbezug aller Mitarbeiter aus allen Unternehmensbereichen ist somit essenziell. Zur Erlangung einer Verständnisschaffung und zur Förderung eines ambidextren Handelns besteht die Notwendigkeit der Aufschlüsselung der Unternehmensstrategie auf die kleinsten Organisationseinheiten. Zur Vermeidung des Verdrängungseffektes einer Ausrichtung muss es deshalb das Führungsziel sein, neben dem koordinierten und effizienten Agieren im operativen Geschäft eine flexible und innovative Reaktion der Mitarbeiter auf OE-übergreifende Veränderungen und Chancen zu ermöglichen – mittels ambidextrer Führung, die entsprechende strategische Rahmenbedingungen zur Steigerung der Teamintelligenz gestaltet.

Die strukturellen Rahmenbedingungen müssen zur Organisationsstrategie und den abgeleiteten Zielen passen (vgl. Pinnow 2011: 7–11). Zu den Voraussetzungen einer erfolgreichen Organisationsentwicklung zählt eine gezielte Veränderung der Organisationsstrukturen, die das Lernen und die Partizipation aller ermöglicht. Neben einem umfassenden und langfristigen Veränderungsprozess sind insbesondere die Organisationsmitglieder von entscheidender Bedeutung (vgl. Pinnow 2011: 43–44). Die Bedeutung der Organisationsstruktur hat vor allem vor dem Hintergrund der insbesondere für die Förderung von Innovationen benötigte Flexibilität und Anpassungsfähigkeit zugenommen. Kritisches Hinterfragen und entsprechendes Anpassen der Strukturen werden immer wichtiger. So auch die Schaffung dezentraler Autonomie, anhand derer starre, hierarchische und zentrale Organisationsstrukturen verringert werden können. Kommunikation ist im Gegensatz zu unbeweglichen, hierarchischen Weisungsstrukturen wesentlich für die Kreativitätsentfaltung. Es sind demnach innovative und flexible Organisationsformen zur Förderung der Mitarbeiterressourcen sowie Anpassung an die Umwelt zu gestalten. Wenn sich der Stellenwert der Mitarbeiter erhöht, verändern sich auch die Organisationsstrukturen. Um wettbewerbsfähig zu bleiben, müssen Unternehmen transparente, anpassungsfähige und innovative Strukturen aufzeigen (vgl. Pinnow 2011: 71–74; vgl. Krusche 2008: 138).

Viele Unternehmensstrukturen sind nicht für das Vorantreiben von Innovationen ausgelegt. Ein wesentlicher Aspekt hierbei ist die hierarchische Aufstellung und Unterteilung in verschiedene Funktionsbereiche. Diese Strukturwahl wurde aufgrund der Förderung des operativen Geschäfts getroffen. Es bestehen klar definierte Zuständigkeiten, Entscheidungswege und Strukturen zur Gewährleistung von Kontinuität und Stabilität. Als nachteilig wird in diesen Fällen jedoch das Intrabereichsdenken und -handeln eingestuft (vgl. Thom 2013b: 352). Vernetzung wird als Organisationsstruktur der Zukunft gesehen. Einzelpersonen oder Gruppen bringen zur gemeinsamen Leistungserstellung ihr sich ergänzendes Know-how ein, um auf die veränderten Wirtschaftsbedingungen zu reagieren. Gesteigerte Flexibilität, verringerte hierarchische Orientierung, mehr Investition in Innovation und gebündelte Wissensvernetzung sind wesentliche Komponenten der Netzwerkorganisation, die im Gegensatz zu früher nicht Abschottungstendenzen aufweisen, sondern vielmehr Durchlässigkeit und Transparenz. Dies ist insbesondere relevant, wenn die Führungskraft bemerkt, dass Wissensaufbau zur Zielerreichung benötigt wird. Der höhere Dezentralisierungsgrad und die Kommunikationsvernetzung ermöglichen eine schnelle Reaktion auf veränderte Umweltbedingungen. Die durch die Führung anzustoßende Atmosphäre muss die Förderung einer offenen Kommunikation und Experimentierlust ermöglichen. Durch diese dezentralen Strukturen können Organisationsmitglieder mehr Verantwortung übernehmen, wodurch die Förderung der Mitarbeiterressourcen forciert werden kann. Aus paradoxietheoretischer Sicht bietet diese Struktur nicht nur Flexibilität, sondern auch Instabilität (vgl. Holtbrügge 2001: 190). Studien zeigen, dass eine Organisation ohne Führung langfristig nicht existenzfähig wäre, denn ohne diese wäre das Chaosrisiko zu hoch. Vielmehr bedarf es auch zentraler Funktionsanteile und einer Führung mit flachen Hierarchien – insbesondere in wirtschaftlich schwierigen Zeiten einer komplexer gewordenen Welt, wodurch auch die Anforderungen an die Führung steigen (vgl. Pinnow 2012: 235; vgl. Pinnow 2011: 117; vgl. Steinmann & Schreyögg 1986: 761).

Die genannte Dynamik, in denen sich Organisationen bewegen, verlangt nach ebenso dynamischen Organisationsstrukturen. Starre Strukturen können in der modernen Wissensorganisation zum Stillstand führen, wenn sie nicht an die Umfeldparameter adaptiert werden. Strenge Hierarchien und die oft langwierige Abstimmung mit höheren Ebenen können zu starken Verzögerungen führen und dazu, dass der Anschluss verpasst wird. Darüber hinaus ist oftmals das Verantwortlichkeitsverhalten jenseits des Aufgabenbereiches der eigenen OE nicht gegeben. Dies verlangsamt ebenfalls die notwendige Entwicklung. Die strukturellen Rahmenbedingungen nehmen insbesondere in Großunternehmen eine sehr hohe Bedeutung ein. Bei der häufig anzutreffenden Bürokratie und komplizierten Strukturen verringern sich oftmals der Verantwortungssinn, der Leistungswille sowie die Eigeninitiative der Mitarbeiter. Die fehlende Flexibilität ist jedoch nicht nur bei Führungskräften vorzufinden, sondern auch bei Mitarbeitern. Wennschon Diversifizierung notwendig ist, um zu strukturieren und eine funktionale Orientierung im Unternehmen zu schaffen, darf der prozessuale Blickwinkel und Wissensaufbau für einen ganzheitlichen Ansatz erhalten bleiben. Deshalb ist die

Schaffung von Rahmenbedingungen für eine mögliche Flexibilität und Stabilität essenziell. Strukturen verändern sich nicht kausal oder linear, sondern zirkulär, komplex und netzwerkartig. Eine strukturelle Gestaltung sollte deshalb nicht nur Tools und Ziele forcieren, sondern den Aufbau von Wissen, Kompetenz und Beziehungsaufbau (vgl. Pinnow 2011: 167–168). Für diese vernetzte und wenig hierarchische Organisation werden „Spielregeln" bzw. ein Leitbild benötigt, das Führungswerte präzise darstellt. Auf diese Weise werden Schnelligkeit, Einfachheit und Selbstvertrauen und dadurch bedingt die Nachhaltigkeit gefördert. Vernetzung und der Abbau von Barrieren zwischen Funktionsbereichen bedürfen eines vernetzten Kommunikationssystems. Diese bereichsübergreifende Vernetzung kann durch Prozess-Steuerungskompetenz durch Führung erzielt werden. Hierarchien werden für den Unternehmenserfolg weiterhin eine hohe Bedeutung einnehmen, jedoch wird sich das Rollenverständnis ändern. Vordergründig sind Zielvereinbarungen anstatt Zielvorgaben. Ferner ist zu betonen, dass Servant Leadership nicht Kreativität überbetont, sondern die Bedeutung dieses Elements mit Routine, Disziplin und Systematik gleichsetzt, um auf diese Weise Prozessoptimierungen effizient durchzuführen. Die Vereinbarungen von Zielen und Rahmenbedingungen, die Handlungsfreiheit zulassen, ermöglichen Vieldeutigkeit. Hierdurch wird zum einen ein Rahmen gegeben, der Flexibilität zulässt, zum anderen jedoch Grenzen darlegt (vgl. Hinterhuber & Mohtsham Saeed 2014: 81–83; vgl. Wimmer 2004: 91).

Gebert und Kearney (2011: 74–80) nennen die Art der Entscheidungsvollmachtsverteilung als eine wesentliche Führungsdimension der Ambidextrie. Zum einen ist eine Freiraumbegrenzung zur Verringerung der Komplexität im Hinblick auf die Wissensintegration (Exploitation) notwendig; zur Gewährleistung neuer Erfahrungen und Lösungen über den eigenen Tätigkeitsbereich hinaus sind Freiräume zu gewähren. Ein weiterer Führungsaspekt bezieht sich auf die Ermöglichung der Nutzung vorhandenen Wissens (breite Wissensgenerierung für hohe Qualität) sowie die Erweiterung vorhandener Wissensbestände (effizienzorientierte Wissensintegration).

Die vorangegangenen Faktoren der Strategie und Struktur werden häufig als „harte" Faktoren eingestuft. Die Kultur als „weiche" Komponente und die damit einhergehenden geteilten Werte einer Organisation werden häufig vernachlässigt. Gründe sind in einer komplizierteren Messbarkeit sowie Unsicherheit zu finden. Jedoch wird eine ausschließliche Fokussierung auf die Adaption harter Rahmenbedingungen nicht erfolgreich sein, wenn die dritte Governance-Funktion außer Acht gelassen wird (vgl. Pinnow 2011: 44–45).

Die Kultur bei rein exploitativ ausgerichteten Unternehmen weist Denken in gewohnten Bahnen und Risikoaversion auf. Entscheidungen werden bei einer meist autoritären Führung top-down getroffen. Im Gegensatz dazu sind Charakteristika einer explorativen Ausrichtung Fehlertoleranz, Risikofreude sowie eine neue Denkmusterentwicklung. Eine transformationale Führung und bottom-up-Entscheidungen sind kennzeichnende Merkmale (vgl. Fojcik 2015: 172–173). Der Kulturaspekt nimmt eine bedeutende Rolle ein, da insbesondere Paradoxien entscheidende Hemmnisse der Innovationsförderung darstellen – wie die Paradoxie der Autorität und Regression. Trotz einer hierarchischen Unternehmenskultur kann die Kultur der Organisationseinheit von den Mitarbeitern als innovationsfördernd aufgrund einer flachen Hierarchie und eines vertrauensvollen Umganges angesehen werden, wenn sie entsprechend von dem Vorgesetzten vorgelebt wird. In der Literatur aufgezeigte und in der Unternehmenspraxis thematisierte Führungsstile betreffen vor allem verhaltens- und aufgabenorientierte Aspekte. Diese decken jedoch nicht die Komplexität der notwendigen Anforderung an die Führung ab, nämlich die Gestaltung und Adaption von Rahmenbedingungen wie der Kultur. Die Ausrichtung in Bezug auf Exploitation und Exploration in den einzelnen Organisationseinheiten ist stark führungskraftbezogen. Häufig werden ausschließlich inkrementelle Verbesserungen angestrebt. Hemmnisse betreffen Innovationsbarrieren (Fach-, Macht-, Beziehungs- und Prozessbarrieren) und damit verbunden Paradoxien wie die der Autorität und Regression. Wenn die Unternehmenskultur vom Vorgesetzten entsprechend vorgelebt wird, kann beispielsweise eine allgemein hierarchische Ausrichtung des Unternehmens in der Organisationseinheit von den Mitarbeitern dennoch als flach und vertrauensvoll empfunden werden. Die von den Führungskräften vorzulebende Unternehmenskultur muss Selbstständigkeit, Eigeninitiative und Innovationen fördern (vgl. Hinterhuber & Mohtsham Saeed 2014: 81–85; vgl. Getz & Robinson 2003: 135). Das folgende Zitat des Betriebsratschefs der Volkswagen AG, Bernd Osterloh, beschreibt den Bedarf an einer veränderten Unternehmenskultur wie folgt ([o. V.] 2015 [www]: 30.12.18; mit freundlicher Genehmigung von © Crain Communications GmbH 2021. All Rights Reserved):

> „Wir brauchen für die Zukunft ein Klima, in dem Probleme nicht versteckt, sondern offen an Vorgesetzte kommuniziert werden. Wir brauchen eine Kultur, in der man mit seinem Vorgesetzten um den besten Weg streiten kann und darf. Wir brauchen eine Kultur, in der alle Abteilungen – über Bereiche hinweg – zusammenarbeiten, um Probleme zu lösen."

Dies entspricht ebenso den vorangegangenen theoretischen Ausführungen.

Für Funktionsverbesserungen werden in Unternehmen bereits Methoden wie Zielvereinbarungen und KVP genutzt, wodurch Stabilität gefördert wird. Ein wesentlicher Aspekt für die Balanceschaffung zwischen Exploitation und Exploration ist die Bildung horizontaler, vertikaler und diagonaler Netzwerke. Diese ermöglichen die Kooperation von Teams und fördern die Veränderungsgeschwindigkeit. Dies kann zu Instabilität führen, erhöht jedoch die Anpassungsfähigkeit und Kreativität. Die Bereitschaft der Teams ist jedoch Voraussetzung und kann durch Visionsüberzeugung begünstigt werden (vgl. Kruse 2013: 60–71; vgl. Rost, Renzl & Kaschube 2014: 36).

Zukünftig werden nicht mehr Unternehmensgröße und Wachstum Sicherheit für Konkurrenzfähigkeit bieten, sondern Innovations- und Veränderungsfähigkeit sowie der Komplexitätsumgang. Komplexität und Kommunikation stehen in einer Wechselseitigkeit und erzeugen gegenseitig das andere. Mittels Kommunikation kann Komplexität bearbeitet werden, sie erzeugt sie jedoch wiederum. In vielen Unternehmen besteht noch Einzelintelligenz, in der einzelne Personen Entscheidungen treffen und Komplexität lediglich begrenzt begegnet werden kann. Ein deutlicher Trend ist allerdings hinsichtlich einer Entwicklung zur Teamintelligenz zu verzeichnen. Voraussetzung ist hierfür eine prozessuale und strukturelle Transparenz, die Standardisierung von Methoden und eine kommunikative Wissensmobilisierung. Beispiele sind eindeutige Kompetenzregelungen, Zielvereinbarungen und eine verständliche Unternehmensstrategie; weitere Komponenten betreffen eine klar kommunizierte Firmenvision sowie eine Verbindlichkeit bei Führungsgrundsätzen. Im Rahmen der Teamintelligenz sind konsensorientierte Gruppenentscheidungen vordergründig, die jedoch die Geschwindigkeit mindern. Aufgrund dessen ist die Entwicklung zu einer Netzwerkintelligenz über die Etablierung einer lernenden Organisation essenziell.

Kruse (2013: 89) verdeutlicht dies anhand der folgenden Grafik (Abbildung 2.13):

Im Umkehrschluss bedeutet dies eine Transformation von Hierarchie zum Netzwerkmodell (vgl. Krusche 2008: 46). Eine Erhöhung der Vernetzungsdichte beschleunigt eine Kultur des Wandels. Für Führungskräfte ist es wesentlich, die Selbstorganisation der Teams zu unterstützen und Vernetzungsmöglichkeiten zu fördern (vgl. Kruse 2013: 89–90, 117, 147; vgl. Krusche 2008: 62–64).

Relevant für das Hervorrufen von Innovationen sind Eigenverantwortung, Fehlertoleranz, Achtsamkeit, Freiräume sowie eine Kultur des Wandels. Anhand einer veränderten Gestaltung der Rahmenbedingungen durch die Führungskräfte können Innovationen entstehen (vgl. Kruse 2013: 26; vgl. Kraege 2018: 160). Kruse (2013: 151) nennt darüber hinaus Akzeptanz von Störungen als Veränderungsimpuls, Förderung von Querdenken, Risikoübernahme, Bildung von Visionen und emotionaler Resonanz, Vernetzung von Expertenwissen, frühzeitige

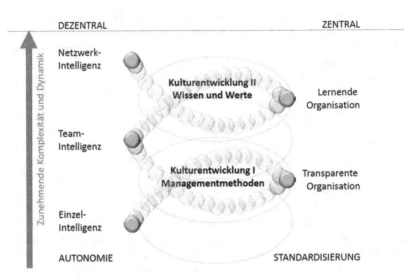

Abbildung 2.13 Entwicklung von der Einzel- zur Netzwerkintelligenz (Kruse 2013: 89)

Mitarbeiter-Prozessinvolvierung, Prozesstransparenz, Förderung von Lernprozessen und lösungsorientierter Kommunikation sowie Wertschätzung bei Erfolgen und Initiativen.

Vor dem Hintergrund der Führung als wesentlicher Triebkraft des Wandels bildet die Entwicklung eines innovationsfördernden Führungskonzeptes auf unterer Hierarchieebene zur Steigerung der Teamintelligenz in bestehenden Organisationseinheiten den wesentlichen Fokus (vgl. Felfe 2015b: 5). Es erfolgt eine Analyse eines ambidextren Führungskonzeptes, das adäquate Rahmenbedingungen zur Schaffung einer ausgeglichenen Verknüpfung des eigentlichen Aufgabenbereiches der eigenen OE mit OE-übergreifenden Innovationen gewährleistet (vgl. Weibler & Keller 2015: 289). Dieses Vorgehen dient der Ermittlung einer innovativen Team Governance. Innovative Team Governance ist notwendig, damit die speziellen Fähigkeiten der Mitarbeiter für das Unternehmen nutzbar gemacht werden können und somit die organisationale Intelligenz größtmöglich gesteigert werden kann (vgl. Pinnow 2011: 72–73). Der Innovationserfolg ist somit von der Gestaltung von Führung abhängig, die das Team zu ambidextrem Handeln befähigt (vgl. Hölzle & Gemünden 2011: 497; vgl. Kozica & Ehnert 2014: 152). Hierbei spielt das Verständnis für Innovationsbarrieren eine wichtige Rolle. Sie werden nachstehend erörtert.

2.3.3 Innovationsbarrieren und notwendige Promotorenrollen

Dieses Unterkapitel dient der Erörterung von Innovationsbarrieren. Dies ist insofern relevant, da für die Gestaltung von Rahmenbedingungen durch Führung das Bewusstsein für die Überwindung dieser Hindernisse zu schaffen ist. Als Innovationsbarrieren werden in der Literatur vor allem Macht-, Fach-, Beziehungs- und Prozessbarrieren genannt. Zur Überwindung von Widerständen sowie dem Vorantreiben von Innovationen sind unterschiedliche Leistungsbeiträge notwendig. Promotorenrollen dienen der Überwindung dieser Barrieren (vgl. Folkerts 2001: 2, 41, 277). Nicht überwundene Barrieren können eine hemmende Wirkung auf Innovationen haben. Den Barrieren entsprechend wird zwischen dem Macht-, Fach-, Prozess- und Beziehungspromotor differenziert. Der Machtpromotor kann Barrieren des Nicht-Wollens überwinden, nutzt das Machtpotenzial, stellt Personen frei, kümmert sich um Ressourcenallokation und schützt die Befürworter der Innovation. Der Fachpromotor mindert Barrieren des Nicht-Wissens, initiiert somit Innovationen und kennt deren Grenzen sowie Leistungspotenziale. Prozesspromotoren unterstützen administrative Barrieren, sind Mittler und übernehmen steuernde Funktionen. Beziehungspromotoren begünstigen Beziehungsnetzwerke (auch außerhalb des Teams) und verbesserten Know-how-Austausch (vgl. Hölzle & Gemünden 2011: 502–505; vgl. Disselkamp 2017: 186; vgl. Noé 2013: 96–97).

Auch aufgrund der Nichtlinearität von Innovationsprozessen ist ein entwicklungsorientiertes Führungssystem der Vernetzungsförderung sowie eine Öffnung der organisationalen Lernprozesse über OE-Grenzen hinweg wesentlich, um ein zielgerichtetes Wissens- und Innovationsnetzwerk zu forcieren und die vier erörterten Barrieren zu mindern. Deshalb sollten die Rollen des Macht-, Fach-, Beziehungs- und Prozesspromotors in der Prozessphase der Ideengenerierung besetzt sein. Ob es sich hierbei um eine Rollenaufspaltung auf mehrere Personen innerhalb des Teams bzw. eine Rollenakkumulation auf die Führungskraft handelt, ist bei der Gestaltung der Rahmenbedingungen zur Förderung ambidextren Handelns zu berücksichtigen (vgl. Kaudela-Baum, Holzer & Kocher 2014: 12–13; vgl. Hölzle & Gemünden 2011: 498; vgl. Lang 2007: 1; vgl. Folkerts 2001: 157–175).

2.4 Zusammenfassung und Kategorienentwicklung

Anlehnend an die unter 2.1.3 Organisationale Paradoxien aufgezeigten und zu drei Paradoxiedimensionen zusammengeführten Inhalte erfolgt die Kategorienentwicklung für die empirische Untersuchung auf Basis der drei Kategorien

Lernen, Lenken und Leisten. Diesen drei Kategorien werden auf Basis der vorangegangenen theoretischen Ausarbeitung Subkategorien zugeordnet. Sie werden anhand der folgenden Abbildung dargestellt (Abbildung 2.14):

Abbildung 2.14 Kategorien und Subkategorien für die qualitative Untersuchung. (Eigene Darstellung)

Dieses Kategoriensystem wird, wie unter *3.2.3 Untersuchung Teil 1 und 2: Qualitative Studie mittels Experteninterviews und Gruppendiskussion* dargestellt, als Grundlage für die qualitative Inhaltsanalyse verwendet. Es werden die wesentlichen theoretischen Erkenntnisse der teamkompetenzorientierten Führung, Führung als Dienstleistung, transformationale Führung, Perspektiven der Innovationsförderung, Gestaltungsfelder einer innovationsfördernden Führung sowie Promotorenrollen der Innovation zugeordnet. Anschließend werden sie zu Subkategorien der drei aufgeführten Paradoxiedimensionen zusammengeführt. Darüber hinaus wurden anhand der Abbildung zur Zusammenfassung der Paradoxien ambidextrer Führung die auf die Teamebene anwendbaren Paradoxien bereits den drei Paradoxiedimensionen zugeordnet. Um eine Dopplung zu vermeiden, werden sie an dieser Stelle zwar nicht erneut aufgeführt, jedoch für Ankerbeispiele des Kategoriensystems berücksichtigt.

Die Tabellen 2.12 und 2.13 zeigen die ermittelten Theorieinhalte, die der Paradoxiedimension Lernen zugeordnet werden[2].

Die Attribute wurden zu den zwei Subkategorien Lern- und Fehlerkultur fördern der Kategorie Lernen geclustert.

---

[2]Eckige Klammern verweisen auf die Inhalte der im Kapitel 2 aufgeführten theoretischen Grundlagen.

Tabelle 2.12   Attribute der Paradoxiedimension Lernen – Subdimension Lernkultur fördern

Lernkultur fördern
Mentale Modelle (stetige Reflexion von Lernprozessen) *[teamkompetenzorientierte Führung]*
Teamlernen (Steigerung der Leistungsbereitschaft der Gruppe) *[teamkompetenzorientierte Führung]*
Intellektuelle Anregung (Prozesslernen) *[transformationale Führung]*
Individuelle Unterstützung (Förderung der Lernfähigkeit und -bereitschaft) *[transformationale Führung]*
Sensibilisierung für Veränderungsprozesse *[Perspektiven der Innovationsförderung]*
Förderung der Lernbereitschaft *[Perspektiven der Innovationsförderung]*
Nachhaltige Veränderungsbereitschaft *[Gestaltungsfelder einer innovationsfördernden Führung]*
Forcierung innovativer Beiträge *[Promotorenrollen]*
Wissensaufbau und –nutzung *[Promotorenrollen]*
Prozessuale und strukturelle Transparenz *[Gestaltungsfelder einer innovationsfördernden Führung]*

(Eigene Darstellung)

Tabelle 2.13   Attribute der Paradoxiedimension Lernen – Subdimension Fehlerkultur fördern

Fehlerkultur fördern
Versöhnlichkeit (Fehlertoleranz) *[Führung als Dienstleistung]*
Problemorientierte Reflexion *[Perspektiven der Innovationsförderung]*
Förderung lösungsorientierter Kommunikation *[Gestaltungsfelder einer innovationsfördernden Führung]*
Akzeptanz von Störungen als Veränderungsimpuls *[Gestaltungsfelder einer innovationsfördernden Führung]*
Fehlertoleranz *[Gestaltungsfelder einer innovationsfördernden Führung]*
Fehlerkultur *[Promotorenrollen]*

(Eigene Darstellung)

Die Tabellen 2.14 und 2.15 zeigen die aufgeführten Theorieinhalte, die der Paradoxiedimension Lenken zugeordnet werden.

Tabelle 2.14 Attribute der Paradoxiedimension Lenken – Subdimension Mitarbeiter befähigen

Mitarbeiter befähigen
Authentizität (offener Umgang mit Grenzen und Schwächen) *[Führung als Dienstleistung]*
Demut (Selbsteinschätzung) *[Führung als Dienstleistung]*
Personal Mastery (Selbstführung) *[teamkompetenzorientierte Führung]*
Reflexion des Führungshandelns *[Perspektiven der Innovationsförderung]*
Förderung von Querdenken *[Gestaltungsfelder einer innovationsfördernden Führung]*
Bewusstseinskompetenz der eigenen Führung *[Gestaltungsfelder einer innovationsfördernden Führung]*
Vorbildfunktion *[transformationale Führung]*
Befähigung (Förderung des Verantwortungs- und Entscheidungsbewusstseins) *[Führung als Dienstleistung]*
Rechenschaft (Vertrauen) *[Führung als Dienstleistung]*
Verantwortungsübernahme (Allgemeinwohl anstatt Statusdenken) [Führung als Dienstleistung]
Förderung von Selbstständigkeit und Eigeninitiative *[Promotorenrollen]*
Vertrauensvoller Umgang *[Promotorenrollen]*
OE-bezogene und -übergreifende Vernetzung *[Promotorenrollen]*
Bildung horizontaler, vertikaler und diagonaler Netzwerke *[Gestaltungsfelder einer innovationsfördernden Führung]*
Transformation von Hierarchie zum Netzwerkmodell *[Gestaltungsfelder einer innovationsfördernden Führung]*
Stärkung OE-bezogener und -übergreifender Interaktions-/ Kommunikationsprozesse *[Perspektiven der Innovationsförderung]*
Perspektivenvielfalt *[Perspektiven der Innovationsförderung]*

(Eigene Darstellung)

Tabelle 2.15 Attribute der Paradoxiedimension Lenken – Subdimension Mitarbeiter befähigen

Widerstände überwinden
Prozess-, Macht-, Beziehungs- und Fachpromotor [Promotorenrollen]
Mut (Eintreten gegen Widerstände) *[Führung als Dienstleistung]*
Systemdenken (ganzheitliche Sichtweise) *[teamkompetenzorientierte Führung]*

(Eigene Darstellung)

Die Attribute wurden zu den zwei Subkategorien Mitarbeiter befähigen sowie Widerstände überwinden der Kategorie Lenken geclustert.

Die folgenden Tabellen zeigen die aufgeführten Theorieinhalte, die der Paradoxiedimension Leisten zugeordnet werden (Tabelle 2.16 und 2.17):

Tabelle 2.16 Attribute der Paradoxiedimension Leisten – Subdimension Strategisch planen

Strategisch planen
Achtsamkeit für Innovationspotenziale *[Gestaltungsfelder einer innovationsfördernden Führung]*
Zukunftsvision (sinngebende Motivation) *[transformationale Führung]*
Fortlaufende Anpassung des strategischen Leitgedankens *[Promotorenrollen]*
Verständliche Ableitung der Unternehmensstrategie *[Gestaltungsfelder einer innovationsfördernden Führung]*
Beschäftigung mit Zukunftsthemen *[Gestaltungsfelder einer innovationsfördernden Führung]*
Gemeinsame Vision *[teamkompetenzorientierte Führung und Gestaltungsfelder einer innovationsfördernden Führung]*

(Eigene Darstellung)

Tabelle 2.17 Attribute der Paradoxiedimension Leisten – Subdimension Resultate fördern

Resultate fördern
Bescheidenheit (Leistungsanerkennung) *[Führung als Dienstleistung]*
Rechenschaft (Zielvereinbarungen) *[Führung als Dienstleistung]*
Hohe Leistungserwartung *[transformationale Führung]*
Einhaltung von Kosten- und Zeitvorgaben *[Gestaltungsfelder einer innovationsfördernden Führung]*
Zielvereinbarungen *[Gestaltungsfelder einer innovationsfördernden Führung]*
Wertschätzung bei Erfolgen und Initiativen *[Gestaltungsfelder einer innovationsfördernden Führung]*
Förderung von Gruppenzielen *[transformationale Führung]*

(Eigene Darstellung)

Die Attribute wurden zu den zwei Subkategorien Strategisch planen sowie Resultate fördern geclustert.

Konzeption der empirischen Untersuchung

3

Um ein Konzept ambidextrer Führung zu erstellen, ist es notwendig, ein Untersuchungsdesign zu entwickeln, das einen adäquaten Forschungsprozess gewährleistet. Nachfolgend wird deshalb einleitend auf die empirische Sozialforschung Bezug genommen. Anschließend folgen die Erläuterung der verwendeten Forschungsmethoden, Explikation des Forschungsfeldes, Datenauswahl, Codiermethode und Gütekriterien.

3.1 Empirische Sozialforschung

Um systematische Informationen und Erkenntnisse über Problemstellungen zu erforschen, welche sich aus dem Handeln von Menschen ergeben, werden geeignete Techniken benötigt. Ein theoretisches Regelwerk für die Anwendung dieser Techniken bietet die empirische Sozialforschung, die Erkenntnisse durch die Untersuchung der Erfahrungswirklichkeit ermittelt (vgl. Döring & Bortz 2016: 5). Schnell, Hill & Esser (2008: 5) beschreiben die empirische Sozialforschung als „Sammlung von Techniken und Methoden zur korrekten Durchführung der wissenschaftlichen Untersuchung menschlichen Verhaltens und gesellschaftlicher Phänomene". Auf diese Weise wird es ermöglicht, soziale Tatsachen zu erfassen und zu interpretieren (vgl. Atteslander 2010: 3).

Döring und Bortz (2016: 8) nennen die folgenden acht zentralen Merkmale sozialwissenschaftlicher Forschung:

Elektronisches Zusatzmaterial Die elektronische Version dieses Kapitels enthält Zusatzmaterial, das berechtigten Benutzern zur Verfügung steht https://doi.org/10.1007/978-3-658-33267-9_3.

J. Guth, *Zukunftsweisende Teamsteuerung*, AutoUni – Schriftenreihe 151, https://doi.org/10.1007/978-3-658-33267-9_3

1. Es werden empirisch untersuchbare und gut begründete Forschungsfragen formuliert.
2. Es wird gewährleistet, den Forschungsstand sowie den Theoriebezug zu berücksichtigen.
3. Empirische Daten zum Forschungsproblem werden durch wissenschaftliche Methoden und anhand wissenschaftlicher Gütekriterien systematisch erhoben, aufbereitet und analysiert.
4. Es wird eine wissenschaftliche Methodologie unter Berücksichtigung wissenschaftlicher Gütekriterien eingehalten.
5. Der wissenschaftliche Erkenntnisgewinn erfolgt gemäß den Prinzipien der Forschungs- und Wissenschaftsethik (beispielsweise keine Manipulation von Wunschergebnissen).
6. Der Forschungsprozess und das Datenmaterial werden zur Nachvollziehbarkeit und -prüfbarkeit schriftlich und ausführlich dokumentiert.
7. Die Ergebnisinterpretation muss widersprüchliche Befunde sowie Grenzen des wissenschaftlichen Erkenntnisgewinns aufweisen.
8. Die wissenschaftliche Veröffentlichung erfolgt nach fachkundiger Begutachtung.

Im Rahmen wissenschaftstheoretischer Ansätze wird diskutiert, wie wissenschaftlich-fundierte Erkenntnisse gewonnen werden können. Der Erkenntnisgenerierungsprozess besteht aus zwei Bestandteilen: zum einen der Erstellung von Theorien und Hypothesen, zum anderen derer empirischen Überprüfung (vgl. Hirschle 2015: 32–33; vgl. Lamnek 2010: 222–223). In den Sozialwissenschaften existieren unterschiedliche Wissenschaftsverständnisse. Diese verschiedenen wissenschaftstheoretischen Paradigmen sind vor allem das quantitative und qualitative Paradigma (vgl. Döring & Bortz 2016: 7, 9). Um das wissenschaftliche Vorgehen für diese Arbeit zu begründen, werden nachfolgend die strategischen Unterschiede der quantitativen und qualitativen Forschung aufgezeigt (Abbildung 3.1):

Bei der quantitativen Forschung, deren Wurzeln in den Naturwissenschaften liegen, werden Hypothesen mittels einer Untersuchung mit vielen Untersuchungseinheiten anhand strukturierter Datenerhebungsmethoden überprüft. In der Regel erfolgt eine statistische Auswertung der quantitativen Daten. Das Ziel ist die Weiterentwicklung von Theorien. Kriterien der quantitativen Forschung sind Objektivität (keine Abhängigkeit von forschenden Personen), Replizierbarkeit (wiederholte Studiendurchführbarkeit) und Validität (Gültigkeit der Studie in Bezug auf Ursache-Wirkungs-Beziehung sowie Generalisierbarkeit der Ergebnisse) (vgl. Döring & Bortz 2016: 184). Bei quantitativen Untersuchungen wie

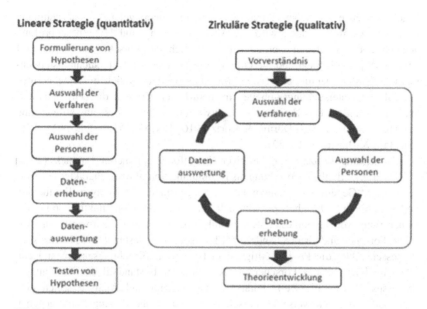

Abbildung 3.1 Linearer und zirkulärer Forschungsablauf. (Witt 2001 [www]: 28.02.18; mit freundlicher Genehmigung von © Creative Commons Attribution 4.0 International License 2021. All Rights Reserved)

der Erhebung standardisierter Fragebögen findet durch die vorgegebenen Antwortkategorien bereits eine Komplexitätsreduktion statt (vgl. Kühn & Koschel 2011: 50–52; vgl. Diekmann 2007: 33; vgl. Kuckartz 2014: 61, 66, 77). Es werden verschiedene Formen von Forschungsdesigns wie Querschnitt- und Längsschnittdesigns, experimentelle, quasi-experimentelle und nicht-experimentelle Studien genutzt. Die Wahl der Form ist abhängig vom Forschungseinfluss auf die Erhebungssituation und Daten wie deren Kontrolle, Minimierung und Ausschluss (vgl. Döring & Bortz 2016: 193; vgl. Flick 2015: 252).

Beim qualitativen Forschungsansatz, der sich aus den Geisteswissenschaften entwickelt hat, handelt es sich hauptsächlich um ein hermeneutisches Vorgehen. Er setzt sich aus Datenauswahl, -erhebung sowie -analyse zusammen, wobei theoretische Reflexionsphasen beinhaltet sind. Vordergründig ist eine gesamtheitliche Betrachtung, die sozialtheoretische Grundannahmen, Forschungsparadigmen und die gesamte Gestaltung des Forschungsprozesses miteinander verbindet. Dies bedeutet, dass Textmaterial wie Interviewtranskripte systematisch interpretiert wird. Die qualitative Forschung ist wenig oder nicht strukturiert, um unerwartete

Ergebnisse zu ermöglichen. Auch hier wird die theoriegeleitete Wahrnehmung nicht angezweifelt, jedoch wird die Vorformulierung und Hypothesenprüfung abgelehnt, da vermieden werden soll, dass sich der Forscher im Voraus auf gewisse Aspekte festlegt und die Offenheit gegenüber den Untersuchungsteilnehmern und ihren Deutungen verliert. Meistens handelt es sich um eine geringe Anzahl von Untersuchungseinheiten im natürlichen Umfeld, die sehr detailliert analysiert werden. Das Ziel ist die Beantwortung offener Forschungsfragen und die Theoriebildung (vgl. Döring & Bortz 2016: 184; vgl. Meinefeld 2015: 266; vgl. Baur & Blasius 2014: 52).

Als zentrale Prinzipien qualitativer Sozialforschung nennt Lamnek (2010: 19–24) „[…] Offenheit, Forschung als Kommunikation, Prozesscharakter von Forschung und Gegenstand, Reflexivität von Gegenstand und Analyse, Explikation und Flexibilität". Offenheit bezieht sich auf die Explorationsfunktion sowie die Generierung von Hypothesen. Kommunikation bezeichnet die Interaktion zwischen Forscher und Erforschendem als konstitutivem Bestandteil des Prozesses, Prozesscharakter die Prozesshaftigkeit in Bezug auf Forschungsgegenstand und -akt (Involviertheit des Forschers als konstitutiver Bestandteil des Forschungsprozesses). Durch die Reflexivität von Gegenstand und Analyse sollen eine reflektierte Vorgehensweise des Forschers und entsprechende Anpassung gegeben sein. Unter Explikation wird die Erwartung an den Forschenden verstanden, die einzelnen Schritte des Forschungsprozesses so weit wie möglich offen zu legen. Die Flexibilität bezieht sich auf die bedarfsabhängige Anpassung des Forschungsprozesses für folgende Untersuchungsschritte (vgl. Lamnek 2010: 19–24). Bei der qualitativen Forschung bilden somit nicht Größenverhältnisse den Fokus, sondern die Sinnkonstruktion durch Interpretations- und Bedeutungszuweisung. Es handelt sich um eine naturalistische Untersuchungssituation mit reflexivem und kommunikativem Vorgehen. Darüber hinaus handelt es sich um eine nicht-standardisierte Methode, die dem Untersuchungsgegenstand offen gegenübertritt. Bei quantitativen Untersuchungen wie der Erhebung standardisierter Fragebögen findet durch die vorgegebenen Antwortkategorien bereits eine Komplexitätsreduktion statt; Kriterien sind Validität, Reliabilität und statistischer Repräsentativität. Für diese Untersuchung wird deshalb der qualitative Ansatz gewählt, der Komplexität erfassen soll. Das Ziel ist die Hypothesenerstellung als explorativer Studientyp (vgl. Lamnek & Krell 2016: 44–45; vgl. Kühn & Koschel 2011: 50–52; vgl. Diekmann 2007: 33; vgl. Kuckartz 2014: 61, 66, 77).

Bei der qualitativen Datenanalyse werden nicht-numerische Daten ausgewertet, also bspw. visuelle oder verbale. Es werden mehrere Verfahren der Datenerhebung unterschieden. Hierzu zählen die qualitative Beobachtung (z. B. Beobachtungsprotokolle), das qualitative Interview (Interviewtranskripte auf Basis von unstrukturierten oder halbstrukturierten Interviews, die bei dieser Arbeit angewandt werden), die qualitative Fragebogenerhebung (bspw. Freitextantworten) sowie die qualitative Dokumentenanalyse (z. B. Ton-, Text-, Bild- und Videodokumente) (vgl. Döring & Bortz 2016: 599).

Flick, von Kardorff & Steinke (2013: 18) zeigen auf, dass der Begriff der qualitativen Sozialforschung „[...] ein Oberbegriff für unterschiedliche Forschungsansätze [...]" ist. Aufgrund der Vielfalt der Ansätze ist es schwierig, eine zusammenfassende Darstellung zu generieren (vgl. Kergel 2018: 43), da bereits eine Begriffsdefinition qualitativer Sozialforschung aufgrund der Unterschiedlichkeit der qualitativen Verfahren nicht möglich sei (vgl. Rosenthal 2014: 13). Allerdings führen Flick, von Kardorff & Steinke (2013: 14) eine Beschreibung hinsichtlich der Mindeststandards auf, die einen deutenden und verstehenden Prozess im Rahmen einer konstruierten sozialen Wirklichkeit nennt, die durch Interaktionsgeschehen konstruiert wird (vgl. hierzu auch Kergel 2018: 44): „Qualitative Forschung hat den Anspruch, Lebenswelten ‚von innen heraus' aus der Sicht der handelnden Menschen zu beschreiben. Damit will sie zu einem besseren Verständnis sozialer Wirklichkeiten beitragen". Hierunter könne laut Bennewitz (2013: 44) die Untersuchung von Interaktions-, Sozialisations- und Bildungsprozessen, subjektiven Sichtweisen, (latenten) Sinnstrukturen, und/oder Deutungs- und Handlungsmustern fallen.

Sie führt eine gemeinsame erkenntnistheoretische Grundannahme auf, die den vielfältigen Untersuchungsansätzen zugrunde liegt (Bennewitz 2013: 45):

„Das wesentliche Verbindungsstück liegt in der Auffassung, dass soziale Wirklichkeit nicht einfach ‚positiv' gegeben ist. Soziale Systeme bestehen nicht unabhängig von Individuen und deren Sicht- und Handlungsweisen als vorgefertigte, an sich existierende Größen. Sie gewinnen ihre Bedeutsamkeit erst durch Interpretationsleistungen der Handelnden. Die soziale Welt wird als eine durch interaktives Handeln konstituierte Welt verstanden, die für den Einzelnen (sic!) aber auch für Kollektive sinnhaft strukturiert ist. Soziale Wirklichkeit stellt sich somit als Ergebnis von sozial sinnhaften Interaktionsprozessen dar."

Kruse (2015: 21) spricht darüber hinaus von einer „[...] enormen Ausdifferenzierung qualitativer bzw. rekonstruktiver Methoden qualitativer Sozialforschung [...]", die die Beschreibung qualitativer Sozialforschung erschwert. So wird bei der qualitativen Sozialforschung zwischen deskriptiven und rekonstruktiven Methoden differenziert (vgl. Kergel 2018: 48). Kruse (2015: 25) führt auf, dass qualitative Forschung „[...] zuerst eher die umfassende und detaillierte, deskriptive Analyse stets sinnhafter sozialer Wirklichkeit darstellt". Von dieser

Überlegung ausgehend, differenziert Kruse rekonstruktive von deskriptiver wie folgt:

Nicht die Wirklichkeit in substanzieller Hinsicht (das „WAS") steht im Vordergrund des forscherischen Erkenntnisinteresses, sondern ihre praktische bzw. soziale Genese und ihre Funktion (das „WIE" und das „WOZU"), welche die konkrete Existenz einer eigentlichen kontingenten Wirklichkeit überhaupt erst zu klären vermag. (Kruse 2015: 26)

Während deskriptive Methoden der qualitativen Forschung (wie die qualitative Inhaltsanalyse) also lediglich nach dem „WAS" (der Bedeutung der analysierten Texteinheit) fragt, geht rekonstruktive qualitative Forschung mit dem „WIE" und „WOZU" (wie etwas gesagt und warum es gesagt wird) darüber hinaus. So geht die qualitative Inhaltsanalyse nicht über die explizierten Inhalte hinaus und verbleibt somit bei der qualitativ-interpretativen Textdarstellung, der Sortierung ihrer Inhalte sowie der Erfassung latenter Sinngehalte (vgl. Koch 2016: 32, 35; vgl. Mayring & Fenzl 2014: 543). Die qualitative Inhaltsanalyse muss sich nicht nur ggü. den qualitativ-rekonstruktiven Verfahren abgrenzen, sondern auch ggü. der quantitativen Inhaltsanalyse, die an die qualitative Inhaltsanalyse anschließen kann, weshalb sie oft lediglich als Vorstufe zur quantitativen Methode gesehen wird, obwohl diese zweckabhängig nicht angebunden werden muss (vgl. Koch 2016: 27).

Döring und Bortz (2016: 600–603) nennen eine Auswahl verschiedener Ansätze der qualitativen Datenanalyse, die nachstehend kurz beschrieben werden sollen, um dem Leser zu verdeutlichen, weshalb für die vorliegende Arbeit die qualitative Inhaltsanalyse gewählt wird und keine der anderen Methoden. Die Autoren unterscheiden zwischen spezialisierten Verfahren für bestimmtes qualitatives Datenmaterial und/oder spezielle Fragestellungen sowie allgemeinen Verfahren, die für unterschiedliche/s Datenmaterial und Fragestellungen genutzt werden können. So führen sie für Ersteres u. a. die narrative Analyse, die Konversationsanalyse, die kritische Diskursanalyse sowie die Tiefenhermeneutik auf. Je nach Methode liegt der Fokus auf biografischen Fallrekonstruktionen, nonverbalem oder paraverbalem Verhalten interpersonaler Kommunikation und Interaktion, gesellschaftlichen und sozialen Machtverhältnissen oder kulturellen Artefakten. Zu den allgemeinen Verfahren zählen u. a. die objektive Hermeneutik, die dokumentarische Methode sowie die Grounded Theory als rekonstruktive Verfahren der qualitativen Sozialforschung sowie die qualitative Inhaltsanalyse als deskriptives Verfahren (vgl. Döring & Bortz 2016: 602–603). Die objektive Hermeneutik basiert auf der Analyse algorithmischer Erzeugungsregeln von Texten oder Protokollen. Die dokumentarische Methode nimmt eine sukzessive Verdichtung und

Reflexion des Datenmaterials vor, das am Ende zu Kategorien zusammengeführt wird. Zunächst findet eine formulierende, gefolgt von einer reflektierenden Interpretation statt, um mit einer fallübergreifenden komparativen Analyse und Typenbildung abzuschließen. Bei der Grounded Theory-Methodologie handelt es sich um eine eigene Forschungsstrategie, die eine Gesamtkonzeption von Datenerhebung, -analyse und Theoriebildung umfasst. Literatur kann begleitend zur Datenerhebung, Datenanalyse und Theoriebildung integriert werden. Die Datenerhebung entspricht dem Theoretical Sampling, d. h., dass die Datenauswahl immer vor dem Hintergrund des Status der Theorieentwicklung entschieden wird. Eine vorherige Festlegung der Probanden ist somit ausgeschlossen. Die Datenerhebung wird bei theoretischer Sättigung beendet, d. h. wenn Datenerhebungen keine neuen Erkenntnisse mehr liefern (vgl. hierzu auch Szabo 2009: 112–114). Es wird ersichtlich, dass die erstgenannten Verfahren so spezifisch sind, dass sie für die angestrebte Beantwortung der Forschungsfragen ungeeignet sind. Vielmehr ist es das Ziel der Untersuchung, das subjektive Erleben der Probanden nachvollziehen und zu Kategorien zusammenfassen zu können. Das „WAS" steht im Vordergrund, wodurch auch die rekonstruktiven Verfahren unberücksichtigt bleiben. Bei der objektiven Hermeneutik geht es bspw. nicht darum, das subjektive Erleben der Textproduzenten nachvollziehen zu können, weshalb sie für diesen Untersuchungsgegenstand nicht geeignet ist. Ferner ist bspw. die Grounded Theory darüber hinaus wegen der notwendigen Festlegung der Probanden aufgrund mitarbeiterbefragungsspezifischer Vorgaben des untersuchten Unternehmens für diese Arbeit nicht anwendbar; die Grounded Theory bedarf eines Theoretical Samplings bis zur theoretischen Sättigung (vgl. Döring & Bortz 2016: 546, 601–602).

Die qualitative Inhaltsanalyse, auch als qualitativ orientierte kategoriengeleitete Textanalyse bezeichnet, dient als eine Form der schlussfolgernden Datenanalyse und Textinterpretation der systematischen Kategorienbildung auf Basis qualitativen Text- oder Bildmaterials (regelgeleitete Verknüpfung von Texteinheiten). Die Kategorien können induktiv aus dem Untersuchungsmaterial ermittelt oder mittels Ableitung aus dem Forschungsstand getroffen werden. Auch eine Kombination dieser beiden Vorgehensweisen ist möglich, um zum einen die Inhalte entlang der Fragestellung zu reduzieren, jedoch auch zu systematisieren. Zentrales Merkmal ggü. den vorangegangenen Datenanalysemethoden ist also die Kategoriengeleitetheit dieses deskriptiven Designs, dessen eigentliches Analyseinstrumentarium das (mehrstufige) Kategoriensystem zur Materialbearbeitung ist (vgl. Mayring & Fenzl 2014: 543–544; vgl. Koch 2016: 29). Aufgrund dieses Merkmals sowie der Möglichkeit der sowohl deduktiv als auch induktiv am Material entwickelten Kategorien wird diese Methode der Datenauswertung für die vorliegende Arbeit genutzt. Weitere Ausführungen und Begründungen zur Analyseform werden unter 3.2.3 Untersuchung Teil 1 und 2: Qualitative Studie mittels Experteninterviews und Gruppendiskussion beschrieben.

3.2 Gesamtablauf und Methodologie der empirischen Untersuchung

3.2.1 Forschungsfeld: Das Ideenmanagement und die Volkswagen AG

Qualitative Forschung findet nicht unter Laborbedingungen statt und kann nicht mit Fragebogenerhebungen verglichen werden, bei dem ein Fragebogen möglichst vollständig ausgefüllt werden soll. Bei der qualitativen Forschung handelt es sich um Feldforschung (vgl. Przyborski & Wohlrab-Sahr 2014: 39). Bevor das Forschungsfeld des Volkswagen Ideenmanagements erläutert wird, werden grundlegende Begriffserklärungen, Zusammenhänge sowie die Historie des Ideenmanagements aufgeführt.

Die Gestaltung von Ambidextrie spielt auch und insbesondere im Kontext des Ideenmanagements eine entscheidende Rolle. Hierbei leistet das Ideenmanagement durch die Funktionen der Wissensidentifikation, -Nutzung und -Förderung von Wissen und Kreativität von Mitarbeitern einen wesentlichen Beitrag. Direkte Vorgesetzte nehmen mit ihrer Gestaltungskompetenz eine Brückenfunktion zwischen dem oberen/Top-Management ein, fördern und vernetzen die Wissens- und Kreativitätspotenziale (vgl. Jaworski & Zurlino 2007: 121; vgl. Weibler & Keller 2015: 289; vgl. Franken & Brand 2008: 3). Hierdurch können Perspektivwechsel über das eigentliche operative Geschäft hinaus erfolgen (vgl. Weibler & Keller 2015: 289; vgl. Prange & Schlegelmilch 2009: 200). Dies erfolgt insbesondere vor dem Hintergrund der dritten Forschungsfrage zum Zusammenhang ambidextrer Führung und der Ideengenerierung (vgl. 1.4 Herleitung Forschungsfrage 3: Zusammenhang ambidextrer Führung mit Ideengenerierung).

Wenngleich es in der Historie viele Innovationen gab, die das Leben und Handeln der Menschen stark beeinflusst und sie weit vorangebracht haben (beispielsweise das Automobil oder der Computer), so entstanden viele dieser Innovationen eher zufällig, über einen langen Zeitraum und durch einzelne Personen. Diese Begebenheiten gelten in der heutigen komplexen Zeit aufgrund der notwendigen Wettbewerbsfähigkeit jedoch als eher ineffizient. Der Bedarf nach systematischen, sinnhaften Innovationen innerhalb kürzerer Zeitabschnitte nimmt zu (vgl. Hentschel 2013: 161–162). Darüber können entscheidende Wettbewerbsfaktoren durch das Ideenmanagement generiert werden, indem Lernprozesse ermöglicht werden. Wesentliche Attribute sind die permanente Verbesserung der Wissensumwandlung zur situationsadäquaten Auswahl von Handlungsmöglichkeiten, um eine lernende Organisation mit einem geteilten Wissensstand zu begünstigen. Insofern ist es für ein Ideenmanagement wesentlich, dass Ideen einzelner Personen oder Teams kommunizierbar und in Unternehmensstrukturen und -prozessen integriert werden (vgl. Neckel 2004: 53).

Somit streben Unternehmen mit kontinuierlichen Verbesserungen und Innovationen eine gegenwärtige und zukünftige Wettbewerbsfähigkeit an. Um Innovationen zu generieren, nutzen viele Unternehmen das Instrument des Ideenmanagements. Während das Ideenmanagement ein weit gefasster Prozess mit aufgezeigter Methodenvielfalt ist, anhand dessen Verbesserungsvorschläge systematisch gesammelt und aufbereitet werden, fokussiert Innovationsmanagement die Implementierung neuer und Weiterentwicklung von Produkten und Märkten. Es besteht somit keine gegenseitige Ausgrenzung beider Systeme, sondern bedient sich das Innovationsmanagement der im Rahmen des Ideenmanagements eingereichten Ideen (vgl. Skoff 2014: 11, 16; vgl. Wehrlin 2014: 15). Aus diesem Grund ist ihre organisatorische Einbindung in die Unternehmensstruktur anhand eines Ideenmanagements zu befürworten. Neben externen „Informationsquellen" wie Kunden, Lieferanten, Universitäten und Wettbewerbern nehmen Mitarbeiter als interne „Quelle" eine besondere Rolle ein; sie kennen die Leistungen, Produkte und Prozesse des Unternehmens am besten und werden in deren Optimierung einbezogen (vgl. Voigt & Brem 2005: 176).

Bereits im Jahr 1872 prägte Alfred Krupp das betriebliche Vorschlagswesen. Bis zu diesem Zeitpunkt wurde die tayloristische Denkweise mit strikter Differenzierung zwischen planenden/gestaltenden sowie ausführenden Tätigkeiten fokussiert (vgl. Voigt & Brem 2005: 176–177). Seit 1972 unterliegt das betriebliche Vorschlagswesen der Mitbestimmung und seit 1974 Personalvertretungsgesetzen, um zuverlässige und transparente Strukturen zur Vorschlagsbewertung und -prämierung zu entwickeln. Solche Regelungen sind eine wichtige Voraussetzung für die Innovationsbeteiligung der Beschäftigten aller Unternehmensbereiche (vgl. Bechmann 2013: 13). Ende der 1980er erfuhren deutsche Unternehmen der Automobilindustrie Konkurrenz aus Japan, die sich dort erfolgreicher, schlanker Managementtechniken wie Total Quality Management, Kaizen, Lean und Just-in-Time bedienten. Auch deshalb fanden sie ebenso Einzug in deutsche Unternehmen. Auch das betriebliche Vorschlagswesen wurde wieder entdeckt, damit Mitarbeiter Ideen und Verbesserungsvorschläge zum Wohl des Unternehmens äußerten, wofür sie bei zusätzlichem Nutzen oder Einsparungen

Prämien erhielten. Die Barrieren, die dem Vorschlagswesen durch zu hohen Verwaltungs- und Bürokratieaufwand zugerechnet wurden, waren jedoch nicht mit den Managementtechniken zur Minderung von Verschwendungen kompatibel. Deshalb erfuhren viele Unternehmen eine Weiterentwicklung des betrieblichen Vorschlagswesens. Da es hierbei, beim kontinuierlichen Verbesserungsprozess und Qualitätszirkeln wesentlich ist, die Ideen der Mitarbeiter zu nutzen, wurden diese Methoden in vielen Unternehmen zum „Ideenmanagement" zusammengefasst (vgl. Läge 2002: 1–2; vgl. Skoff 2014: 14–15; vgl. Schat 2017: 185). Auch der Begriff des betrieblichen Vorschlagswesens wurde zunehmend von der Bezeichnung „Ideenmanagement" abgelöst. Als Unterschiede des Ideenmanagements gegenüber einem betrieblichen Vorschlagswesen werden ferner die Steigerung der Anzahl und Qualität der Ideen, die Implementierung neuer und dezentraler Organisationsformen, die Integration in umfassendere Managementstrategien und insbesondere die Verantwortung der Führungskräfte bei der Unterstützung der Ideenentwicklung genannt (vgl. Bechmann 2013: 30–32).

Thom (2003: 136) bezeichnet das Ideenmanagement als „[…] systematische, an strategische Vorstellungen gekoppelte Koordination mit anderen betrieblichen Instrumenten der Rationalisierung und Innovationsförderung". Es handelt sich um ein integriertes Konzept, das kreativitätsfördernde Methoden in einem ganzheitlichen System vereint (vgl. Thom 2003: 151–152). Das REFA-Institut (2016: 28) beschreibt die Bestandteile des Ideenmanagements wie folgt: Es „[…] umfasst die Generierung, Sammlung, Auswahl und Umsetzung von Ideen zur Verbesserung und Neuerung von Prozessen und Produkten. Nach neuerem Verständnis gehören zum Ideenmanagement das ‚Betriebliche Vorschlagwesen' […] und der kontinuierliche Verbesserungsprozess […]". Es ist ein Instrument zur Förderung, zum Ausbau und zur Verbesserung von Innovationen und Ideen (vgl. Voigt & Brem 2005: 177; vgl. Conert & Schenk 2000: 65–70), das nicht nur auf Rationalisierungseffekten beruht, sondern ein Führungsmanagement darstellt (vgl. Thom & Etienne 1999: 1). Laut dem Deutschen Institut für Betriebswirtschaft (2003: 22) verfolgt das Ideenmanagement „[…] die systematische Förderung von Ideen und Initiativen der Mitarbeiter – bezogen auf Einzelleistungen und/oder Teamleistungen – zum Wohle des Unternehmens und der Mitarbeiter". Es verdeutlicht hierdurch die Komplexität der aufgeführten Systeme des Ideenmanagements.

Als Eigenschaften werden die folgenden genannt:

- Systematisch: Regelbezogenheit und Dauerhaftigkeit,
- Förderung: aktive Rolle der Organisation sowie seiner Mitglieder wie Führungskräften zur Ideenannahme und Initiativenoptimierung,
- Einzel-/Teamleistung: Individuelle und Team-Ideenfindung,

- Wohl des Unternehmens: monetärer und nicht-monetärer Nutzen für das Unternehmen und
- Wohl des Mitarbeiters: Nutzen für die Mitarbeiter durch Prämien und Anerkennung (vgl. Deutsches Institut für Betriebswirtschaft 2003: 22).

Ziele des Ideenmanagements sind das Hinterfragen unzureichender Lösungen zur Ideen- und Innovationsfindung, die Nutzbarmachung des Wissens und der Kreativität der Mitarbeiter als treibende Faktoren für die Weiterentwicklung des Unternehmens anhand von zu entwickelnden Problemlösungen, der Ideennutzung und Innovationseinleitung (vgl. Bechmann 2013: 13; vgl. Franken & Brand 2008: 41; vgl. Sommerlatte 2006: 20–23). Wissensträger erhalten die Möglichkeit der Informationsaufnahme, -verarbeitung und -nutzbarmachung als strategische Ressource für wertschöpfende Tätigkeiten des Unternehmens. Durch lernfähige Mitarbeiter kann ein lernfähiges Unternehmen entstehen, das Innovationen hervorbringt (vgl. Deutsches Institut für Betriebswirtschaft 2003: 78–79).

Somit ist das Ideenmanagement weit mehr als das betriebliche Vorschlagswesen. Es ist mit Führungsgrundsätzen ausgestattet und ein Instrument zur Unternehmensführung. Ziele sind das Anregen von Problemlösungsprozessen, die Nutzung und Förderung von Erfahrungswerten und Kreativitätspotenzial aller Mitarbeiter sowie die laufende organisationale Prozessoptimierung. Darüber hinaus kann die Ideennutzung Innovationen anregen. Der Begriff „Management" in „Ideenmanagement" bezieht sich auf die systematische Nutzbarmachung von Mitarbeiterwissen und -kreativität (vgl. Pratsch 2013: 45–46). Betrachtet man das Ideenmanagement als Führungsinstrument, lassen sich in Unternehmen unterschiedliche Entwicklungsstufen feststellen, da die Förderung der Ideeneinreichung nicht immer als Führungsaufgabe eingestuft wird und beispielsweise eine geringe Einreichungsquote keine Konsequenzen für sie hat. Stattdessen wird diese Aufgabe an Ideenmanager delegiert. Eine erhöhte Beteiligung an Ideen soll durch sie anhand von Informationsveranstaltungen, Marketingaktionen und Schulungen erfolgen. Um einer zu starken Bürokratisierung und Reglementierung entgegenzuwirken, nutzen Unternehmen das so genannte Vorgesetztenmodell. Es dient der höheren Einbindung von Führungskräften in den Ideenmanagementprozess. Innerhalb dieses Modells treten Führungskräfte mit den Ideeneinreichenden in einen Dialog, bieten Hilfestellung, fördern Ideen innerhalb des Verantwortungsbereiches (nicht nur auf individueller, sondern auch auf Teamebene) und bewerten, realisieren und honorieren diese. Ideenmanagement wird als integrierendes Konzept verstanden, das Instrumente im Bereich des Findens, Erfassens, der Bewertung sowie Umsetzung von Ideen vereint und kürzere Bearbeitungszeiten anstrebt. Ideenmanager unterstützen hierbei lediglich beratend. Die Förderung von Ideen durch Führungskräfte kann beispielsweise in Zielvereinbarungen verankert sein. Die Kürzung variabler Einkommensbestandteile ist eine mögliche Konsequenz. Im Sinne des Total Quality Managements liegen die Vorteile eines Ideenmanagements somit nicht nur auf ökonomischer Ebene, sondern ebenso auf sozialer und ökologischer (beispielsweise die Steigerung der Arbeitssicherheit und Personalführung). Das Ideenmanagement weist aufgrund der starken Mitarbeiterförderung und dem (impliziten) Wissensmanagement einen wichtigen Beitrag zur Unternehmenskultur auf. Eine systemische Denkweise ist hinsichtlich des Nutzens des Ideenmanagements sinnvoll, denn es schließt an umfassende und komplementäre Ansätze wie Innovations-, Wissens- und Qualitätsmanagement an (vgl. Läge 2002: 2–3; vgl. Thom 2013: 201–202, 221–224).

In Anlehnung an Schat (2017: 204–210) werden mit Hilfe des Ideenmanagements die folgenden drei Ziele verfolgt:

1. Die Erzielung eines hohen Return on Investments sowie
2. eines hohen Nutzens pro Beschäftigtem und
3. die positive Beeinflussung der Unternehmenskultur.

Der betriebliche Innovationsprozess wird anhand der folgenden Grafik dargestellt (Abbildung 3.2):

Phasen von Innovationsprozessen		
Hauptphasen		
1. Ideengenerierung	2. Ideenakzeptierung	3. Ideenrealisierung
Spezifizierung der Hauptphasen		
1.1 Suchfeldbestimmung 1.2 Ideenfindung 1.3 Ideenvorschlag	2.1 Prüfung der Ideen 2.2 Erstellung von Realisationsplänen 2.3 Entscheidung für einen zu realisierenden Plan	3.1 Konkrete Verwirklichung der neuen Idee 3.2 Absatz der neuen Idee an Adressat 3.3 Akzeptanzkontrolle

Abbildung 3.2 Phasenmodell für betriebliche Innovationsprozesse. (Thom 1980: 53)

In der ersten Phase wird die Ideengenerierung fokussiert. Ziel ist die effiziente Umsetzung von Ideen mittels adäquater organisatorischer Integration in Innovationsprozesse, um Innovationsbarrieren (vgl. 2.3.3 Innovationsbarrieren und notwendige Promotorenrollen) zu überwinden (vgl. Voigt & Brem 2005: 182). Für diese Untersuchung wird ausschließlich die erste Phase der Ideengenerierung betrachtet.

Auch die VW AG nutzt das Ideenmanagement zur Verbesserung von Produkten und Prozessabläufen. Sie bedient sich dabei der Mitarbeiter als „Ideenlieferanten". Nachfolgend wird zunächst ein kurzer Überblick des Unternehmens gegeben. Anschließend werden die Entstehung, der Prozess sowie die wichtigsten Rollen des Ideenmanagements erörtert.

Der Volkswagen Konzern gehört mit über 620.000 Beschäftigten weltweit zu den führenden Automobilherstellern und hat seinen Hauptsitz in Wolfsburg. Zum Konzern gehören die zwölf Marken Volkswagen Pkw, Audi, SEAT, ŠKODA, Bentley, Bugatti, Lamborghini, Porsche, Ducati, Volkswagen Nutzfahrzeuge, Scania und MAN aus sieben europäischen Ländern. Das Produktportfolio reicht von Motorrädern über Kleinwagen und Fahrzeugen der Mittel- und Kompaktklasse bis hin zu Fahrzeugen der Luxusklasse. Fertigungsstätten werden in 31 Ländern betrieben. Der Volkswagen Konzern befindet sich im größten Veränderungsprozess seiner Geschichte. Durch das Zukunftsprogramm „Together-Strategie 2025" wurde die Neuausrichtung zu einem der besten Anbieter nachhaltiger Mobilität beschlossen (o. V. 2018 [www]: 10.03.18).

Im Jahr 1949 wurde das betriebliche Vorschlagswesen gegründet, das 20 Jahre später als eigenständige Abteilung integriert wurde. Anschließend erfolgte die Gründung des ersten Arbeitskreises. Im Jahr 1999 wurde mit der Betriebsvereinbarung zum Ideenmanagement ein wirkungsvolles Instrument implementiert, das es Mitarbeitern im Dialog mit ihrem Vorgesetzten ermöglicht, adäquate Ideen zu realisieren. Die Betriebsvereinbarung wurde über die Jahre weiterentwickelt; die fünfte vereinte die Komponenten betriebliches Vorschlagswesen, kontinuierlicher Verbesserungsprozess und Vorgesetztenmodell in einem Ideenmanagement (vgl. [o. V.] 2018 [Volkswagen Intranet]: 10.03.18).

Die nachfolgende Tabelle fasst die wichtigsten Rollen mit den Aufgaben im Ideenmanagementprozess zusammen, die bei Benennung im Rahmen der Interviews und Gruppendiskussionen relevant sind (Tabelle 3.1):

Für die Verbesserung OE-spezifischer und -übergreifender Zustände kann sich jeder einzelne Mitarbeiter oder jedes Team engagieren. Das Ideenmanagement nutzt das Vorgesetztenmodell, bei dem die Führungskraft über die Ideeneinreichung entscheidet (vgl. [o. V.] 2008 [www]: 27.11.18; vgl. [o. V.] 2008 [www]:

Tabelle 3.1 Rollen im Ideenmanagementprozess der VW AG

Rolle	Aufgabe
Ideenmanagement	• Organisationseinheit zur Sicherstellung des Einsatzes und Prozesses des Ideenmanagements • Prozessbegleitung der Ideenbearbeitung • Abschluss von Ideen mittels Nutzenausweisung und Prämienberechnung • Unterstützung bei produkt-, bereichs- und werksübergreifenden Auswirkungen einer Idee • Unterstützung bei Uneinstimmigkeiten zwischen Vorgesetzten und Mitarbeiter und/oder bei Konfliktfällen
Ideenbetreuer	• Mitarbeiter des Ideenmanagements • Ansprechpartner während des gesamten Bearbeitungsprozesses • Berater für den Ideengeber
Ideengeber	• Ideenurheber • Ideeneinreichung mit konkreten Lösungsvorschlägen auf der Ideenmanagement-Plattform • Aktive Gestaltung des Arbeitsumfeldes
Vorgesetzter	• Ideenpate zur Ideendurchsprache • Prüfung der Prioritäts- und Ausschlusskriterien gemäß Betriebsvereinbarung
Gutachter	• Prüfung der Idee auf Fachlichkeit, Sachlichkeit, Plausibilität, Wirtschaftlichkeit und Realisierbarkeit
Realisierer	• Umsetzer der Idee
Ideenmanager	• Berater und Schnittstelle in den Fachbereichen (keine Mitarbeiter des Ideenmanagements) und für alle Prozessbeteiligten zu Themen der Beurteilung, Bewertung und die Ideenrealisierung

(Eigene Darstellung in Anlehnung an vgl. [o. V.] 2018 [Volkswagen Intranet]: 10.03.18)

26.11.18; vgl. [o. V.] 2008 [www]: 28.11.18; vgl. interne Quelle des Volkswagen Ideenmanagements; vgl. [o. V.] 2018 [Volkswagen Intranet]: 10.03.18).

Beim Vorgesetztenmodell handelt es sich um ein aktives, dezentrales Instrument der Ideeneinreichung. Vorteile bestehen darin, dass es sich um Ideenmanagement als Führungsaufgabe und aktives Führungsinstrument handelt (vgl. Etienne 1997: 50; vgl. Habegger 2002: 26; vgl. [o. V.] 2008 [www]: 28.11.18). Vorgesetzte können als Promotor von Ideen fungieren, den Ideenmanagementprozess als individuelles Anreizsystem mittels Wertschätzung nutzen und weisen eine vor Ort-Kompetenz bei der Formulierung und Verbesserung eingereichter Ideen auf

(80 % der Ideen betreffen das unmittelbare Arbeitsumfeld des Einreichers). Ferner können kleinere Verbesserungsideen durch Vorgesetzten aufgrund der kürzeren Prozesskette direkt unbürokratisch umgesetzt werden. Dies führt zu kurzen Bearbeitungszeiten und höheren Durchlaufquoten, erhöhter Motivation der Mitarbeiter sowie besserer Ideenqualität durch direkte Kommunikation und Interaktion zwischen Mitarbeiter und Vorgesetztem. Hierdurch fühlen sich Vorgesetzte weniger durch Verbesserungsideen kritisiert und bauen Kompetenzen auf, was wiederum zu einer Verbesserung des Organisationsklimas führt. Durch das Vorgesetztenmodell besteht ferner eine Arbeitsentlastung für Gutachter, Kosteneinsparungen in der Einheit Ideenmanagement, Kapazität für höherrangige Aufgaben im Ideenmanagement, Nachteile sind hoher und kontinuierlicher Schulungsbedarf der Führungskräfte, Mehrarbeit für Führungskräfte, subjektive Einflüsse der Vorgesetzten bei der Ideenbearbeitung sowie Subjektivität bei der Ideenprämierung und die Gefahr, dass Ideen wegen negativer Konflikte (Ängste, Hemmnisse, zwischenmenschliche Probleme) zurückgehalten werden. Darüber hinaus ist der Erfolg des Ideenmanagements stark von der Motivation, den sozialen Kompetenzen und der Führungskultur abhängig, und es erfolgt keine zentrale Verfolgung von Verbesserungsideen mittels Zahlen, Daten und Fakten. Das Ideenmanagement legt den Fokus mit der Nutzung des Vorgesetztenmodells auf eine noch effizientere Förderung des Ideenpotenzials und der Kreativität der Mitarbeiter durch Förderung der Kommunikation mit dem Vorgesetzten. Die ausgewählten Ideenmanager des jeweiligen Fachbereiches unterstützen den Ideenmanagement-Prozess vor Ort. Es ist das Ziel, dass sich alle Führungskräfte für eine konsequente Verfolgung der Umsetzungsziele einsetzen. Mitarbeiter reichen ihre Ideen beim direkten Vorgesetzten ein, werden beim Ideenmanagementprozess durch Ideenmanager vor Ort unterstützt, und direkte Vorgesetzte prämieren im Rahmen ihrer Prämienkompetenz umgesetzte Ideen. Die konsequente Verfolgung der mit dem Ideenmanagement verbundenen Ziele wird durch Vorgesetzte und das Management unterstützt (vgl. [o. V.] 2018 [Volkswagen Intranet]: 10.03.18).

Führungskräfte sollen das Ideenmanagement als Instrument zur effizienten Erreichung Ihrer Ziele und zur Führung ihrer Mitarbeiter nutzen, Förderer und Multiplikator für gute Ideen und eine hohe Mitarbeiterbeteiligung sein. Denn jede umgesetzte Idee kann ihnen z. B. bei der Erreichung von Budgetzielen und Effizienzsteigerung helfen und sich somit positiv auf die Mitarbeiterzufriedenheit auswirken. Darüber hinaus kann es Vorgesetzten helfen, Potenziale in ihrem Team zu erkennen und Mitarbeiter gezielter zu fördern, um die Wettbewerbsfähigkeit für das Unternehmen zu steigern. Somit steht Führungskräften anhand des Ideenmanagements ein Prozess zur Verfügung, der eine aktive Gestaltung von Rahmenbedingungen für Mitarbeiter schafft, um Optimierungen und

Innovationen voranzutreiben und durch die Erlebbarmachung für Mitarbeiter ihr Bewusstsein für die Notwendigkeit von Ideen zu stärken. Zur Steigerung der Ideenmanagementprozesstransparenz ist es Aufgabe der Führungskräfte, Informationen zum Ideenmanagementprozess in ihrem Team zur Verfügung zu stellen und Ideen zügig zu bearbeiten und umzusetzen. Als Hilfestellung für Vorgesetzte werden im Ideenmanagement regelmäßige Schulungen zum System und dem Ideenmanagementprozess angeboten. Des Weiteren existiert eine Checkliste für Führungskräfte, die Prozessanker und Erläuterungen zu jedem Prozessschritt aufweist (vgl. [o. V.] 2018 [Volkswagen Intranet]: 10.03.18).

Um eine Gleichbehandlung bei der Bearbeitung und Umsetzung von Ideen zu gewährleisten, folgt das Ideenmanagement einem definierten Prozess, der auf der genannten Betriebsvereinbarung basiert: 1. Einreichung (Ideengeber/Gruppe), 2. Prüfung und Annahme (Vorgesetzter), 3. Begutachtung (Fachabteilung), 4. Realisierung (Fachabteilung), 5. Nutzenausweisung (Fachabteilung) sowie Prämierung und Abschluss (Ideenmanagement und Werkskommission) (vgl. [o. V.] 2018 [Volkswagen Intranet]: 10.03.18).

3.2.2 Forschungsprozess und Untersuchungsdesign

Der Forschungsprozess vollzieht sich gemäß der Forschungslogik empirischer Untersuchungen. Der Aufbau besteht aus den Phasen 1. Entdeckungs-, 2. Begründungs- sowie 3. Verwertungs- und Wirkungszusammenhang. Der Entdeckungszusammenhang ist der Anlass eines Forschungsprojektes. Dieser Aspekt wird unter 1.2 Herleitung Forschungsfrage 1: Ambidextre Führung und Lernprozesse, 1.3 Herleitung Forschungsfrage 2: Ambidextre Führung und Paradoxien, 1.4 Herleitung Forschungsfrage 3: Zusammenhang ambidextrer Führung mit Ideengenerierung sowie 1.6 Ziele der Arbeit anhand der Forschungsfragen auf Basis der Problemstellungen sowie der Zielsetzung aufgegriffen. Der Begründungszusammenhang wird anhand des methodologischen Vorgehens unter 1.8 Methodologisches Vorgehen beschrieben. Dies dient zum einen der Untersuchung der aufgezeigten Problemstellung, zum anderen der Festlegung des adäquaten Studientyps vor dem Hintergrund der Forschungsfragen. Zunächst erfolgt die Einordnung in den Wissens- und Literaturstand zur Entwicklung eines theoretischen Bezugsrahmens. Die Konstruktion des Untersuchungsdesigns mit dem Aufbau der empirischen Untersuchung wird im Anschluss detailliert erläutert. Das Ziel dieser Arbeit ist die Ermittlung eines Konzeptes ambidextrer Führung sowie eine Hypothesengenerierung (2 Theoretische Grundlagen, 3 Konzeption der empirischen

Untersuchung und 4 Empirische Untersuchung). Dies entspricht einem explorativen Ansatz. Durch die Veröffentlichung der Untersuchungsergebnisse (vgl. 5 Resümee) wird ein Beitrag zum Forschungsfeld ambidextrer Führung geleistet (vgl. Friedrichs 1990: 50–56).

Die Konstruktion eines Forschungsdesigns ist abhängig von der Zielsetzung der Studie, dem theoretischen Rahmen, den Fragestellungen, der Auswahl des empirischen Materials, der methodischen Herangehensweise, dem Standardisierungs- und Kontrollgrad, Generalisierungszielen sowie verfügbaren zeitlichen, personellen und materiellen Ressourcen (vgl. Flick 2015: 253). Döring und Bortz (2016: 183) führen Varianten von Untersuchungsdesigns auf. Anhand ihrer Klassifikationskriterien für Untersuchungsdesigns wird das Untersuchungsdesign für die vorliegende Arbeit aufgezeigt. Für diese Arbeit wird – wie im vorherigen Abschnitt erörtert – als wissenschaftstheoretischer Ansatz die qualitative Untersuchung gewählt, die aufgrund der gewählten qualitativen Methoden Komplexität erfassen soll. Es werden offene Forschungsfragen an wenigen Fällen detailliert erarbeitet (vgl. Döring & Bortz 2016: 185). Das Ziel ist die Hypothesenerstellung als explorativer Studientyp (vgl. Kühn & Koschel 2011: 50–52; vgl. Diekmann 2007: 33; vgl. Kuckartz 2014: 61, 66, 77; vgl. Flick 2015: 257–258). Hinsichtlich des Erkenntnisziels der Studie wird zwischen grundlagen- und anwendungswissenschaftlichen Studien unterschieden. Während grundlagenwissenschaftliche Studien primär dem wissenschaftlichen Erkenntnisfortschritt dienen, versuchen anwendungswissenschaftliche Studien, praktische Probleme anhand wissenschaftlicher Methoden und Theorien zu lösen und den Erkenntnisgewinn an praxisrelevanten Ergebnissen zu messen. Diese angewandte Forschung findet in der Regel nicht im Forschungslabor, sondern im Feld statt und bezieht sich somit auf vordefinierte Zielgruppen. Dies kann den Nachteil aufweisen, dass die Gestaltungsfreiräume des Forschungsdesigns stärker begrenzt werden als in der Grundlagenforschung. Grundlagenwissenschaftliche Studien sollten genutzt werden, wenn keine Abhängigkeit von Praxisbedingungen gewünscht ist. Da für diese Arbeit Praxiskontakte bestehen und sich die Forschung berufsfeldorientiert ausrichten soll, wird die anwendungswissenschaftliche Studie angewandt (vgl. Döring & Bortz 2016: 185–186).

Hinsichtlich des Gegenstandes der Studie wird zwischen empirischen, Theorie- und Methodenstudien differenziert. Im Rahmen von Theoriestudien wird der Forschungsstand auf Basis einer Literaturrecherche beurteilt. Anhand von Methodenstudien werden Forschungsmethoden verglichen und weiterentwickelt. Empirische Studien fokussieren die Lösung inhaltlicher Forschungsprobleme auf Grundlage

eigener, systematischer Datenerhebung und/oder -analyse. Ein weiteres Differen-
zierungskriterium ist eine Original- ggü. einer Replikationsstudie (Designneuent-
wicklung ggü. Designorientierung an durchgeführten Studien). Gegenstand dieser
Arbeit ist aufgrund der genannten Argumente eine empirische Originalstudie,
da das Untersuchungsdesign neu entwickelt wird (vgl. Döring & Bortz 2016:
186–188).

Empirische Studien basieren auf einer Datenerhebung und/oder -analyse. Bei
der Datengrundlage empirischer Studien wird zwischen Primär-, Sekundär- und
Metaanalyse unterschieden. Während bei der Primäranalyse empirische Daten
selbst erhoben und analysiert werden, nutzen Forschende im Rahmen einer
Sekundärstudie bereits vorhandene Daten zur Reanalyse und bei einer Metaanalyse statistische Ergebnisse aus vergleichbaren Studien eines Sachverhaltes.
Wie die meisten qualitativen sozialwissenschaftlichen Studien ist diese Arbeit
als Primäranalyse ausgelegt, die selbst erhobene Daten auswertet. So werden
auf Basis systematischer und eigener Datenerhebung und -analyse inhaltliche
Forschungsprobleme gelöst (vgl. Döring & Bortz 2016: 191).

Beim Erkenntnisinteresse empirischer Studien wird zwischen explorativen
(gegenstandsbeschreibend, theoriebildend, hypothesengenerierend), deskriptiven
(populationsbeschreibend) und explanativen (hypothesenprüfend) Studien differenziert. Das Erkenntnisinteresse der vorliegenden Arbeit ist explorativ. Dies
bedeutet, dass das Ziel die Beschreibung des Sachverhaltes „ambidextre Führung"
zur Entwicklung wissenschaftlicher Forschungsfragen, Hypothesen und Theorien
ist – beispielsweise anders als bei explanativen Studien, bei denen die Überprüfung vorher aufgestellter Hypothesen angestrebt wird. Untersuchungsort ist eine
Feld- und keine Laborstudie, da als qualitative Untersuchungsmethoden Experteninterviews und Gruppendiskussionen angewandt werden und die Interviewten
so in ihrer gewohnten Umgebung befragt werden (vgl. Döring & Bortz 2016: 185,
192).

Um die Qualität qualitativer Forschung zu gewährleisten, bestehen die folgenden Gütekriterien, die auch der Untersuchung dieser Arbeit zugrunde liegen (vgl.
Mayring 2016: 144–147; vgl. Steinke 2015: 324–331; vgl. Döring & Bortz 2016:
112–113):

1. Verfahrensdokumentation: Bei der qualitativen Sozialforschung bedarf es einer
   detaillierten Verfahrensdokumentation zur intersubjektiven Nachprüfbarkeit,
   während bei der quantitativen Sozialforschung häufig die Angabe der verwendeten Technik und Messinstrumente ausreichend ist (vgl. hierzu *3.2.3
   Untersuchung Teil 1 und 2: Qualitative Studie mittels Experteninterviews
   und Gruppendiskussion, Anhang 1: Interviewleitfaden: Experteninterviews der*

Erstuntersuchung, Anhang 2: Interviewleitfaden: Gruppendiskussionen der Erstuntersuchung, Anhang 3: Interviewleitfaden: Experteninterviews der Zweituntersuchung und Anhang 4: Interviewleitfaden: Gruppendiskussionen der Zweituntersuchung).

2. Argumentative Interpretationsabsicherung: Im Gegensatz zu quantitativer Forschung kann intersubjektive Überprüfbarkeit aufgrund begrenzter Standardisierbarkeit und identischer Replikation nicht beansprucht werden. Jedoch kann die Sicherung der intersubjektiven Nachvollziehbarkeit auf Grundlage der Dokumentation des Forschungsprozesses sowie der Anwendung kodifizierter Verfahren bzw. die detaillierte Explikation der Analyseschritte wie bei der qualitativen Inhaltsanalyse gewährleistet werden.

3. Regelgeleitetheit: Qualitative Forschung darf nicht unsystematisch oder sogar willkürlich erfolgen. Es sind systematische Prozessschritte und Regeln zu beachten. Hierzu zählen ein regelgeleiteter Forschungsprozess und systematisches Vorgehen anhand des Aufführens einzelner Prozessschritte und Analyseeinheiten. Anpassungen sind zu dokumentieren (vgl. hierzu *3.2.3 Untersuchung Teil 1 und 2: Qualitative Studie mittels Experteninterviews und Gruppendiskussion).*

4. Nähe zum Gegenstand: Hierbei handelt es sich um ein methodologisches Grundprinzip. Qualitative Forschung richtet sich auf die Alltagswelt und die Interessen der Untersuchten (bei dieser Arbeit mittels Experteninterviews und Gruppendiskussionen zur Erfassung der Alltagssituation).

5. Kommunikative Validierung: Dies bezieht sich auf die Ergebnisrückspiegelung an und -diskussion mit den Untersuchungsteilnehmern. Erfolgt eine Ergebnisbestätigung durch sie, nimmt die Gültigkeitswahrscheinlichkeit der Ergebnisse zu. Sie sind somit nicht nur Lieferanten von Textmaterial, sondern Kompetenzträger. Die Ergebnisrückspiegelung bei dieser Arbeit erfolgte nicht nur zum Zeitpunkt der Längsschnittstudie, sondern erneut im Anschluss an die Gesamtergebnisauswertung.

6. Triangulation: Hiermit ist die Nutzung verschiedener Methoden, Theorien und Datenquellen gemeint, um Stärken und Schwächen der Analysewege zu eruieren (für diese Arbeit wurden aus diesem Grund neben transdisziplinären Forschungsansätzen das Experteninterview und die Gruppendiskussion gewählt).

Flick (2015: 253–256) nennt als Basisdesigns der qualitativen Forschung Fallstudien, Vergleichsstudien, retrospektive Studien, Momentaufnahmen mit Zustands- und Prozessanalysen zum Forschungszeitpunkt sowie Längsschnittstudien. Fallstudien beziehen sich auf eine genaue Rekonstruktion eines für die Untersuchung relevanten komplexen und ganzheitlichen Falles. Bei Vergleichsstudien werden viele Fälle und deren spezifische Inhalte innerhalb eines Verlaufes gegenübergestellt. Retrospektive Studien beschäftigen sich zu einem großen Teil mit der biografischen Forschung, bei der Fallanalysen rückblickend zum Forschungszeitpunkt betrachtet werden. Momentaufnahmen mit Zustands- und Prozessanalysen zum Zeitpunkt der Forschung machen einen großen Teil qualitativer Forschung aus. So werden beispielsweise in Interviews Ausprägungen des Expertenwissens ermittelt und miteinander verglichen. Wenngleich auch hierbei Beispiele aus der Vergangenheit aufgegriffen werden, dient dieses Design nicht primär der Rekonstruktion eines Zustands oder von Prozessen, sondern einer Beschreibung zum Zeitpunkt der Forschung. Als ein prozessorientiertes Beispiel sind ethnografische Studien zu nennen, bei denen Forscher über einen längeren Zeitpunkt Verläufe ermitteln und analysieren. Bei Momentaufnahmen ist die Eingrenzung des empirischen Materials essenziell, um sicherzustellen, dass für die Fragestellung relevante Gesprächsausschnitte analysiert werden können. Anhand von Längsschnittstudien können Prozesse oder Zustände darüber hinaus zu späteren Erhebungszeitpunkten zur Ermittlung der Veränderungen in Sicht- und Handlungsweisen analysiert werden. Der Ausgangszustand kann ohne Einfluss vom Endzustand erhoben werden. Dieses Basisdesign wird in der qualitativen Forschung selten angewandt, da es wenige Hinweise darauf gibt, wie sie sich in qualitativen Studien mit mehreren Erhebungszeitpunkten nutzen lassen.

Die aufgeführten Basisdesigns werden anhand der folgenden Grafik dargestellt (Abbildung 3.3):

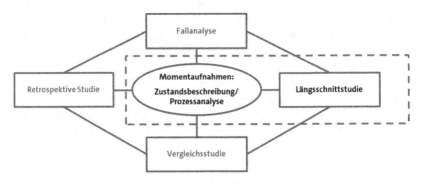

Abbildung 3.3 Gewähltes Design der qualitativen Forschung. (Eigene Darstellung in Anlehnung an vgl. Flick 2015: 257)

Das Untersuchungsdesign für diese Arbeit sind zum einen Momentaufnahmen anhand von Experteninterviews und Gruppendiskussionen, die mit zwei verschiedenen Erhebungszeitpunkten in einem Abstand von einem Jahr durchgeführt werden und somit eine Längsschnittstudie darstellen, die Veränderungen in der Handlungsweise ambidextrer Führung erfassen soll. Der Begriff der Längsschnittstudie bezieht sich demnach auf eine im Verlauf vergleichende Betrachtung, ergo eine Folgeuntersuchung, nicht jedoch um ein Längsschnittdesign zur Erforschung sozialer Prozesse in ihrer Genese oder Studien im Längsschnittdesign, die mittels wiederholter Messungen innerhalb längerer Zeiträume Veränderungen verlässlich messen, um kausale Beziehungen nachzuweisen (vgl. Mika & Stegmann 2019: 1467). Den Gütekriterien kommunikativer Validierung und Triangulation wird somit entsprochen. Die auf das Forschungsfeld angewandten qualitativen Methoden werden unter 3.2.3 Untersuchung Teil 1 und 2: Qualitative Studie mittels Experteninterviews und Gruppendiskussion erläutert.

3.2.3 Untersuchung Teil 1 und 2: Qualitative Studie mittels Experteninterviews und Gruppendiskussion

Für diese Arbeit wird der qualitative Ansatz zur Hypothesenerstellung (explorativer Studientyp) gewählt (vgl. Diekmann 2007: 33; vgl. Flick 2015: 214; vgl. Schnell, Hill & Esser 2008: 300; vgl. Kuckartz 2014: 61), der sich der Sekundäranalyse von Datenquellen anschließt. Die Datenerhebung erfolgt an zwei Zeitpunkten und ist somit ein mehrphasiges Design zur Sammlung qualitativer Daten, um den Prozess des nachhaltigen Lernens ambidextren Handelns, die Umsetzung der Integration der Aktivitätsmuster Exploitation und Exploration und das Veränderungsbewusstsein vor einem paradoxietheoretischen Hintergrund zu untersuchen (vgl. Kuckartz 2014: 33–35; vgl. Kruse 2015: 45; vgl. Diekmann 2007: 33). Wie unter Abbildung 3.3: Gewähltes Design der qualitativen Forschung dargestellt, handelt es sich um eine Momentaufnahme mittels Zustandsbeschreibung sowie Längsschnittstudie. Durch die qualitative Methode besteht keine Generalisierung auf die Grundgesamtheit, jedoch werden verschiedene subjektive Meinungen von wenigen Experten abgebildet, wodurch das Sammeln differenzierter Meinungen ermöglicht wird. Dies dient dem Erkenntnisinteresse der vorliegenden Untersuchung. Es werden Ursachen und Verbesserungsvorschläge aus einem Spektrum individueller Meinungen und Erfahrungen in der natürlichen Lebenswelt der Untersuchungsteilnehmer erfasst und Zusammenhänge beschrieben, interpretiert sowie aufgezeigt (vgl. Mayring 2016: 89–90). Somit wird auch dem Gütekriterium Nähe zum Gegenstand entsprochen.

Innerhalb des Forschungsfeldes wurden Untersuchungseinheiten wie folgt ermittelt: Die OE-Auswahl erfolgte anhand bestehender Datensätze des Ideenmanagements des untersuchten Unternehmens. Der Begriff „OE" bezieht sich auf die unterste Führungsebene. Dies kann sowohl die Meisterebene als auch die Unterabteilungsleiterebene sein. Die Mindestanzahl der im Jahr 2016 eingereichten Ideen muss hierbei mindestens fünf (jeweils OE-bezogen und -übergreifend) betragen. Die OE, von der die Idee eingereicht wurde, entspricht in diesen Fällen somit nicht der OE, in der die Idee umgesetzt wurde. Es werden 15 OE ermittelt, die im Jahr 2016 im Vergleich zu anderen Abteilungen ergebnisreicher bei der erfolgreichen Einreichung von OE-bezogenen und -übergreifenden Ideen/Innovationen sind. Die Einreich-OE entspricht in diesen Fällen somit nicht der Umsetz-OE. Von diesen 15 OE werden allerdings lediglich sieben für die Untersuchung herangezogen. Erst wenn sich eine oder mehrere OE gegen eine Untersuchung aussprechen sollten, wird die nächste OE der Auswahlliste für eine Untersuchungsteilnahme kontaktiert (schrittweise Abfolge der Kontaktaufnahme über die jeweilige Führungskraft). Grundsätzlich wären fünf OE ausreichend. Da die Untersuchung nach 12 Monaten mit denselben OE fortgesetzt werden soll und es innerhalb dieses Zeitraumes beispielsweise zu Umstrukturierungen kommen könnte, werden zwei weitere OE hinzugezogen. Auf diese Weise soll eine erneute Untersuchungsdurchführungsnotwendigkeit vermieden werden[1]. Somit wird ersichtlich, dass die Ergebnisse der ersten Studie die Gestaltung und Durchführung der zweiten Studie dieser Arbeit beeinflussen (vgl. Diekmann 2007: 33; vgl. Lamnek 2010: 83–84; vgl. Kuckartz 2014: 61, 66, 77). In Anlehnung an Przyborski und Wohlrab-Sahr (2014: 122) fanden im Vorfeld der Erstuntersuchung mit allen OE Vorgespräche statt, um das Forschungsinteresse zu erläutern und das Interesse an den spezifischen Kompetenzen der Untersuchungsteilnehmer zu bekunden.

Zur Reproduzierbarkeit bisher angewandter ambidextrer Führung werden als qualitative Methoden das Experteninterview mit den Führungskräften (Meister und Unterabteilungsleiter) und Gruppendiskussionen mit den Mitarbeitern der Arbeitsteams gewählt, die in dieser OE-Konstellation bestehen. Sie werden demnach nicht nur zum Zweck der Forschung zusammengestellt (vgl. Flick 2015: 250–254; vgl. Kühn & Koschel 2011: 27). Die Probanden sind Experten des Untersuchungsgegenstandes – es handelt sich demnach um das purposive sampling, einer gezielten Expertenauswahl aufgrund der Forschungsrelevanz (vgl. Kuckartz 2014: 85; vgl. Przyborski & Wohlrab-Sahr 2014: 182–183; vgl. Bogner,

---

[1]Die Kommission Datenschutz der VW AG setzt zur Wahrung der Anonymität der Interviewteilnehmer eine Mindestanzahl von fünf Untersuchungseinheiten voraus. Aufgrund der geplanten Folgestudie wurde jedoch eine Anzahl von sieben OE empfohlen.

Littig & Menz 2014: 34–35). Die Gruppendiskussion dient der Methodenkombination. Für die Befragung der Mitarbeiter hätten auch ausschließlich Experteninterviews verwendet werden können; jedoch erfolgt die Mitarbeiterauswahl auch immer in Abstimmung mit dem Vorgesetzten. Um Sympathienennungen zu umgehen, wird deshalb auf freiwilliger Basis die gesamte Gruppe hinzugezogen. Um eine Regression der Mitarbeiter zu verhindern und eine Offenheit der Untersuchten zu gewährleisten, finden die Gruppendiskussionen unter Ausschluss der Führungskräfte statt. Nachfolgend werden die gewählten qualitativen Methoden des Experteninterviews sowie der Gruppendiskussion erläutert, um die Auswahl für diesen Untersuchungsgegenstand zu präzisieren.

Für die Datengewinnung mit den Führungskräften wird das Experteninterview mit teilstandardisiertem Interviewleitfaden deduktiv verwendet. Beim Experteninterview handelt es sich nicht um eine eigene Interviewform, sondern um Leitfadeninterviews, die anwendungsfeldorientiert sind (vgl. Kruse 2015: 166; vgl. Przyborski & Wohlrab-Sahr 2014: 121; vgl. Bogner, Littig & Menz 2014: 27; vgl. Helfferich 2014: 559). Wie auch im Rahmen der nachstehend erläuterten Gruppendiskussionen dient der Leitfaden der Operationalisierung der Forschungsfragestellungen als konkretes Erhebungsinstrument (vgl. Bogner, Littig & Menz 2014: 31; vgl. Helfferich 2014: 559–560). Im Fokus des Forschungsinteresses steht die Zielgruppe „Experten". In der empirischen Sozialforschung wird das Experteninterview häufig eingesetzt. Der Leitfaden basiert in Bezug auf die Erstuntersuchung auf dem theoretischen Bezugsrahmen und darüber hinaus für die Zweituntersuchung neben der Theorie auf den Ergebnissen der Erstuntersuchung. Die leitfadenorientierte Gesprächsführung wird dem explorativen Untersuchungsrahmen dadurch gerecht, dass das Forschungsinteresse auf die Forschungsfragen begrenzt ist und eine Konzentration auf das Sonderwissen der Experten erfolgt; gleichzeitig werden jedoch auch Freiräume dahingehend ermöglicht, dass Experten ihre spezifischen Sichtweisen und unerwartete Inhalte nennen können. Darüber hinaus besteht grundsätzliche Offenheit ggü. der Empirie, d. h. die Erkenntnisse erstrecken sich bei der Erhebung und Auswertung nicht nur auf die deduktive, sondern auch auf die induktive Ebene (vgl. Lamnek 2010: 656; Przyborski & Wohlrab-Sahr 2014: 118; vgl. Bogner, Littig & Menz 2014: 11). Gemäß Bogner und Menz (2005: 46) ist unter einem Experten Folgendes zu verstehen:

„Der Experte verfügt über technisches, Prozess- und Deutungswissen, das sich auf sein spezifisches professionelles oder berufliches Handlungsfeld bezieht. Insofern besteht das Experteninterview nicht allein aus systematisiertem, reflexiv zugänglichem Fach- oder Sonderwissen, sondern es weist zu großen Teilen den Charakter von Praxis-

oder Handlungswissen auf, in das verschiedene und durchaus disparate Handlungs-
maximen und individuelle Entscheidungsregeln, kollektive Orientierungen und soziale
Deutungsmuster einfließen."

Hierdurch kreieren sie Wirklichkeit, da sie ihre Handlungsorientierungen in einem
organisationalen Funktionskontext umsetzen. Diese Praxiswirklichkeit beeinflusst
auch das Handeln anderer Organisationsmitglieder (vgl. Lamnek 2010: 656).
Es wird zwischen drei folgenden unterschiedlichen Zielsetzungen von Experteninterviews differenziert (vgl. Lamnek 2010: 656; vgl. Bogner, Littig & Menz
2014: 23–25):

1. Explorativ im Rahmen eines multimethodischen Designs, um das Untersuchungsfeld zu strukturieren.
2. Systematisierend für die Fokussierung von praxisbasiertem Handlungs- und
   Erfahrungswissen.
3. Theoriegenerierend mit dem Ziel des Aufzeigens subjektiver Handlungsorientierungen sowie impliziter Entscheidungsmaximen.

Bogner, Littig und Menz (2014: 2) weisen darauf hin, dass bei den Differenzie-
rungsformen in methodisch-praktischer Hinsicht auch Überschneidungen denkbar
sind. Dies ist auch bei dieser Arbeit zutreffend. Somit dienen die Experteninterviews einem explorativen Ansatz, da Hypothesen generiert werden. Explorative
Experteninterviews werden angewandt, um neue Wissensdimensionen (insbesondere im Rahmen der Erstuntersuchung) zur explorativen Informationsgenerierung
zu erforschen. Die verwendeten Leitfragen sind rahmenleitend. Die Schwer-
punktsetzung liegt beim Experten, wobei dialogische Sequenzen folgen, wenn
neue Wissensdimensionen lediglich angesprochen, aber nicht ausgeführt werden.
Gekoppelt mit der Zweitmethode der Gruppendiskussion sind sie eine Komponente des multimethodischen Designs und sollen die Basis für die Erstellung
eines Konzeptes ambidextrer Führung ermöglichen, das systematisierend anhand
des Handlungs- und Erfahrungswissens der Experten zu Führungsdimensionen
zusammengefasst wird (vgl. Kruse 2015: 167; vgl. Bogner, Littig & Menz 2014:
23–24).
Darüber hinaus ist das Ziel der Zweituntersuchung der Experteninterviews systematisierend sowie theoriegenerierend. Anhand des Gütekriteriums der kommunikativen Validierung sollen die Ergebnisse der Erstuntersuchung zurückgespie-
gelt und diskutiert werden, um Schwerpunkte zu setzen und den Relevanzrahmen
fachlicher Wissenssysteme und impliziter Wissensdimensionen sowie Handlungs-
maximen ambidextrer Führung noch stärker zu vertiefen und festzulegen. Der

Experte fungiert als Ratgeber, indem er Rückmeldung zum Forschungskonzept-
entwurf (Ergebnisse der Erstinterviews) gibt. Der Leitfaden ist stärker ausdiffe-
renziert als bei der Erstuntersuchung. Das Ziel ist die Erstellung eines Konzeptes
ambidextrer Führung sowie die Generierung von Hypothesen (vgl. Kruse 2015:
167–168; vgl. Bogner, Littig & Menz 2014: 24–25).

Als weitere Methode der qualitativen Forschung wird die Gruppendiskussion
angewandt – aus demselben Grund, weshalb die Nutzung von Gruppendiskussi-
onsverfahren im Vergleich zu Einzelinterviews in der Vergangenheit zugenommen
hat: Das Experteninterview fokussiert lediglich das Individuum und basiert so
auf einer individuellen Isolierung der Interviewten (vgl. Bohnsack 2012: 370;
Lamnek 2010: 372). Bei der Gruppendiskussion handelt es sich nicht um eine
Ansammlung von Einzelmeinungen, sondern vielmehr um ein Interaktionspro-
dukt auf kollektiver Ebene (vgl. Bohnsack 2012: 370; vgl. Vogl 2014: 581).
Durch die Gruppe wird der zu erforschende Gegenstand repräsentiert (vgl. Przyborski & Wohlrab-Sahr 2014: 90). Die Gruppendiskussion ist sehr sinnvoll,
um die Einstellungen, Bedürfnisse, Orientierungen und Wahrnehmungen der
Gruppen im Kontext ambidextrer Führung als Dienstleistung auf Basis der Erfahrungen und Erlebnisse der Gruppenmitglieder zu explorieren und Hypothesen
aufzustellen. Des Weiteren wird die Kreativität der Teilnehmer zur Ideen- und
Konzeptentwicklung gefördert (vgl. Kühn & Koschel 2011: 33).

Zu den acht Prinzipien bei der Leitung von Gruppendiskussionen zählen die
folgenden:

1. Es werden nicht einzelne Personen adressiert, sondern die gesamte Gruppe.
2. Es werden Themen vorgeschlagen, nicht jedoch die Art und Weise, in der die
   Themen zu bearbeiten sind.
3. Es werden vage Fragestellungen verwendet, um Details der Erfahrungswelt zu
   erhalten.
4. Es erfolgt kein Eingriff in die Aufteilung der Redebeiträge.
5. Mittels Aufforderung zu ausführlichen Erfahrungsdarstellungen und/oder Fra-
   geabfolgen werden detaillierte Ergebnisdarstellungen generiert.
6. Es werden immanente Nachfragen (in Bezug auf bereits genannte Themen)
   ggü. exmanenten priorisiert.
7. Es werden exmanente Nachfragen auf Basis der Kategorienbildung und im
   Hinblick auf das Erkenntnisinteresse des Forschers genutzt.
8. Es werden widersprüchliche oder auffällige Diskurssequenzen im Rahmen der
   direktiven Phase hinterfragt (vgl. Bohnsack 2012: 380–382).

Mittels Verwendung der aufgeführten acht Prinzipien der Leitung von Gruppendiskussionen (vgl. Bohnsack 2012: 380–382) wird gewährleistet, dass die verwendeten Kategorien angemessen sind und zugleich die notwendige Offenheit für den Erhalt es explorativen Charakters besteht (vgl. Meinefeld 2015: 267). Im Rahmen der Gruppendiskussionen besteht sowohl die Möglichkeit der Nutzung nicht-natürlicher als auch natürlicher Gruppen. Um reproduzieren zu können, wie die Steuerung durch Führung bisher erfolgt, werden natürliche Gruppen befragt, also Arbeitsteams, die auch im Unternehmenskontext in dieser OE-Konstellation bestehen. Diese werden demnach nicht nur zum Zweck der Erforschung zusammengestellt (vgl. Flick 2015: 250–254; vgl. Kühn & Koschel 2011: 27).

Es werden drei Einsatzbereiche von Gruppendiskussionen unterschieden:

1. Verstehen und entwickeln,
2. testen, revidieren und umsetzen sowie
3. evaluieren und optimieren (vgl. Kühn & Koschel 2011: 34; vgl. Krueger & Casey 2009: 8–12).

Für diese empirische Untersuchung finden alle drei Einsatzbereiche Berücksichtigung. Zunächst werden also grundlegende Zusammenhänge aufgedeckt (1.). Für diesen Kontext bedeutet dies, dass ermittelt werden soll, wie die Mitarbeiter die Führung im Hinblick auf OE-bezogene sowie -übergreifende Förderung der erfolgreichen Ideeneinreichung wahrnehmen und wie diese gestaltet werden müsste. In Anlehnung an die aufgrund der Diskussionsergebnisse aufgezeigten Kategorien und des auf dieser Grundlage ausgearbeiteten Konzeptes von Seiten der Verfasserin sollen die Kriterien im Berufsalltag der Führungskraft sowie der Mitglieder für die Dauer eines Jahres getestet und reflektiert werden, um das Bewusstsein für ambidextre Führung zu schärfen (2.). Im Rahmen der zu Beginn des Jahres 2018 durchgeführten wiederholten Experteninterviews mit den Führungskräften sowie der Gruppendiskussionen mit den Mitarbeitern sollen die Kriterien mit dem Ziel der Konzeptoptimierung sowie -weiterentwicklung evaluiert (3.) und geprüft werden, ob die erfolgreiche Ideeneinreichung mittels der Bewusstseinsschaffung ambidextrer Führung gesteigert werden konnte (vgl. Kühn & Koschel 2011: 34–35).

Die methodologische Vorgehensweise wird anhand nachstehender Grafik zusammengefasst (Abbildung 3.4):

Nach der Erstuntersuchung im April/Mai 2017 wurden auf Basis der Untersuchungsergebnisse Handlungsempfehlungen ausgesprochen, anhand derer Mitarbeiter und Führungskräfte die Möglichkeit erhalten, die Ergebnisse praktisch

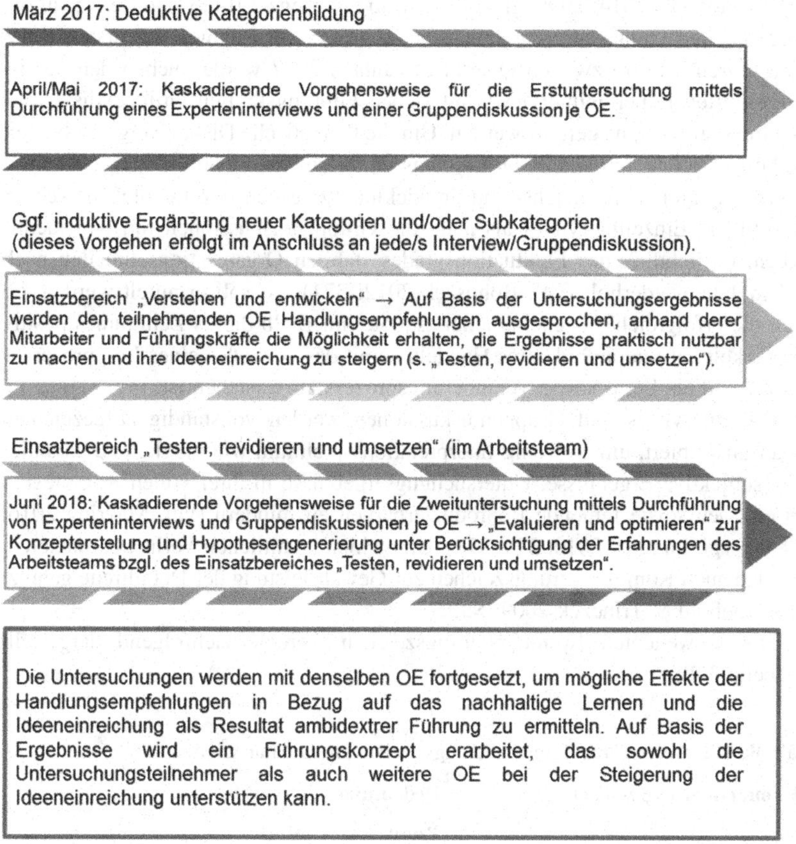

März 2017: Deduktive Kategorienbildung

April/Mai 2017: Kaskadierende Vorgehensweise für die Erstuntersuchung mittels Durchführung eines Experteninterviews und einer Gruppendiskussion je OE.

Ggf. induktive Ergänzung neuer Kategorien und/oder Subkategorien (dieses Vorgehen erfolgt im Anschluss an jede/s Interview/Gruppendiskussion).

Einsatzbereich „Verstehen und entwickeln" → Auf Basis der Untersuchungsergebnisse werden den teilnehmenden OE Handlungsempfehlungen ausgesprochen, anhand derer Mitarbeiter und Führungskräfte die Möglichkeit erhalten, die Ergebnisse praktisch nutzbar zu machen und ihre Ideeneinreichung zu steigern (s. „Testen, revidieren und umsetzen").

Einsatzbereich „Testen, revidieren und umsetzen" (im Arbeitsteam)

Juni 2018: Kaskadierende Vorgehensweise für die Zweituntersuchung mittels Durchführung von Experteninterviews und Gruppendiskussionen je OE → „Evaluieren und optimieren" zur Konzepterstellung und Hypothesengenerierung unter Berücksichtigung der Erfahrungen des Arbeitsteams bzgl. des Einsatzbereiches „Testen, revidieren und umsetzen".

Die Untersuchungen werden mit denselben OE fortgesetzt, um mögliche Effekte der Handlungsempfehlungen in Bezug auf das nachhaltige Lernen und die Ideeneinreichung als Resultat ambidextrer Führung zu ermitteln. Auf Basis der Ergebnisse wird ein Führungskonzept erarbeitet, das sowohl die Untersuchungsteilnehmer als auch weitere OE bei der Steigerung der Ideeneinreichung unterstützen kann.

Abbildung 3.4 Vorgehen bei den qualitativen Untersuchungen. (Eigene Darstellung in Anlehnung an vgl. Krueger & Casey 2009: 8–12)

nutzbar zu machen und ihre Ideen zu steigern. Somit haben die Experteninterviews und die Gruppendiskussionen sowohl eine ermittelnde als auch eine vermittelnde Funktion. Das heißt, dass zum einen Sinnstrukturen ermittelt werden sollen, jedoch auch das Veränderungsbewusstsein für ambidextre Führung vermittelt wird.

Zunächst werden vier Pre-Tests durchgeführt (jeweils zwei Pre-Tests im Hinblick auf die gewählten und nachstehend erörterten Methoden Experteninterview und Gruppendiskussion), um eine optimale Interviewleitfadenverständlichkeit (vgl. Weichbold 2014: 299; vgl. Bogner, Littig & Menz 2014: 34) in Bezug auf die ausgewählten Organisationseinheiten zu gestalten. Im Rahmen des ersten Erhebungsdurchlaufs im zweiten Quartal des Jahres 2017 werden neben den bereits aufgeführten Experteninterviews mit sieben Führungskräften Gruppendiskussionen mit deren Teams geführt werden. Um die thematische Diskursvergleichbarkeit und die Reproduzierbarkeit von Ergebnissen in Anlehnung an die vorgenommene Codierung und zu Vergleichs- und Entwicklungszwecken zu ermöglichen, werden sowohl die Einzelinterviews als auch die Gruppendiskussionen mit den identischen, hinsichtlich des Fluktuationsgrades stabilen Organisationseinheiten nach einem Jahr wiederholt (vgl. Bohnsack 2012: 371). So soll ermittelt werden, ob sich die erfolgreiche Ideeneinreichungsquote innerhalb dieses Zeitraumes positiv entwickelt hat und ambidextres Handeln somit des Anstoßes eines Lernprozesses bedarf und als Lern- sowie Veränderungsprozess zu verstehen ist.

Die Interviews und Gruppendiskussionen werden vollständig aufgezeichnet und transkribiert, um so wenig Interpretationsspielraum wie möglich zu garantieren, subjektive Ergebnisse, Untersuchungsergebnisse in ihrer vollen Komplexität zu erfassen sowie fehlende Reproduzierbarkeit zu mindern (vgl. Mayring 2016: 89–90; vgl. Lamnek 2010: 376–378). Um keinen inhaltlichen Verlust zu riskieren, wurden auch Kommentierungszeichen zur Gewährleistung der Detailtreue genutzt (vgl. Liebold & Trinczek 2009: S. 35).

Die verwendeten Kommentierungszeichen werden nachfolgend dargestellt (Tabelle 3.2):

Tabelle 3.2 Verwendete Kommentierungszeichen für die Transkription

Kommentierungszeichen	Bedeutung
(…)	Pause
(mmh)	Pausenfüller, Rezeptionssignal
…	nicht vollendeter Satz, Satzunterbrechung
&	schneller Textsegmentanschluss
(Betonung), (schnell), (Lachen)	auffällige Betonung, nonverbale Prozesse

(Eigene Darstellung in Anlehnung an vgl. Schirmer 2009: 201–203; vgl. Mayring 2002: 92)

Das zu transkribierende und paraphrasierende Datenmaterial, das vollständig als Tonaufnahme festgehalten wurde, wurde anhand eines selbst entwickelten Codiersystems ausgewertet. Die Auswertung erfolgte mittels qualitativer Inhaltsanalyse auf Basis der Forschungsfragen zur Erstellung eines Hypothesenkataloges computergestützt (Software: MAXQDA) (vgl. Früh 2017: 71–73; vgl. Bogner,

Littig & Menz 2014: 40, 84). Bei der Dokumentation der gewonnen Daten weisen Bogner, Littig und Menz (2014: 39–42) darauf hin, dass solche Daten festzuhalten sind, die einen sinnvollen, forschungsfragenrelevanten Informationsertrag liefern. Dialekte werden nicht aufgeführt, sondern in üblicher Schriftsprache aufgeführt.

Die qualitative Inhaltsanalyse ist eine Auswertungsmethode, anhand derer erhobene Textdaten sozialwissenschaftlicher Untersuchungen bearbeitet werden. Als ein Beispiel sind Interviewtranskripte zu nennen. Es handelt sich somit um einen Prozess qualitativ orientierter Textanalyse, um latente Sinngehalte zu erfassen. Regelgeleitetheit sowie intersubjektive Überprüfbarkeit sind weitere Attribute. Regelgeleitetheit bezieht sich auf Zuordnungsregeln, die im Rahmen einer Pilotphase an das Material angepasst und auf Basis des unter 3.1 Empirische Sozialforschung aufgeführten zirkulären Modells geschärft wurden. Intersubjektive Überprüfbarkeit ist die exakte Definition von Auswertungsaspekten und -regeln (vgl. Mayring & Fenzl 2014: 543–546; vgl. Bogner, Littig & Menz 2014: 75).

Ein Grundprinzip der qualitativen Inhaltsanalyse ist die Einordnung des Materials in ein Kommunikationsmodell, das das Analyseziel, die Erfahrungen der Textproduzenten und die Entstehung des Untersuchungsmaterials beschreibt. Wie aufgeführt, sind Textproduzenten Führungskräfte der unteren Hierarchieebene und ihre Teams; sie sind zugleich die Zielgruppe des Textes, deren Bewusstseinsschärfung anhand der Ergebnispräsentation der Inhaltsanalyse und dem daraus entwickelten ambidextren Führungskonzept gefördert werden soll. Das Analyseziel ist die Beantwortung der unter 1 Einleitung aufgezeigten Fragestellungen zum ambidextren Handeln als Lernprozess, den Rahmenbedingungen für ambidextres Handeln im Team sowie der Zusammenhang ambidextrer Führung mit erfolgreicher Ideeneinreichung. Die Textproduzenten wurden, wie zu Beginn dieses Kapitels erläutert, auf Basis der OE-bezogenen und -übergreifenden Ideeneinreichungsquote ausgewählt und aufgrund ihrer Erfahrungen als Experten des Untersuchungsgegenstandes verstanden. Auf Basis der Theorie werden Kategorien entwickelt (theoriegeleitet deduktiv), denen Textpassagen aus dem Untersuchungsmaterial zugeordnet werden. Während des Prozesses der Kategorienzuordnung wurden induktiv weitere Kategorien am Material entwickelt bzw. bestehende revidiert. Während so als Oberkategorien zunächst die Begriffe „Replikation und Innovation", „Team", „Resultate" und „Selbstreflektion" verwendet wurden, wurde nach Durchführung der qualitativen Inhaltsanalyse nach zehn Transkripten induktiv eine Umbenennung in die Paradoxien „Lernen", „Organisieren", „Leistung" und „Zugehörigkeit" vorgenommen. Nach erneuter Codierung aller Transkripte wurde induktiv eine weitere Umbenennung der Kategorien vorgenommen: Lernen, Lenken, Leisten. Die Kategoriengeleitetheit ist ein wesentliches Unterscheidungskriterium ggü. anderen Ansätzen der Textanalyse. Kategorien sind Kurzformulierungen der Analyseaspekte. Sie orientieren sich am Ausgangsmaterial. Eine hierarchische Ordnung mit Ober- und Unterkategorien ist möglich. Den Kategorien und Unterkategorien wurden Kategoriendefinitionen und Ankerbeispiele mit typischen Textpassagen zugeordnet (vgl. Mayring & Fenzl 2014: 543–548; vgl. Reichertz 2014: 76).

Sie werden anhand der nachfolgenden Tabelle aufgeführt (Tabelle 3.3):

Als Ankerbeispiele für die den drei Kategorien zuzuordnenden Paradoxien werden ferner die in den zusammenfassenden Übersichten der Paradoxien des Lernens, Lenkens und Leistens aufgeführten Gegensätze berücksichtigt.

Es wurden drei Oberkategorien auf Basis der Paradoxien mit jeweils zwei Unterkategorien entwickelt. Die Zusammenstellung aller Kategorien wird als Kategoriensystem bezeichnet und dient als Analyseinstrument. Hierdurch wird das Textmaterial der Transkriptionen aus den Experteninterviews und Gruppendiskussionen bearbeitet. Analyseeinheiten werden vor Durchführung der Inhaltsanalyse definiert. Als Kodiereinheit (kleinster Textbestandteil, der ausgewertet und unter eine Kategorie fallen kann) sind für diese Arbeit Wörter festgelegt, als Kontexteinheit (größter Textbestandteil, der einer Kategorie zugeordnet werden darf) sind Absätze zulässig und als Auswertungseinheit (Materialportionen, die dem Kategoriensystem gegenübergestellt werden) Mehrfachkodierungen. Es werden nur solche Textstellen berücksichtigt, die den Kategorien zugeordnet werden können bzw. solche, auf Basis derer induktiv weitere Kategorien entwickelt werden können (vgl. Mayring & Fenzl 2014: 543–546; vgl. Früh 2017: 76–81). Denn da sich bei den deduktiv gewonnenen Kategorien herausstellte, dass diese trotz Codierung nicht trennscharf waren und zu viele Transkriptionseinheiten als „Sonstiges" klassifiziert werden, wurde das Kategoriensystem induktiv auf Basis des Materials der empirischen Daten ergänzt (vgl. Kuckartz 2014b, 60–62; vgl. Früh 2017: 81). Darüber hinaus wurde in diesem Rahmen festgestellt, dass die theoretische Ausarbeitung zu den Paradoxien um weitere Aspekte ergänzt werden musste, da keine eindeutige Zuordnungsmöglichkeit zu den Kategorien bzw. Überschneidungen vorhanden war. Im Anschluss hieran erfolgte erneut eine deduktive Vorgehensweise. So wurde die Kategorisierung organisationaler Spannungen in Anlehnung an Smith und Lewis (2011: 382–383) aufgeführt und ihre vier Ebenen Lernen, Organisieren, Leistung und Zugehörigkeit als Kategorien für die qualitative Inhaltsanalyse genutzt. Im Rahmen der Durchführung der Experteninterviews und Gruppendiskussionen und der anschließenden qualitativen Inhaltsanalyse wurde jedoch festgestellt, dass auch dieses Kategoriensystem nicht zutreffend war, da die codierten Textstellen ihnen nicht ganzheitlich zugeordnet werden könnten. Aus diesem Grund wurden nach einer weiteren Überarbeitung

Tabelle 3.3 Verwendeter Kodierleitfaden

Kategorie	Subkategorie	Definition	Ankerbeispiel	Kodierregel
Lernen	Lernkultur fördern	OE-bezogene und -übergreifende Bemühungen zur Anpassung, Optimierung, Erneuerung, Innovation und Veränderung, Lernen	„Es ist notwendig, eine gemeinsame Basis zu schaffen, um Wissen zu teilen."	Mindestens ein Aspekt der Definition muss in der kodierten Textstelle enthalten sein bzw. auf einen Aspekt referenzieren.
	Fehlerkultur fördern	OE-bezogene und -über-greifende Bemühungen zum Umgang mit Fehlern und Gelerntem	„Unser Chef versucht wirklich, unsere Selbstreflexion zu fördern. Er führt häufig Lessons Learned-Workshops durch."	
Lenken	Mitarbeiter befähigen	Verhaltensmuster zur Reflexion des Führungshandelns (Verhaltensweisen und fachliches Know-how), Zusammenarbeit und Übertragung von Verantwortung.	„Wir Mitarbeiter werden befähigt, Entscheidungen zu treffen, indem uns konsequent Verantwortung übertragen wird"	Mindestens ein Aspekt der Definition muss in der kodierten Textstelle enthalten sein bzw. auf einen Aspekt referenzieren.
	Widerstände überwinden	Innovationsbarrieren wie Macht-, Fach-, Beziehungs-, Prozessbarrieren, Ressourcenallokationen sowie Bemühungen zur fachübergreifenden Art zu denken und handeln	„Und bei diesen Innovationsbarrieren oder Widerständen wie hierarchischen Hindernissen zeigt er große Ausdauer und gibt nicht nach."	

(Fortsetzung)

Tabelle 3.3 (Fortsetzung)

Kategorie	Subkategorie	Definition	Ankerbeispiel	Kodierregel
Leistung	Strategisch planen	Bemühungen zum Strategie-entwicklungsprozess und Zukunftstrends	„[…] um Zukunftstrends im Sinne der Unternehmensstrategie zu antizipieren und interpretieren."	Mindestens ein Aspekt der Definition muss in der kodierten Textstelle enthalten sein bzw. auf einen Aspekt referenzieren.
	Resultate fördern	Bemühungen zur Zielerreichung und Kommunikation des Status	„Wir vereinbaren immer Ziele, egal ob OE-bezogen oder OE-übergreifend."	

(Eigene Darstellung)
Hinweis: Die Ankerbeispiele wurden den Pretests entnommen.

neue Kategorien und teilweise auch neue Subkategorien gebildet: Lernen, Lenken, Leisten (vgl. 2.4 *Zusammenfassung und Kategorienentwicklung*). Das Vorgehen war hierbei induktiv-deduktiv, da zunächst auf Basis der codierten Textstellen neue Kategorien ermittelt wurden, die jedoch mit theoretischen Erkenntnissen abgeglichen wurden, um hieraus erneut Ankerbeispiele abzuleiten. Anschließend wurde die qualitative Inhaltsanalyse erneut vollständig durchgeführt.

Ursprünglich waren die theoretischen Inhalte teamkompetenzorientierter Führung, Führung als Dienstleistung, transformationale Führung, Perspektiven der Innovationsförderung, Gestaltungsfelder einer innovationsfördernden Führung sowie Promotorenrollen der Innovation zu einem Kategoriensystem zusammengeführt worden, das nachstehend abgebildet wird (Abbildung 3.5):

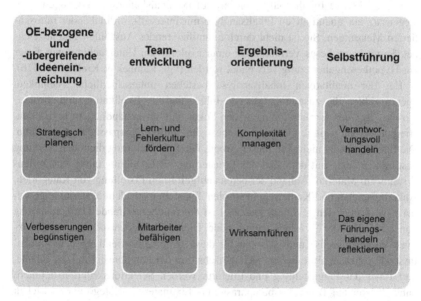

Abbildung 3.5 Ursprüngliches Kategoriensystem nach dem ersten deduktiven Vorgehen. (Eigene Darstellung)

So wurden zunächst alle Transkripte auf Basis dieser Sub-/Kategorien codiert und nicht trennscharfe Paradoxien als „Sonstige" klassifiziert. Zum Ende der Durchführung der Erstuntersuchung wurde die Notwendigkeit der Adaption des Kategoriensystems ersichtlich, so dass alle Transkripte erneut innerhalb des neuen Kategoriensystems zugeordnet wurden (vgl. *Zusammenfassung und Kategorienentwicklung*).

Anhand der genannten Aspekte wird sichergestellt, dass die Gütekriterien der qualitativen Inhaltsanalyse prüfbar sind. Hierzu zählen die Intra- und Interkoderübereinstimmung. Erstere bezieht sich auf die wiederholte Auswertung der Texte nach einmaliger Durchführung. Dies wurde im Rahmen dieser Arbeit anhand einer ausschnittweisen Überprüfung sichergestellt. Es gab hierbei keine Veränderungen. Bei der Interkoderübereinstimmung wird das Textmaterial erneut durch einen zweiten Kodierer geprüft. Auch dies ist erfolgt. Hierbei wurde die Notwendigkeit der Überarbeitung des ursprünglichen Kategoriensystems ebenfalls bestätigt. In diesem Rahmen wurde beispielsweise die aufgezeigte induktive Kategorienbildung vorgenommen (vgl. Mayring & Fenzl 2014: 546–547).

Die qualitative Inhaltsanalyse basiert auf nominalskalierten Messungen – im Gegensatz zur quantitativen Inhaltsanalyse mit intervall-, ordinal- oder ratioskalierten Messungen. Sie ist nicht durch quantifizierendes Auszählen gekennzeichnet. Somit kann dieses Verfahren bei einer explorativen Untersuchung wie dieser zur Hypothesengenerierung verwendet werden (vgl. Lamnek & Krell 2016: 476).

Bei der qualitativen Inhaltsanalyse bestehen unterschiedliche Techniken. Hierzu zählen die zusammenfassende Inhaltsanalyse, Explikation und Strukturierung. Bei der Explikation liegt der Fokus auf unverständlichen Textstellen. Hierbei werden weitere Quellen herangezogen, um die Textpassagen zu erklären. Die Explikation ist nicht Teil dieser Arbeit. Die Strukturierung dient der Filterung bestimmter Texte mit dem Ziel der Typisierung zur Erstellung eines Kategoriensystems am Material. Anhand der bereits aufgeführten Erstellung von Kategorien, Ankerbeispielen und Kodierregeln werden Textstellen aus dem Material zugeordnet bzw. Kategorien revidiert. Das Ziel ist die fallübergreifende Generalisierung von Textstellen der einzelnen Fallbeispiele. Dieser Prozess entspricht einer deduktiven Vorgehensweise und ist somit für diese Arbeit zutreffend. Die zusammenfassende Inhaltsanalyse befasst sich zunächst mit der Paraphrasierung der Inhalte. Auf Basis der Fragestellung und Literatur werden Selektionskriterien definiert, anhand derer auf Basis des paraphrasierten Textmaterials Kategorien entwickelt werden. Weitere Kategorien werden hinzugefügt, wenn weitere Textstellen den bisherigen Kategorien nicht zugeordnet werden können. Hierfür wird das Abstraktionsniveau festgelegt. Somit ist auch die induktive Kategorienbildung für diese Arbeit zutreffend, da Kategorien anhand des Textes überarbeitet wurden. Somit handelt es sich um eine primär deduktive Vorgehensweise mit induktiver Erweiterung – eine strukturierte Inhaltsanalyse mit zusammenfassenden Attributen (vgl. Mayring & Fenzl 2014: 547–548; vgl. Mayring 2015: 472–473).

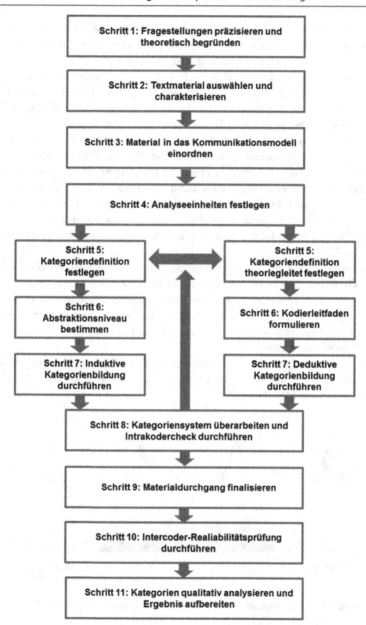

Abbildung 3.6 Ablaufmodell deduktiver Kategorienanwendung und induktiver Kategorienbildung. (Eigene Darstellung in Anlehnung an vgl. Mayring & Brunner 2006: 456; vgl. Mayring & Fenzl 2014: 550)

Das Ablaufmodell deduktiver Kategorienanwendung und induktiver Kategorienbildung wird anhand nachstehender Grafik aufgezeigt und somit der erläuterte Prozess grafisch aufgezeigt (Abbildung 3.6):

Bei der Datenauswertung wird das Verfahren der Subsumtion angewandt. Das bedeutet, dass von einer bekannten Regel ausgegangen wird. Für diese Arbeit ist dies der theoretische Rahmen, anhand dessen die Kategorien für die qualitative Inhaltsanalyse gebildet wurden. Dieser noch allgemein gehaltene Zusammenhang sollte in den Daten wiedergefunden und der bekannten Regel zugeordnet werden (Kategorienzuordnung), um Kenntnisse über die Einzelfälle der OE in Bezug auf ambidextre Führung zu erlangen. Dies entspricht einem deduktiven Vorgehen. Es wird ersichtlich, dass hierdurch zunächst keine neuen Kenntnisse erlangt werden, Deduktionen somit tautologisch und wahrheitsübertragend sind. Das induktive Vorgehen ermöglicht neue Formen des Bekannten, indem Untersuchungsmaterial-basiert neue Kategorien gebildet werden (vgl. Reichertz 2014: 76–77).

Wie aufgezeigt wurde, konstruieren die Teilnehmer der Experteninterviews sowie Gruppendiskussionen Wirklichkeit in ihrer Handlungsorientierung. Dies bedeutet im Umkehrschluss, dass eine Bewusstseinsveränderung zum Thema ambidextre Führung, die durch die vorliegende Untersuchung angestrebt wird, auch weitere Organisationsmitglieder beeinflussen kann und so einen systematischen Wandel unterstützt.

Die Wahl der aufgezeigten qualitativen Methoden erfolgt vor dem Hintergrund verschiedener Ausgangspunkte des organisatorischen Wandels, die nachfolgend aufgezeigt werden (Abbildung 3.7):

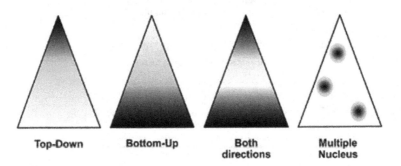

Abbildung 3.7 Ausgangspunkte des organisatorischen Wandels (Herpers 2013: 119)

Beim Top-Down-Ansatz erfolgen die Vorgaben und das Vorleben der Veränderungen durch das Management, wobei lediglich Government (Steuerung, Regulierung) ermöglicht wird. Dies ist nicht das Ziel der Untersuchung. Beim Bottom-Up-Ansatz werden Veränderungen auf unterer Hierarchieebene initiiert und umgesetzt und können aufgrund einer fehlenden Unterstützung bei der Veränderungsdurchdringung behindert werden. Der Both-Directions-Ansatz verbindet die beiden erstgenannten Ansätze miteinander. Bei dem Multiple Nucleus-Ansatz wird die Veränderung von mehreren Seiten vorangetrieben. Die beiden letztgenannten Ansätze ermöglichen eine Governance als wesentliches Element der Systemtheorie (Selbststeuerung und Selbstorganisation) und stehen im Gegensatz zum Government. Indem die zu ermittelnden Rahmenbedingungen so gestaltet werden, dass eine Selbststeuerung und Selbstorganisation der Teams ermöglicht wird, können sich Teams auf allen Ebenen selbst erfinden. Es ist so zu ermitteln, wie Führungskräfte erkennen, an welchen Stellen sie unterstützend eingreifen müssen, damit sich Teams so weit wie möglich selbst organisieren können (vgl. Jenny 2016: 318–319; vgl. Vahs 2015: 360–361; vgl. Malik 2013: 65). Für die auszuwählenden Teams einschließlich direktem Vorgesetzten bedeutet dies, dass die Untersuchungen auf Basis des teamintraorganisationalen Both-directions-Ansatz eine positive Veränderung im Hinblick auf Innovative Team Governance bewirken sollen. Auf Teamebene werden auf diese Weise sowohl der Vorgesetzte (Experteninterviews) als auch Mitarbeiter (Gruppendiskussionen) involviert. Da die Untersuchungen in mehreren Teams durchgeführt werden, ist des Weiteren der Multiple Nucleus-Ansatz gegeben. Im Fall positiver Entwicklungsergebnisse der Innovative Team Governance könnten diese als Handlungsempfehlung von verschiedenen Ebenen initiiert werden.

Die Ausführungen dieses Kapitels verdeutlichen, dass nicht nur die Gütekriterien Nähe zum Gegenstand, kommunikative Validierung und Triangulation erfüllt sind, sondern auch die Verfahrensdokumentation, argumentative Interpretationsabsicherung und Regelgeleitetheit. Darüber hinaus werden die Untersuchungsergebnisse als Instrument und Impuls zur Gewährleistung eines Deutero Learnings (nachhaltiges Lernen mittels Lernens des Lernens) genutzt (vgl. 2.1.1 Gestaltung eines ambidextren Kontextes).

Empirische Untersuchung

4

In diesem Kapitel werden der Untersuchungsprozess und Wissenschaftsbeitrag zusammengefasst. Anschließend erfolgt aufbauend auf den Untersuchungsergebnissen eine Hypothesengenerierung, so dass weitere Forschungsbedarfe sowie Implikationen und Umsetzungsempfehlungen des Führungskonzeptes für die Praxis aufgezeigt werden.

4.1 Ergebnisse und Diskussion der Erstuntersuchung

Insgesamt wurden jeweils sieben Experteninterviews[1] und Gruppendiskussionen mit einer Dauer von 60 bis 90 Minuten durchgeführt.

Die Anzahl der Seiten, Wörter, Zeichen und Kodierungen der Experteninterviews wird anhand der nachstehenden Tabelle aufgezeigt (Tabelle 4.1):

---

[1]Zwei Experteninterviews wurden zeitgleich mit zwei Führungskräften geführt, da der Personalwechsel noch nicht lange zurück lag und rückblickend vor allem Führungscharakteristika der vorherigen Führungskräfte als Unterstützung für die Ideeneinreichung genannt wurden.

Elektronisches Zusatzmaterial Die elektronische Version dieses Kapitels enthält Zusatzmaterial, das berechtigten Benutzern zur Verfügung steht https://doi.org/10.1007/978-3-658-33267-9_4.

J. Guth, *Zukunftsweisende Teamsteuerung*, AutoUni – Schriftenreihe 151, https://doi.org/10.1007/978-3-658-33267-9_4

Tabelle 4.1 Seiten-, Wort-, Zeichen- und Kodierungsanzahl der Experteninterviews der Erstuntersuchung

	Seitenanzahl	Wortanzahl	Zeichenanzahl	Kodierungsanzahl
Experteninterview 1	11	4.568	28.257	35
Experteninterview 2	10	4.737	28.514	30
Experteninterview 3	13	5.221	32.191	51
Experteninterview 4	11	5.348	32.254	46
Experteninterview 5	7	2.632	16.230	23
Experteninterview 6	9	4.098	25.686	26
Experteninterview 7	11	5.099	32.132	23
Summe	**72**	**31.703**	**195.264**	**233**

(Eigene Darstellung)

Die Anzahl der Seiten, Wörter, Zeichen und Kodierungen der Gruppendiskussionen wird anhand der nachstehenden Tabelle aufgezeigt (Tabelle 4.2):

Tabelle 4.2 Seiten-, Wort-, Zeichen- und Kodierungsanzahl der Gruppendiskussionen der Erstuntersuchung

	Seitenanzahl	Wortanzahl	Zeichenanzahl	Kodierungsanzahl
Gruppeninterview 1	19	7.378	44.479	95
Gruppeninterview 2	16	6.773	39.289	79
Gruppeninterview 3	14	5.780	34.341	61
Gruppeninterview 4	16	6.718	40.726	70
Gruppeninterview 5	13	5.258	31.056	71
Gruppeninterview 6	7	2.538	15.218	34
Gruppeninterview 7	18	7.270	44.101	66
Summe	**103**	**41.715**	**249.210**	**476**

(Eigene Darstellung)

Insgesamt wurden somit im Rahmen der Erstuntersuchung 709 Textstellen codiert.

Die verwendeten Interviewleitfäden für die Experteninterviews und Gruppendiskussionen der Erstuntersuchung sind unter *Anhang 1: Interviewleitfaden:*

Experteninterviews der Erstuntersuchung und *Anhang 2: Interviewleitfaden: Gruppendiskussionen der Erstuntersuchung* dargestellt.

4.1.1   Forschungsfrage 1: Ambidextre Führung und Lernprozesse

Im Folgenden werden nun die Ergebnisse in Bezug auf die erste Forschungsfrage „Wie muss ambidextres Führungshandeln gestaltet sein, um Lernprozesse im Team mittels Exploitation und Exploration auszulösen?" aufgezeigt.

Auf Basis einer deduktiv-induktiven Vorgehensweise (vgl. *Gesamtablauf und Methodologie der empirischen Untersuchung*) wurden drei Führungsdimensionen mit jeweils zwei Unterkategorien entwickelt, die Anforderungskriterien in Bezug auf zu gestaltende Rahmenbedingungen der Führung beinhalten. Die erste Dimension „Lernen" setzt sich aus den Teildimensionen „Lernkultur fördern" und „Fehlerkultur fördern" zusammen.

Anhand der nachstehenden Tabelle wird die Teildimension „Lernkultur fördern" erläutert (Tabelle 4.3):

Tabelle 4.3 Anforderungskriterien der ambidextren Führungsdimension Lernen – Teildimension Lernkultur fördern

Ambidextre Führungsdimension Lernen: Lernkultur fördern
Wissen und Informationen erweitern und transparent vermitteln– auch über die eigene OE hinaus.
Den fachlichen und überfachlichen Kompetenzaufbau fördern.
Das Interesse an Ideen bekunden, Denkanstöße und Hilfestellung bei der Ideengenerierung und -erfassung geben.
OE-bezogen und -übergreifend zur Optimierung, Neuentwicklung, Ideengenerierung, zum Wissensaufbau sowie -austausch motivieren.

(Eigene Darstellung in Anlehnung an codierte Textstellen der Transkripte[2])

Es wird ersichtlich, dass eine strikte Trennung von Unterscheidungsmerkmalen wie denen der transaktionalen und transformationalen Führung auf Basis der Erstuntersuchungsergebnisse nicht gegeben scheint. Vielmehr müssen Wissen und Informationen grundsätzlich vermittelt werden, jedoch nicht nur für das Tätigkeitsgebiet der OE, sondern auch über die OE-Grenzen hinaus, so bspw. durch

---

[2]Codierte Textstellen werden nicht veröffentlicht.

monatlich stattfindende Regelrunden. Mitarbeiter möchten darüber informiert werden, inwiefern sich Rahmenbedingungen verändern, die Einfluss auf die Effizienz und Optimierung des Kerngeschäftes der OE haben, darüber hinaus jedoch auf die Entwicklung und Förderung der Innovationsfähigkeit über die Kerntätigkeit hinaus. So ist es beispielsweise relevant, welche Ideen innerhalb und außerhalb der eigenen OE eingereicht werden und mit welchen Herausforderungen und Ideen sich andere OE beschäftigen.

Um den Wissensaufbau zu begünstigen, ist sowohl für exploitatives als auch für exploratives Handeln die Förderung des fachlichen und überfachlichen Kompetenzaufbaus notwendig. Unterstützend wirkt ein Kompetenzmanagement, das Qualifizierungsmöglichkeiten für die jeweilige Funktion beschreibt, jedoch auch Entwicklungswege über die eigene OE hinaus begünstigt.

Um die Lernfähigkeit zu steigern, ist es ferner wichtig, dass Führungskräfte sich für die Verbesserung des Bestehenden und die Erkundung von Neuem interessieren und bei Bedarf Unterstützung anbieten. Es ist nicht nur relevant, zur Optimierung des Kerngeschäftes der OE zu motivieren, sondern auch zur Innovationsfähigkeit. Hierbei sei auch die Relevanz ambidextren Handelns für die Mitarbeiter relevant, da sie die persönliche Weiterentwicklung fördere.

Nachfolgend wird die Teildimension „Fehlerkultur fördern" dargestellt (Tabelle 4.4):

Tabelle 4.4 Anforderungskriterien der ambidextren Führungsdimension Lernen – Teildimension Fehlerkultur fördern

Ambidextre Führungsdimension Lernen: Fehlerkultur fördern
OE-bezogen und -übergreifend zur Problemlösung und Reflexion von Lernprozessen motivieren.
Eine offene sowie ehrliche Fehleransprache und Fehlertoleranz fördern, um daraus für die Zukunft zu lernen.

(Eigene Darstellung in Anlehnung an codierte Textstellen der Transkripte)

Bei der Förderung der Fehlerkultur ist es notwendig, sowohl OE-bezogen als auch -übergreifend zur Lernprozessreflexion zu motivieren, um Probleme zu lösen. So wurden tägliche Teamreflexionen sowie die regelmäßige Durchführung von KVP-Workshops aufgeführt. Insbesondere der Durchsprache von Fehlern sowie eine erhöhte Fehlertoleranz wurden in den befragten Teams genannt, die förderlich für die Gestaltung eines ambidextren Führungshandelns seien.

Die folgenden drei Zitate aus den Experteninterviews und Gruppendiskussionen untermauern die Ergebnisse der ambidextren Führungsdimension Lernen[3]:

„Erstmal das Anstoßen, dass sie sagen, um was es eigentlich überhaupt geht. Dann ist zum Beispiel auch ein Punkt neue Bereiche und so weiter, dass die Führungskraft die Leute beziehungsweise die sich darum kümmert, dass die Mitarbeiter direkt das schon von Anfang an wissen und diesen ganzen Aufbau schon mal mit erleben und davon halt auch lernen und selber auch mal in Runden, die auch hier stattfinden."

„Also, wir reden hier wirklich von unseren Prozesspartnern. Wenn das Bestreben danach ist oder dann noch immer danach ist ... Weil wir seit einigen Jahren regelmäßige KVP-Workshops machen, stellen wir immer wieder die Frage oder mittlerweile wissen die Mitarbeiter, wenn wir in diesen KVP-Workshop reingehen, dass die jeden Schritt sich selbst hinterfragen. Und dann wird halt immer wieder kritisch hinterfragt ‚Warum mache ich das so oder eben nicht anders?' Und da, dann ist natürlich auch gleich Optimierungspotenzial in den Gesprächen vorhanden, was dazu führt, dass durch die Ergebnisse beispielsweise ausgabewirksame Kosten gesenkt werden."

„Wichtig finde ich auch eine offene und ehrliche Diskussionsrunde, dass jeder etwas sagen darf, sagen kann da, ohne Konsequenzen zu fürchten, sondern diese Verbesserungsidee ist doch super. Dann sollten wir vielleicht noch einmal darauf gucken. Im Grunde steckt da wirklich etwas hinter, was man verfolgt und was dann wieder etwas für das Lernen bringt. Und dass man am Ende so etwas ansprechen darf und nicht dann von hintenherum etwas hört oder du dann einen Knüppel zwischen die Beine bekommst. Und für mein persönliches Umfeld ist es dann auch besser zu fassen und weiter dann auch mit Spaß zur Arbeit zu gehen. Auch mal zu sagen ‚Nee, Chef, das finde ich jetzt nicht gut. Denk doch noch mal drüber nach. Du kannst mich doch auch gerne von anderen Sachen überzeugen'. Aber dass man auch so etwas auch ohne Angst mal sagen kann, dass man in einer Runde sagen darf, diese Verbesserungsidee hat eindeutig Potenzial – egal, von wem die ist. Dass man da auch darauf schaut und sie weiterverfolgt."

Nachfolgend werden die Ergebnisse der zweiten ambidextren Führungsdimension Lenken mit der ersten Teildimension Mitarbeiter befähigen aufgezeigt (Tabelle 4.5):

---

[3]Die Zitate werden für die Illustration theoretischer Schlüsse der ermittelten ambidextren Führungsdimensionen verwendet.

Tabelle 4.5 Anforderungskriterien der ambidextren Führungsdimension Lenken – Teildimension Mitarbeiter befähigen

Ambidextre Führungsdimension Lenken: Mitarbeiter befähigen
Das eigene Führungshandeln reflektieren, anderen ehrlich, sachlich, wohlwollend, fair, authentisch und wertschätzend auf Augenhöhe und ohne Statusdenken begegnen.
Sich Zeit für die Förderung der Mitarbeiter nehmen, erfahrungsbasierte Handlungsmöglichkeiten aufzeigen und hinter den Mitarbeitern stehen.
Den Ideenmanagement-Prozess sowie die dazugehörige Betriebsvereinbarung kennen und über die fachliche Expertise verfügen, um die Bedeutung einer Idee einschätzen zu können.
Perspektivenvielfalt, Querdenken und die Einnahme eines internen und externen Blickwinkels zur Verbesserung der Handlungsfähigkeit im eigenen Aufgabenbereich fördern.
Die OE-bezogene und -übergreifende Zusammenarbeit und Vernetzung – auch auf Führungsebene – befürworten und fördern.
Verantwortung konsequent übertragen, Stärkenorientierung fördern und das Team ermutigen, Entscheidungen zu treffen und sich selbst zu organisieren.

(Eigene Darstellung in Anlehnung an codierte Textstellen der Transkripte)

Die Teildimension „Mitarbeiter befähigen" verdeutlicht, dass die (tägliche) Selbstreflexion des Führungshandelns wichtig ist. Hierbei stehen des Weiteren Authentizität, Aufrichtigkeit sowie wertschätzendes, wohlwollendes, sachliches und faires Handeln ohne Statusdenken im Vordergrund. Dieses Verhalten begünstige wiederum die Dimension des Lernens. Darüber hinaus sind die Förderung der Mitarbeiter sowie die persönliche Unterstützung relevant, um eine Vertrauensbasis zu erzielen. Wichtig ist ferner, dass nicht nur das Führen der Mitarbeiter von Relevanz ist, sondern die fachliche Expertise zur Einschätzung von Optimierungen und Neuerungen, um ein einheitliches Verständnis im Team zu schaffen. Ambidextres Führungshandeln muss es ermöglichen, Perspektivenvielfalt zu fördern, da hierdurch nicht Exploration gefördert wird, sondern auch die Handlungsfähigkeit im eigenen Aufgabenbereich davon profitiert, da die Teamintelligenz so erhöht wird. Über die eigene OE hinaus und auch auf Führungsebene sollten ambidextre Führungskräfte die Zusammenarbeit und Vernetzung fördern und die Selbstorganisation und eigenverantwortliches Handeln der Mitarbeiter unterstützen, um Ideen weiterzuentwickeln.

Nachfolgend werden die Ergebnisse der ambidextren Führungsdimension „Lenken" mit der Teildimension „Widerstände überwinden" aufgeführt (Tabelle 4.6):

Tabelle 4.6 Anforderungskriterien der ambidextren Führungsdimension Lenken – Teildimension Widerstände überwinden

Ambidextre Führungsdimension Lenken: Widerstände überwinden
Standfestigkeit zeigen – auch gegenüber Vorgesetzten höherer Hierarchieebenen und anderen OE.
Prozesse hinterfragen und beschleunigen.
Ressourcen zum fachlichen und überfachlichen Wissensaufbau zur Verfügung stellen.
Die Wissensteilung fördern.
Kontakte zu Prozesspartnern herstellen.
Das Wohlergehen des Gesamtunternehmens über den Erfolg des eigenen Verantwortungsbereiches stellen.
Konkurrenzdenken mindern.

(Eigene Darstellung in Anlehnung an codierte Textstellen der Transkripte)

Bei der Teildimension „Widerstände überwinden" kristallisiert sich heraus, dass es essenziell ist, dass im Rahmen ambidextrer Führung Macht-, Fach-, Prozess- und Beziehungsbarrieren überwunden und Wissensteilung gefördert sowie Konkurrenzdenken gemindert werden, um das übergeordnete Ziel des Erfolges des Gesamtunternehmens zu begünstigen. Es wird deutlich, dass die Innovationsbarrieren mit unternehmenskulturellen Rahmenbedingungen zusammenfließen. So wurde im untersuchten Unternehmen deutlich, dass Machtbarrieren ein hohes Einflusspotenzial aufweisen und die Bereitschaft zur Wissensteilung in begrenztem Rahmen besteht.

Die nachfolgend aufgeführten drei Zitate verdeutlichen die Ergebnisse der ambidextren Führungsdimension Lenken:

„Also, es kommt darauf an, wie hoch das geht. Meinem direkten Vorgesetzten, mit dem würde ich schon reden, wenn's bei ihm im Postfach liegt. Geht das dann noch eine Hierarchie höher in die Richtung Bereichsleitung, würde ich vielleicht nicht zu meinem Bereichsleiter sagen ‚Los, du hast da meinen Vorschlag, bearbeite den.'."

„Die Gemeinschaft zu stärken, finde ich da ganz wichtig. Nicht nur das Silodenken zu betreiben, sondern ganz klar zu sagen ‚Wir sind ein Unternehmen, wir versuchen ein Produkt zu fertigen oder mehrere Produkte, und das versuchen wir unternehmerisch zu bewerkstelligen und möglichst ohne große Umwege. Wie können wir das am besten tun?' Ungeachtet dessen, dass Bereich A Kosten sparen muss und Bereich B Kosten sparen muss. Identifikation schaffen und so weiter."

„Es kommt auch hier wieder sehr, sehr stark auf die Menschen an. Wenn wir ein Thema haben, was übergreifend ist, gibt es Menschen, die natürlich gerne etwas aufbauen wollen an Wissen, und manche Menschen geben ungern etwas von ihrem Wissen preis, wenn es zum Beispiel Informationen sind, um zusammenarbeiten, weil sie ihr Kopfmonopol loswerden, was die Qualifikation angeht. Schulungstechnisch eher weniger. Es ist eher das Vermitteln der Fertigkeiten, des Wissens untereinander. Und wirklich, was ich schon gesagt habe, personenabhängig nach dem Motto, wenn ich jetzt noch einem Zweiten mein Wissen gebe, dann bin ich hier vielleicht nicht mehr unabkömmlich. Ich sehe das ständig. Also seitdem ich eigentlich auch in meiner Führungsrolle bin, habe ich immer damit zu kämpfen gehabt, dass ich viel mit Menschen zu tun hatte, die mit Kopfmonopolen da quasi durch die Gegend gelaufen sind, was ich früher immer schon gehasst habe, als ich noch keine Führungskraft war. Ich habe mich schon mal darüber geärgert, muss ich Ihnen auch ganz ehrlich sagen, wenn man dann einem Menschen hilft, ‚Ja, komm her, ich zeige dir das nochmal' und du dann selber ein Thema hast. Du gehst zu den Leuten hin und weißt ganz genau, sie können es, und sie wissen das auch, und sie geben es dir nicht. Weil ‚Nee, warum? Erarbeite dir das doch selbst'. Das werden sie dir doch nicht so direkt sagen, aber zwischen den Zeilen hört man das heraus. Wie gehe ich da als Führungskraft mit um? Das ist dann natürlich individuell, aber es ist ein sehr, sehr schwieriges Thema immer. Also (mmh), natürlich setze ich die Leute erstmal in einen Raum. Ich probiere unterschiedlichste Methoden, erstmal die friedliche Methode, indem ich sage ‚Setz dich bitte in den Raum, unterhaltet euch'. Danach führe ich Einzelgespräche mit den Leuten, erstmal mit demjenigen, der vielleicht das Wissen teilen sollte und mit demjenigen, der das Wissen dann auch nehmen sollte, um zu sehen, welche Sichtweisen sie haben. Und dann stelle ich leider fest, dass derjenige, der das Wissen vermitteln sollte, sagt ‚Super, ich habe alles vermittelt. Er kann jetzt alles'. Und wenn man sich dann mit dem Kollegen zusammensetzt, der die Aufgabe vielleicht in Zukunft wahrnehmen soll, dann kommt oft das Gegenteil raus, ‚Nee, der kann das gar nicht' oder ‚Der hat mir gar nicht das erzählt, der hat mir gar nicht das erzählt'. Und dann suche ich bei beiden danach, was die Gründe waren. Und das stelle ich sehr oft fest, dass da eine ganz eigenartige Konstellation herrscht. Derjenige, der das Wissen vermitteln soll, hat den Anspruch, dass derjenige fragt, so nach dem Motto ‚Frag mich doch, was du wissen willst'. Und umgekehrt derjenige, der etwas aufnehmen will, sagt ‚Der soll mir doch sagen, was ich wissen muss'. Und deswegen sage ich immer, das ist so dieses Spiel mit Sender-Empfänger. Das kann ja nur funktionieren, indem man miteinander redet, um herauszukriegen, was weiß denn der eigentlich schon? Was muss ich ihm übermitteln? Das ist das Thema der Kommunikation, sie sprechen nicht miteinander. Das ist so der erste Schritt, den ich mache. Ich lasse sie erstmal alleine. Dann kommt das so ein bisschen auf den Typen darauf an. Das ist auch schon vorgekommen, dass ich zwei Leute in einen Raum gesetzt habe und habe gesagt, ‚Ich habe folgende Erwartungen: Ihr verlasst diesen Raum hier erst, wenn weißer Rauch aufsteigt, und ich prüfe das Ergebnis. Ich gucke mir das an, stelle da eine Aufgabe, das und das und das gilt es zu lösen. Könnt ihr das lösen?'. Das ist so die Holzhammer-Methode, ne?"

Nachfolgend werden die Ergebnisse der dritten Dimension ambidextrer Führung „Leisten" mit der Teildimension „Strategisch planen" aufgeführt (Tabelle 4.7):

Tabelle 4.7 Anforderungskriterien der ambidextren Führungsdimension Leisten – Teildimension Strategisch planen

Ambidextre Führungsdimension Leisten: Strategisch planen
Zukunftstrends OE-bezogen sowie OE-, bereichs- und unternehmensübergreifend achtsam betrachten und an die Mitarbeiter kommunizieren.
Die Unternehmensstrategie auf die OE übertragen, verständlich kommunizieren und Maßnahmen ableiten, um die Ideengenerierung anzustoßen.

(Eigene Darstellung in Anlehnung an codierte Textstellen der Transkripte)

Die Ableitung von (branchenübergreifenden) Zukunftstrends sowie der Unternehmensstrategie und eine angemessene Kommunikation sind sowohl zur Optimierung als auch zur Innovationsfähigkeit essenziell. Veränderte Rahmenbedingungen können nicht nur Auswirkungen auf Prozesse, sondern auf das gesamte Aufgabenumfeld haben.

Nachfolgend werden die Ergebnisse der Teildimension „Resultate fördern" der Dimension „Leisten" aufgeführt (Tabelle 4.8):

Tabelle 4.8 Anforderungskriterien der ambidextren Führungsdimension Leisten – Teildimension Resultate fördern

Ambidextre Führungsdimension Leisten: Resultate fördern
Klare und realistische Ziele setzen.
Die Umsetzung und den Abschluss von qualitativ brauchbaren Ideen und Veränderungsprozessen forcieren, auf Basis einer Kosten-Nutzen-Analyse priorisieren und den Mitarbeitern kommunizieren.
Sowohl Erfolge als auch Misserfolge persönlich kommunizieren.

(Eigene Darstellung in Anlehnung an codierte Textstellen der Transkripte)

Dies betrifft auch das Setzen von Zielen sowie die Kommunikation von Erfolgen und Misserfolgen. Betont wurde die Notwendigkeit qualitativ brauchbarer Ideen, da teilweise Ideen eingereicht würden, um lediglich die Anzahl zu erhöhen, jedoch keinen Mehrwert für die unternehmerische Leistung erzeugen. Eine hohe Anzahl qualitativ minderwertiger Ideen mindere die Priorisierungsmöglichkeiten für wichtige Ideen, die die Zukunftsfähigkeit des Unternehmens steigern.

Die Ergebnisse verdeutlichen, dass eine simplifizierte Darstellung von transaktionaler Führung für Exploitation und transformationaler Führung für Exploration
nicht gegeben sein kann, da z. B. Zielvereinbarungen auch für exploratives
Handeln notwendig sind.
Die nachfolgenden drei Zitate unterstreichen die genannten Anforderungskriterien:

„Ich persönlich bin allerdings der Meinung, wir sind hier in unserem Beruf angestellt
und dann muss ich mit der Zeit gehen. Ich muss mich darüber informieren. Ich muss
sehen, was gibt es am Markt? Was gibt es Neues? Können wir das gebrauchen? Und
das ist auch einer unserer Jobs. Einfach zu gucken, das ist etwas Neues, brauchen wir
das, können wir das bei uns einsetzen?"

„Auch ganz wichtig ist, dass von oben zielgerichtet Informationen herausgegeben werden. Das heißt also, wenn ich von oben auch dann vernünftige Zielvorgaben habe, eine
Strategie habe, wo wir hin wollen, dann kann ich natürlich auch dementsprechend
sauber qualifizieren. Und das wirkt sich auch auf die Mitarbeiter positiv aus. Wenn
die nämlich auch wissen, wo die Reise hingeht, dann wissen sie auch, wofür machen
sie das und Wissen oder, sage ich mal, Ungewissheit, wie wir sie ja momentan auch
an vielen Stellen im Unternehmen haben, ist eigentlich der größte Bremsklotz, den sie
haben können. Ich versuche möglichst transparent zu sein, möglichst das auch mit den
Vorgesetzten so zu gestalten, dass die Leute wissen, wo die Reise hin geht und warum
machen die Leute das. Und dann fördert das auch schon die Lernmotivation der Leute.
Also wir haben beispielsweise auch eine große Strategieveranstaltung vom Management. & Da, da werden die Mitarbeiter ja auch erst mal hingekarrt. Und kriegen dann,
sage ich mal, eine Druckbetankung von oben, und dann machen wir das im kleineren
Rahmen im Management und wir picken uns natürlich dann für unser Aufgabengebiet
die Dinge raus. Und dann zu zeigen, was machen wir denn hier eigentlich und welcher
Beitrag ist das auf die Themenblöcke, die dann natürlich irgendwo dort angesprochen
werden. Man kann ja vieles auch wirklich nicht mal, sage ich mal, so runterbrechen.
Jetzt frage ich Sie, was ist unser Beitrag, wenn sie ein neues Tool haben, an der Strategie? Es ist nicht immer ganz einfach. Man versucht dann natürlich, die Arbeit, die wir
machen, so darzustellen, dass die Leute in irgendeinem dieser vier Rautepunkte sich
auch wiederfinden, dass ihr Wertbeitrag da ist. Und das versuche ich einfach an Bei-
spielen dann eben auch darzustellen, indem ich dann eben auch sage ‚Passt auf, wenn
wir hier weiter automatisieren, das ist unser Aushängeschild, dann sind wir hier auch
weiter eben Premium-Dienstleister. Und unsere Kunden schätzen uns. Dass es eben
keine externe Firma macht, sondern dass wir das intern machen‘. Ja, diesen Beitrag
versuche ich dann so zu vermitteln. Wir brechen das in der Ebene runter. Das ist nicht
immer ganz einfach, aber der Lernbeitrag, sage ich mal, von der Strategie runter zu den
Mitarbeitern ist sowieso sehr schwierig zu vermitteln. Ich glaube, das wissen ja noch
nicht mal einige Führungskräfte richtig zu deuten, was denn dort unsere oberen Führungskräfte meinen. Es ist ja auch immer sehr spannend, was unsere Führungskräfte
dann daraus machen. Es ist ja auch so ein bisschen stille Post-Prinzip. Oben wird A

gesagt und dann kommt unten C an, ne? Aber das kennen Sie ja auch. Ich glaube, das kennt jeder."

„Es ist halt dann auch zum Teil schwierig, dann da auch die sinnvollen Ideen vielleicht herauszufiltern oder da dann halt gleich den Blick für das Wesentliche zu haben, (mmh) welche Idee bringt etwas oder welche Idee bringt gar nichts? Weil es bringt ja nichts, wenn wir jetzt 500 Ideen schreiben und davon jetzt 499 Müll sind, weil das, was wir da vielleicht in einer anderen OE gesehen haben, nicht wirklich zielführend ist. (mmh) Ja, dann lieber Qualität statt Quantität. So sehe ich das zumindest."

Bei allen Teildimensionen wird ersichtlich, dass es an vielen Stellen – abgesehen von OE-bezogenen ggü. OE-übergreifenden Ausrichtungen – keine strikte Differenzierung der Anforderungskriterien in Bezug auf Exploitation und Exploration geben kann, weil bspw. Fehlertoleranz auch beim Kerngeschäft der OE gewünscht ist, wie auch das Überwinden von Barrieren, Selbstorganisation strategisches Handeln oder Zielvorgaben. Allerdings wurde im Rahmen der drei ambidextren Führungsdimensionen der Umgang mit möglichen Spannungen und Widersprüchlichkeiten (Paradoxien) untersucht. Diese Ergebnisse werden im folgenden Unterkapitel aufgezeigt.

4.1.2   Forschungsfrage 2: Ambidextre Führung und Paradoxien

In Anlehnung an die drei ambidextren Führungsdimensionen wurden die in Abbildung 4.1 aufgeführten Paradoxien ermittelt:

Im Rahmen der Paradoxiedimension Lernen wurden zunächst Routinisierung und Optimierung im Bereich der Exploitation und Innovationsfähigkeit sowie Veränderung bei der Exploration aufgeführt. Hierbei sei es in Zeiten von Ressourcenengpässen leichter, die exploitative Ausrichtung zu verfolgen. Ferner wurde die verstärkte Nutzung von Erfahrungen dem Experimentieren gegenübergestellt. Zwar sei es OE-bezogen auch möglich, dass mal experimentiert werden müsse, aber dies sei tendenziell aufgrund der fachfremden Inhalte eher OE-übergreifend der Fall. Als weitere Paradoxie wurde Wissensnutzung ggü. Wissenserweiterung aufgeführt. Von der OE-übergreifenden Wissenserweiterung profitiere wiederum die OE-bezogene Wissensnutzung.

Im Rahmen der Paradoxiedimension Lenken wurde zum einen Kontrolle ggü. Befähigung, Feiräumen und Vertrauen aufgeführt, ferner Stabilität ggü. Flexibilität. Dies ist darauf zurückzuführen, dass Freiräume und Flexibilität notwendig seien, um von routinemäßigen Inhalten abweichen zu können bzw. darüber hinaus Wissen aufzubauen. Der Ausprägungsgrad sei jedoch nicht nur von der exploitativen bzw. explorativen Ausprägung abhängig, sondern auch vom zu führenden

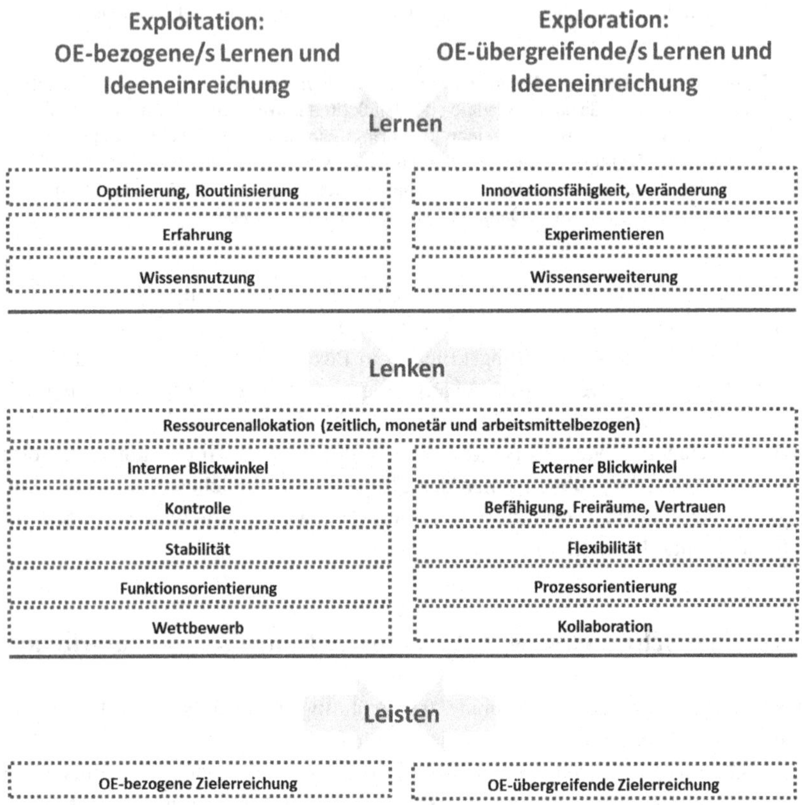

Exploitation:	Exploration:
OE-bezogene/s Lernen und Ideeneinreichung	OE-übergreifende/s Lernen und Ideeneinreichung

Lernen

Optimierung, Routinisierung	Innovationsfähigkeit, Veränderung
Erfahrung	Experimentieren
Wissensnutzung	Wissenserweiterung

Lenken

Ressourcenallokation (zeitlich, monetär und arbeitsmittelbezogen)	
Interner Blickwinkel	Externer Blickwinkel
Kontrolle	Befähigung, Freiräume, Vertrauen
Stabilität	Flexibilität
Funktionsorientierung	Prozessorientierung
Wettbewerb	Kollaboration

Leisten

OE-bezogene Zielerreichung	OE-übergreifende Zielerreichung

Abbildung 4.1 Ermittelte Paradoxien nach Erstuntersuchung. (Eigene Darstellung in Anlehnung an codierte Textstellen der Transkripte)

Individuum. Als weitere Paradoxie wurde die funktionsorientierte ggü. der prozessorientierten Organisation genannt. Dies sei im Unternehmen sehr unterschiedlich ausgeprägt, jedoch wichtig, um Wissen über die eigene OE hinaus zu erweitern und Innovationen einzubringen. Schnittstellenkompetenzen gewinnen zur Steigerung der Innovationsfähigkeit an Bedeutung. Darüber hinaus wurde die Paradoxie Kollaboration ggü. Wettbewerb genannt. Während Kollaboration notwendig ist, um OE-übergreifend Innovationen zu forcieren, stehen OE auch in einem Wettbewerb miteinander, weil es nicht von allen gewünscht ist, dass Veränderungen von OE-Fremden eingebracht werden.

Bei der Paradoxiedimension Leisten wurde lediglich die Paradoxie OE-bezogene ggü. OE-übergreifende Zielerreichung ermittelt, da aufgrund des zeitlichen Aufwandes für OE-übergreifende Tätigkeiten der Erfolg der eigenen OE eingeschränkt sein könnte. Es wurde ersichtlich, dass abgesehen von der Ressourcenallokation die Inhalte der Paradoxiedimensionen von den Untersuchungsteilnehmern nicht als widersprüchlich, sondern als komplementär und sogar notwendig eingestuft werden. Dies wird auch durch das folgende Zitat verdeutlicht:

„Das Lernen im OE-übergreifenden Bereich unterstützt natürlich das Lernen im eigenen Tätigkeitsbereich. & Wenn du etwas lernst, was du hier verbinden kannst, ist das ja sehr hilfreich".

Die Ressourcenallokation wurde als eine Paradoxie genannt, da der Einsatz von Mitteln in der eigenen OE sichergestellt werden muss. Allerdings ist aufgrund der vorab aufgeführten komplementären Einstufung von und des notwendigen Umganges mit Paradoxien auch der Einsatz von Ressourcen OE-übergreifend notwendig. Das folgende Zitat verdeutlicht, dass jedoch die Ressourcenallokation ein wesentliches Hindernis darstellt:

„Das machen wir ja nebenher. Da musst du ja dafür zusehen, dass deine Arbeit läuft. (mmh) Also wenn du dann halt gerade dabei bist, möchtest eine Verbesserungsidee umsetzen, zum Beispiel fängt das gerade an, aber dann kommt es zu einem Problem und muss dann die Verbesserungsidee wieder liegen lassen. […] Das heißt aber auch, Voraussetzungen schaffen für uns durch die Führung. Das heißt also Zeit, vielleicht auch Geld. (…) Oft hapert es ja auch am Geld. Man will etwas umsetzen, braucht also erstmal Geld, damit sich das erstmal amortisiert. Und dann sagen die auch erstmal ‚Nee, da gibt es kein Geld dafür'."

Hintergrund der Zielerreichungsparadoxie, die aus unterschiedlichen Stakeholderinteressen resultiert, ist, dass Zielvereinbarungen im Unternehmen größtenteils auf die eigene OE bezogen werden, jedoch nicht OE-übergreifend. Dies wird anhand des folgenden Zitats aus den Erstuntersuchungsergebnissen verdeutlicht:

„Von uns werden ja auch ständig Ziele erwartet. Du als Führungskraft bekommst von deinem betrieblichen Vorgesetzten ein Ziel vorgegeben oder deine Zieltransparenz, welche Zielerreichungsquote du dann eben haben musst. Das brichst du erst mal auf dein Team über, hier, was unseren Bereich betrifft. Du hast ja zwei verschiedene OE. Da hat jede OE auch erstmal für sich unterschiedliche Ziele, ja?"

Des Weiteren lässt sich feststellen, dass die Paradoxiedimensionen nicht strikt voneinander getrennt werden können, sondern dass sie einander bedingen bzw. Schnittstellen aufweisen. So sind ein externer Blickwinkel und Flexibilität bspw. für Experimentieren und Wissenserweiterung notwendig. Wettbewerb ggü. Kooperation kann bspw. auch aufgrund von OE-bezogenen bzw. -übergreifenden Zielvorgaben resultieren.

4.1.3 Forschungsfrage 3: Zusammenhang ambidextrer Führung mit erfolgreicher Ideeneinreichung

Die Ergebnisse der Erstuntersuchung verdeutlichen, dass ambidextre Führung einen positiven Einfluss auf sowohl OE-bezogene als auch -übergreifende Ideeneinreichung sowie Lernprozesse hat. Das folgende Zitat verdeutlicht dies exemplarisch:

> „Auf jeden Fall hat die Führung einen Einfluss. Das ist erst mal alleine schon das Interesse, was die Führungskraft in einem Alltagsprozess hier zeigt. Also wenn mein Vorgesetzter sich mit dieser ganzen Thematik mit Problemen und Lösungsansätzen beschäftigt, spiegelt mir das wider, O. K., da wird etwas getan' und man engagiert sich noch mehr. Bei uns ist es eher momentan so, dass da nicht sehr viel getan wird."

Allerdings wird anhand des Zitats auch vermittelt, dass trotz der Balance des exploitativen und explorativen Handelns der Mitarbeiter nicht jede Führungskraft bereits ambidexter agiert. Dennoch sind die bestehenden Teams in Bezug auf ambidextres Handeln erfolgreich, da sie eine Balance zwischen Exploitation und Exploration herstellen. Ein funktionierendes Team wird als notwendig eingestuft. Dies bedeutet, dass Teams, bei denen sich Teammitglieder zurückziehen oder auf der Leistung anderer ausruhen (Social Loafing), in ihrem ambidextren Handeln weniger erfolgreich sind. Darüber hinaus wird auch die Akzeptanz des Themas OE-bezogene und -übergreifende Ideeneinreichung durch höhere Hierarchieebenen als notwendig für die Steigerung der Teamintelligenz angesehen. Des Weiteren wurden die Eigenmotivation, das Interesse an der Arbeit, die individuellen Einstellungen sowie die Selbstreflexion der Mitarbeiter, gutes Betriebsklima und eine moderne Unternehmenskultur als notwendige Rahmenbedingungen zusätzlich zur Führungsgestaltung genannt. Wenngleich sich ein Zusammenhang ambidextrer Führung mit der erfolgreichen Einreichung von Ideen abzeichnet, scheint der Erfolg ambidextrer Führung somit auch immer von der intrinsischen Motivation der Mitarbeiter abhängig zu sein, wie das folgende Zitat der Erstuntersuchungsergebnisse verdeutlicht:

„Aber auch das, was ich ganz am Anfang gesagt habe, von Mensch zu Mensch ist das unterschiedlich. Wenn Sie Leute haben, die sich wirklich weiterentwickeln wollen, die denken wirklich aufgabenübergreifend. Die sagen eben, das muss man und das muss man eben berücksichtigen und das würde dann im gesamten Prozess Sinn machen. Wenn Sie Leute haben, die nur einen Prozessabschnitt bearbeiten und sich darüber gar keine Gedanken machen, was ringsherum in ihrem Prozess überhaupt funktioniert, dann kriegen sie keine richtigen Verbesserungsideen. Und ich weiß jetzt auch nicht …, ich wüsste jetzt auch nicht, wie ich diese Rahmenbedingungen verbessern kann. Ich kann halt den Menschen nicht sagen, ihr müsst mal das machen. Man kann das nicht anordnen. & Man kann es ansprechen, anregen, ja. & Das versuche ich halt immer wieder zu machen. Ansprechen, anregen. Und ich versuche es zu vermeiden, die Leute in irgendeiner Form unter Druck zu setzen mit Befehlen oder Anweisungen oder ähnliches. Weil damit erreichen Sie eigentlich nur das Gegenteil."

Monetäre Anreize spielen auch eine Rolle, wie es derzeit durch das Ideenmanagement des untersuchten Unternehmens anhand von Prämien gewährleistet wird. Als ein weiteres Kriterium wurde ein bedarfsorientiertes Kompetenzmanagement der Personalentwicklung des Unternehmens genannt. Des Weiteren wurde die Notwendigkeit der Förderung der Innovationsfähigkeit als Unternehmensziel bzw. durch innovationsorientiertes Management genannt.

An dieser Stelle sei außerdem erwähnt, dass den Probanden – wenngleich nicht Forschungsfrage dieser Arbeit – „Handlungsempfehlungen von Mitarbeitern für Mitarbeiter" an die Hand gegeben wurden, die in einer zusätzlichen Kategorie paraphrasiert wurden und die sich vor allem mit dem gewünschten Umgang miteinander beschäftigen, um die Kategorie Lenken zu begünstigen.

Des Weiteren – ebenso kein Bestandteil der Forschungsfragen – wurden dem Ideenmanagement des untersuchten Unternehmens Handlungsempfehlungen aus der qualitativen Untersuchung mitgeteilt, um mögliche Prozessadaptionen zu forcieren.

4.1.4 Forschungsfrage 4: Ideengenerierung und nachhaltiges Lernen

Die Frage, inwiefern es sich bei der Ideengenerierung um nachhaltiges Lernen handelt, wurde im Rahmen der Erstuntersuchung bewusst zurückgestellt. Es sollte den Teilnehmern zunächst die Möglichkeit gegeben werden, nach der Ergebnispräsentation der Erstuntersuchung für die Dauer von einem Jahr die Inhalte der ambidextren Führungsdimensionen zu reflektieren. Dies war sinnvoll, um das Verständnis des zu diesem Zeitpunkt im Unternehmenskontext unbekannten Ambidextriebegriffes zu vermitteln. Allerdings wurden aufgrund des Nachhaltigkeitsgedankens deshalb bereits im ersten Interviewleitfaden (vgl. *Anhang 1: Interviewleitfaden: Experteninterviews der Erstuntersuchung* und *Anhang 2: Interviewleitfaden: Gruppendiskussionen der Erstuntersuchung*) zwei Themenkomplexe aufgeführt: zum einen die Förderung des OE-bezogenen und -übergreifenden Lernprozesses und zum anderen die Förderung der OE-bezogenen und -übergreifenden Ideeneinreichung. Vordergründig war hierbei die Reflexionsmöglichkeit der Interviewteilnehmer, inwiefern es sich bei der Ideengenerierung um Lernprozesse handelt. So wurde unter *4.1.1 Forschungsfrage 1: Ambidextre Führung und Lernprozesse* und *4.1.2 Forschungsfrage 2: Ambidextre Führung und* Paradoxien ersichtlich, dass bei OE-bezogene/r und -übergreifende/r Ideengenerierung Wissensnutzung/-erweiterung und Kompetenzaufbau essenziell sind.

Darüber hinaus verdeutlichen die unter *4.1.1 Forschungsfrage 1: Ambidextre Führung und Lernprozesse* sowie *4.1.2 Forschungsfrage 2: Ambidextre Führung und* Paradoxien dargestellten Inhalte der ambidextren Führungsdimensionen einschließlich der Paradoxien, dass ermittelte Elemente denen des nachhaltigen Lernens entsprechen. Zum einen beschäftigen sie sich mit der Optimierung bestehender Prozesse, Neuentwicklungen und Problemlösungen, während Zukunftstrends betrachtet und strategisch abgeleitet werden, Wissen erweitert und neue Praktiken erlernt werden. Darüber hinaus werden Perspektivenvielfalt, Querdenken und die Einnahme eines internen und externen Blickwinkels zur Verbesserung der Handlungsfähigkeit im eigenen Aufgabenbereich gefördert. Es wird somit auf bestehenden Prozessen aufgebaut, darüber hinaus werden jedoch auch neue Praktiken entwickelt, die dem Lernen von Nachhaltigkeit entsprechen. Die einzelnen Nachhaltigkeitsdimensionen wurden allerdings in dieser Form nicht adressiert.

Die Beantwortung dieser Forschungsfrage wird unter *4.3.4 Diskussion der Ergebnisse zu Forschungsfrage 4 „Ideengenerierung und nachhaltiges Lernen"* sowie *Hypothesengenerierung* thematisiert, da sie wegen der aufgeführten Gründe im Rahmen der Zweituntersuchung behandelt wurde.

4.2   Ergebnisse und Diskussion der Zweituntersuchung

Der Konzeptentwurf ambidextrer Führung wurde den Befragten im Juni 2017 vorgestellt. Sowohl Mitarbeiter als auch Vorgesetzte erhielten ein Jahr Zeit, um das Handeln vor dem Hintergrund des ambidextren Handelns als Lernprozess, der Rahmenbedingungen für ambidextres Agieren im Team sowie des Zusammenhanges ambidextrer Führung mit der Ideeneinreichung zu reflektieren. Das Vorgehen der Zweituntersuchung als Längsschnittstudie wird im nächsten Unterkapitel erörtert.

Insgesamt wurden jeweils fünf[4] Experteninterviews und Gruppendiskussionen mit einer Dauer von 60 bis 85 Minuten durchgeführt. Die Anzahl der Seiten, Wörter, Zeichen und Kodierungen der Experteninterviews wird anhand der nachstehenden Tabelle aufgezeigt (Tabelle 4.9):

Tabelle 4.9 Seiten-, Wort-, Zeichen- und Kodierungsanzahl der Experteninterviews der Zweituntersuchung

	Seitenanzahl	Wortanzahl	Zeichenanzahl	Kodierungsanzahl
Experteninterview 1	10	3.847	23.855	27
Experteninterview 2	14	6.153	37.418	25
Experteninterview 3	11	4.234	26.397	36
Experteninterview 4	11	4.612	28.442	30
Experteninterview 5	14	5.604	35.778	34
Summe	**60**	**24.450**	**151.890**	**152**

(Eigene Darstellung)

Die Anzahl der Seiten, Wörter, Zeichen und Kodierungen der Gruppendiskussionen wird anhand der nachstehenden Tabelle aufgezeigt (Tabelle 4.10):

Tabelle 4.10 Seiten-, Wort-, Zeichen- und Kodierungsanzahl der Gruppendiskussionen der Zweituntersuchung

	Seitenanzahl	Wortanzahl	Zeichenanzahl	Kodierungsanzahl
Gruppeninterview 1	15	5.498	32.548	58
Gruppeninterview 2	17	6.177	37.373	43
Gruppeninterview 3	21	8.298	50.994	49
Gruppeninterview 4	14	5.375	32.415	48
Gruppeninterview 5	19	7.273	44.201	92
Summe	**86**	**32.621**	**197.531**	**290**

(Eigene Darstellung)

Insgesamt wurden somit im Rahmen der Erstuntersuchung 442 Textstellen codiert.

---

[4]Reduktion im Vergleich zur Erstuntersuchung aufgrund von OE-Umstrukturierungen, die wegen der fehlenden Vergleichbarkeit zum Vorjahr nicht mehr an der Untersuchung teilnehmen konnten.

Die verwendeten Interviewleitfäden für die Experteninterviews und Gruppendiskussionen der Erstuntersuchung sind unter *Anhang 3: Interviewleitfaden: Experteninterviews der Zweituntersuchung* und *Anhang 4: Interviewleitfaden: Gruppendiskussionen der Zweituntersuchung* dargestellt.

4.2.1 Forschungsfrage 1: Ambidextre Führung und Lernprozesse

Im Folgenden werden nun die Ergebnisse in Bezug auf die erste Forschungsfrage „Wie muss ambidextres Führungshandeln gestaltet sein, um Lernprozesse im Team mittels Exploitation und Exploration auszulösen?" nach Durchführung der Zweituntersuchung aufgezeigt.

Nachfolgend werden zunächst die überarbeiteten Anforderungsktierien der Teildimension „Lernkultur fördern" der ambidextren Führungsdimension „Lernen" aufgeführt (Tabelle 4.11):

Tabelle 4.11 Überarbeitete Anforderungskriterien der ambidextren Führungsdimension Lernen – Teildimension Lernkultur fördern

Ambidextre Führungsdimension Lernen: Lernkultur fördern
Wissen und Informationen erweitern und transparent vermitteln– auch über die eigene OE hinaus.
Den fachlichen und überfachlichen Kompetenzaufbau fördern.
Das Interesse an Ideen bekunden, Denkanstöße und Hilfestellung bei der Ideengenerierung und -erfassung geben.
OE-bezogen und -übergreifend zur Optimierung, Neuentwicklung, Ideengenerierung, zum Wissensaufbau sowie -austausch motivieren, um nachhaltiges Lernen zu fördern.

(Eigene Darstellung in Anlehnung an codierte Textstellen der Transkripte[5])

Im Vergleich zur Erstuntersuchung besteht eine Veränderung: Als Ziel der Förderung der Lernkultur wurde das nachhaltige Lernen aufgeführt.

Nachfolgend werden die überarbeiteten Anforderungsktierien der Teildimension „Fehlerkultur fördern" der ambidextren Führungsdimension „Lernen" aufgeführt (Tabelle 4.12):

Auch bei der Teildimension „Fehlerkultur fördern" wurde eine Ergänzung genannt: Das Ziel des Lernens für die Zukunft mittels Fehlerkultur und Fehleransprache.

Tabelle 4.12 Ambidextre Führungsdimension Lernen: Fehlerkultur fördern

Ambidextre Führungsdimension Lernen: Fehlerkultur fördern
OE-bezogen und -übergreifend zur Problemlösung und Reflexion von Lernprozessen motivieren.
Eine offene Fehlerkultur vorleben, eine offene sowie ehrliche Fehleransprache und Fehlertoleranz fördern, um daraus für die Zukunft zu lernen.

(Eigene Darstellung in Anlehnung an codierte Textstellen der Transkripte)

Im Folgenden werden die überarbeiteten Anforderungsktierien der Teildimension „Mitarbeiter befähigen" der ambidextren Führungsdimension „Lenken" aufgeführt (Tabelle 4.13):

Tabelle 4.13 Überarbeitete Anforderungskriterien der ambidextren Führungsdimension Lenken – Teildimension Mitarbeiter befähigen

Ambidextre Führungsdimension Lenken: Mitarbeiter befähigen
Das eigene Führungshandeln reflektieren, anderen ehrlich, sachlich, wohlwollend, fair, authentisch und wertschätzend auf Augenhöhe und ohne Statusdenken begegnen.
Sich Zeit für die Förderung der Mitarbeiter nehmen, erfahrungsbasierte Handlungsmöglichkeiten aufzeigen und hinter den Mitarbeitern und ihren eingereichten Ideen stehen.
Den Ideenmanagement-Prozess sowie die dazugehörige Betriebsvereinbarung kennen und über die fachliche Expertise verfügen, um die Bedeutung einer Idee in der eigenen OE einschätzen zu können und bei OE-übergreifender Ideeneinreichung den richtigen Gutachter auszuwählen.
Perspektivenvielfalt, Querdenken und die Einnahme eines internen und externen Blickwinkels zur Verbesserung der Handlungsfähigkeit im eigenen Aufgabenbereich fördern.
Die OE-bezogene und -übergreifende Zusammenarbeit und Vernetzung – auch auf Führungsebene – befürworten und fördern, insbesondere die Ideeneinreichung crossfunktionaler Teams durch Unterstützung moderner, agiler Arbeitsmethoden, um die Qualität der Ideeneinreichung zu steigern und die Ideenrealisierung zu begünstigen.
Verantwortung konsequent übertragen, Stärkenorientierung fördern und das Team ermutigen, Ideen selbstorganisiert einzubringen.

(Eigene Darstellung in Anlehnung an codierte Textstellen der Transkripte)

Es wurden Ergänzungen an vier Anforderungskriterien vorgenommen. Zum einen wurde darauf hingewiesen, dass es als Führungskraft wichtig sei, hinter

---

[5]Codierte Textstellen werden nicht veröffentlicht.

den eingereichten Ideen der Mitarbeiter zu stehen. Darüber hinaus müssen Führungskräfte bei OE-übergreifenden Ideen nicht die fachliche Expertise haben, um die Bedeutung einer Idee einschätzen zu können; allerdings sei die richtige Auswahl des Gutachters notwendig, der dann wiederum die Einschätzung vornimmt. Als wesentliche Veränderung wurde ergänzt, dass der Einsatz agiler Arbeitsmethoden (wie Design Thinking, Gamification oder agile Sprints) insbesondere bei OE-übergreifender Ideengenerierung notwendig sei, um crossfunktionale Teamarbeit zu erleichtern. Zur Steigerung der Innovationsfähigkeit gewinnt die OE-übergreifende Ideeneinreichung in cross-funktionalen Teams an Bedeutung. Ein Ideenmanagement kann nicht nur in starren Strukturen verortet werden. Schnittstellenkompetenzen, die durch agile Arbeitsmethoden unterstützt werden, nehmen zu. Beim letzten Anforderungskriterium wurde lediglich eine veränderte Formulierung verwendet, um den Ideenbezug stärker herzustellen.

Anhand der nachstehenden Tabelle werden die Anforderungskriterien der ambidextren Führungsdimension „Lenken" mit der Teildimension „Widerstände überwinden" dargestellt (Tabelle 4.14):

Tabelle 4.14 Überarbeitete Anforderungskriterien der ambidextren Führungsdimension Lenken – Teildimension Widerstände überwinden

Ambidextre Führungsdimension Lenken: Widerstände überwinden
Standfestigkeit zeigen – auch gegenüber Vorgesetzten höherer Hierarchieebenen und anderen OE.
Prozesse hinterfragen und beschleunigen.
Kontakte zu Prozesspartnern herstellen.
Ressourcen zum fachlichen und überfachlichen Wissensaufbau zur Verfügung stellen.
Die Wissensteilung fördern.
Konkurrenzdenken mindern.
Komplexität managen.
Das Wohlergehen des Gesamtunternehmens über den Erfolg des eigenen Verantwortungsbereiches stellen.

(Eigene Darstellung in Anlehnung an codierte Textstellen der Transkripte)

Wie ersichtlich, weist diese Teildimension keine Veränderungen ggü. den Ergebnissen der Erstuntersuchung auf. Betont wurde allerdings, dass die Machtbarriere im Unternehmenskontext ein besonderes Hindernis aufweise. Darüber hinaus ist für das Wohlergehen des Gesamtunternehmens sinnvoll, Konkurrenzdenken zu mindern, allerdings weisen manche Teilnehmer auch darauf hin, dass

Konkurrenzdenken auch hilfreich sein könne, um die Leistungsfähigkeit der eigenen OE zu erhöhen[6].

Nachfolgend werden die überarbeiteten Ergebnisse der dritten Dimension ambidextrer Führung „Leisten" mit der Teildimension „Strategisch planen" aufgeführt (Tabelle 4.15):

Tabelle 4.15 Überarbeitete Anforderungskriterien der ambidextren Führungsdimension Leisten – Teildimension Strategisch planen

Ambidextre Führungsdimension Leisten: Strategisch planen
Zukunftstrends OE-bezogen sowie OE-, bereichs- und unternehmensübergreifend achtsam betrachten und an die Mitarbeiter kommunizieren, um Optimierungen und die Innovationsfähigkeit zu steigern.
Die Unternehmensstrategie auf die OE übertragen, verständlich kommunizieren und Maßnahmen ableiten, um die Ideengenerierung anzustoßen.

(Eigene Darstellung in Anlehnung an codierte Textstellen der Transkripte)

Die Teildimension Strategisch planen weist im Vergleich zur Erstuntersuchung marginale Veränderungen auf. Zum einen wurde eine Formulierung verändert und zum anderen der Bezug zu exploitativ ausgerichteten Optimierungen und explorativ ausgerichteter Innovationsfähigkeit hergestellt. Darüber hinaus wurde darauf hingewiesen, dass es im untersuchten Unternehmen bereichsabhängig nicht ganzheitlich möglich sei, Rahmenbedingungen zu schaffen, die die Betrachtung von Zukunftstrends ermöglichen. Hierzu zählen beispielsweise technische Ausstattungen wie Smart Phones und Apps. Ferner wurde darauf hingewiesen, dass es auch für Führungskräfte schwierig sei, alle Umfeldveränderungen zu betrachten.

Im Folgenden werden die überarbeiteten Ergebnisse der dritten Dimension ambidextrer Führung „Leisten" mit der Teildimension „Resultate fördern" aufgeführt (Tabelle 4.16):

---

[6]So nutzen manche OE des untersuchten Unternehmens Ideenligen, die die Anzahl der eingereichten Ideen im Vergleich zu anderen OE darstellen. Diese Darstellungen sind allerdings rein quantitativ ausgerichtet. Dies widerspricht dem ambidextren Führungsansatz.

Tabelle 4.16 Überarbeitete Anforderungskriterien der ambidextren Führungsdimension Leisten – Teildimension Resultate fördern

Ambidextre Führungsdimension Leisten: Resultate fördern
Klare und realistische Ziele setzen.
Die Umsetzung und den Abschluss von qualitativ brauchbaren Ideen und Veränderungsprozessen forcieren, auf Basis einer Kosten-Nutzen-Analyse priorisieren und den Mitarbeitern kommunizieren.
Erfolgreiche Ideen in Team-Regelterminen kommunizieren und Ablehnungsgründe von Ideen persönlich besprechen.

(Eigene Darstellung in Anlehnung an codierte Textstellen der Transkripte)

Bei der Förderung der Resultate wurde eine Umformulierung vorgenommen, die zum einen stärkeren Ideenbezug ermöglicht, zum anderen jedoch auch darauf hinweist, bei der Kommunikation in Bezug auf Ideen differenziert umzugehen.

Im nächsten Unterkapitel werden die Ergebnisse zu den überarbeiteten Kriterien der Paradoxiedimensionen vorgenommen.

4.2.2 Forschungsfrage 2: Ambidextre Führung und Paradoxien

Gegenüber der Erstuntersuchung wurden lediglich bei der Paradoxiedimension Lernen eine Adaption vorgenommen und bei Lenken drei Veränderungen.

Die adaptierte Gesamtübersicht der Paradoxiedimensionen wird anhand der folgenden Abbildung dargestellt (Abbildung 4.2):

So ersetzt der Begriff Standardisierung den Begriff Routinisierung, da Standardisierung das Resultat von Routinisierung sei, und Steuerung den Begriff Kontrolle, da es sich beim Kontrollieren eher um ein traditionelles Führungsverständnis handle, das nicht zeitgemäß sei. OE-bezogen ist eine stärkere Steuerung durch die Führungskraft notwendig, da es um die Umsetzung der Idee in der eigenen OE geht. Ferner wurde der Begriff Vertrauen gestrichen, da dieses sowohl bei Exploitation als auch bei Exploration gleichermaßen notwendig sei. Darüber hinaus wurde der Begriff Wettbewerb durch Abgrenzung ergänzt, weil Wettbewerbsverhalten lediglich der Verbesserung des unternehmerischen Gesamtergebnisses dienen soll.

Exploitation:
OE-bezogene/s Lernen und
Ideeneinreichung

Exploration:
OE-übergreifende/s Lernen und
Ideeneinreichung

Lernen

Optimierung, Standardisierung	Innovationsfähigkeit, Veränderung
Erfahrung	Experimentieren
Wissensnutzung	Wissenserweiterung

Lenken

Ressourcenallokation (zeitlich, monetär und arbeitsmittelbezogen)

Interner Blickwinkel	Externer Blickwinkel
Kontrolle	Befähigung, Freiräume
Stabilität	Flexibilität
Funktionsorientierung	Prozessorientierung
Abgrenzung/Wettbewerb	Kollaboration

Leisten

OE-bezogene Zielerreichung	OE-übergreifende Zielerreichung

Abbildung 4.2 Ermittelte Paradoxien nach Zweituntersuchung. (Eigene Darstellung in Anlehnung an codierte Textstellen der Transkripte)

4.2.3 Forschungsfrage 3: Zusammenhang ambidextrer Führung mit erfolgreicher Ideeneinreichung

Bei der Codierung wurden die folgenden fünf Ebenen in Bezug auf ambidextre Führung und Veränderungsprozess betrachtet:

1. Bewusstseinsschaffung,
2. Veränderung der Führungsgestaltung,
3. Veränderungsprozess,

4. Zusammenhang zwischen ambidextrer Führung und Ideeneinreichung sowie
5. Zweckmäßigkeit ambidextrer Führung.

Bei einigen OE wurde im Hinblick auf die Bewusstseinsschaffung eine positive Veränderung deutlich, da das systemische Denken gestärkt, der Erfolg des
bestehenden ambidextren Führungshandelns vor dem Hintergrund einer erhöhten Reflexion in Bezug auf ambidextres Führungshandeln bestätigt bzw. das
Bewusstsein dafür geschärft wurde, dass das ambidextre Führungshandeln weiter
ausgebaut werden müsse. Bei einer OE hat eine Bewusstseinsschaffung insofern
nicht stattgefunden, als zwar der Ambidextriebegriff erst durch die Untersuchung
bekannt wurde, jedoch die notwendigen Anforderungskriterien bereits vorher
umgesetzt wurden.

In Bezug auf die Veränderung der Führungsgestaltung wurde ersichtlich,
dass die Beschäftigung mit exploitativem und explorativem Verhalten in einigen OE gestiegen ist, in anderen keine Veränderung stattgefunden hat, weil
ambidextres Führungshandeln auch hier bereits vorher umgesetzt wurde. In
einem weiteren Fall wurde die Veränderung im Führungsverhalten nicht auf
die Untersuchung zurückgeführt, sondern auf die gestiegenen Erfahrungen; von
der Führungskraft wurde ihr verändertes Verhalten jedoch auf die Untersuchung
zurückgeführt, durch die eine Erfahrungszunahme im Umgang mit exploitativem
und explorativem Verhalten ausgelöst wurde. Ferner habe die Dialoghäufigkeit zu
OE-bezogener und -übergreifender Ideeneinreichung zugenommen.

Auf die Frage, wie ein Veränderungsprozess in Bezug auf ambidextre Führung gestaltet werden könne, wurde ein Kulturwandel als notwendige Grundlage
genannt, da Machtdistanzen nach wie vor stark ausgeprägt seien. Es sei nicht
ausreichend, dass lediglich die untere Führungsebene das Bewusstsein für ambidextres Führungshandeln aufweise. Dies müsse auch von höheren Hierarchien
gelebt werden. Machtbarrieren zu überwinden – sowohl exploitativ als auch explorativ – entspricht auch den Ergebnissen der ambidextren Führungsdimension
Lenken. Bisher liege der Fokus ferner auf exploitativem Handeln. Die Verständnisschaffung für systemisches Handeln sei relevant. Darüber hinaus wurde
aufgezeigt, dass Veränderungsprozesse begünstigt wurden, wenn der Ideeneinreichung bei der Zielerreichung eine höhere Bedeutung beigemessen wurde. Des
Weiteren müsse die Bedeutung von zeitlichen Ressourcen für Innovationsfähigkeit
im gesamtunternehmerischen Kontext gesteigert werden. Ferner würde der Veränderungsprozess begünstigt, wenn sich Zielvereinbarungen nicht nur exploitatives,
sondern auch exploratives Verhalten bezögen. Beide Ausrichtungen – sowohl
exploitativ als auch explorativ – sollten anhand konkreter Beispiele an die Belegschaft kommuniziert werden. Ambidextres Führungshandeln sollte darüber hinaus

im Rahmen von Führungskräfteentwicklungen und -qualifizierungen behandelt werden. Allerdings werde eine beidhändige Führungsausrichtung im direkten Bereich als schwieriger umsetzbar eingeschätzt, da die Schaffung eines externen Blickwinkels und Freiräume sehr schwierig umzusetzen seien.

Der Zusammenhang ambidextrer Führung mit der Ideeneinreichung wird als positiv bewertet. Allerdings wurde kritisiert, dass die OE-Auswahl sowie das Aufzeigen der Ideenentwicklung auf quantitativer Basis erfolgt sei, was ambidextrer Führung widerspreche, da diese – wie in der ambidextren Führungsdimension Lenken ermittelt – qualitativ ausgerichtet sei. Würde ein größerer Wert auf die qualitative Ideeneinreichung gelegt, würde die Bedeutung ambidextrer Führung gesteigert. Aus datenschutzrechtlichen Gründen war es jedoch nicht möglich, die Inhalte der eingereichten Ideen zu prüfen, so dass diese Grundlage gewählt werden musste. Im Rahmen der Zweituntersuchung wurde die Entwicklung der eingereichten Ideen im Zeitraum Juni 2016 bis Mai 2017 gegenüber dem Zeitraum Juni 2017 bis Mai 2018 verglichen. Die Anzahl der umgesetzten OE-bezogenen ggü. den -übergreifenden konnte nicht betrachtet werden, da die eingereichten Ideen nicht direkt im Zusammenhang mit den umgesetzten Ideen stehen. Dies bedeutet, dass es sich bei den eingereichten Ideen um alle Ideen handelt, die innerhalb der genannten Zeiträume generiert wurden – unabhängig von ihrem aktuellen Status (abgelehnt, in Bearbeitung, umgesetzt oder schon abgeschlossen). Die umgesetzten Ideen stammen in den meisten Fällen schon aus den Vorjahren und wurden dann im Auswertungszeitraum realisiert. Das Ziel ist eine schnellstmögliche Umsetzung, jedoch kann sich diese je nach Idee und bspw. verfügbaren monetären Mitteln für die Umsetzung auch mehrere Jahre hinziehen. Aus diesem Grund kann hierbei kein direkter Vergleich herbeigeführt werden. Die verfügbaren Ergebnisse zeigen jedoch, dass alle OE sowohl vor als auch nach der Untersuchung eine exploitative und explorative Vorgehensweise forcieren. Insgesamt war eine positive Entwicklung der Ideengenerierung bei zwei OE zu verzeichnen, bei drei OE allerdings ein Rückgang. Der Ideenrückgang stehe allerdings nicht mit dem ambidextren Führungskonzept in Zusammenhang. Eine OE nannte als Grund einen fehlenden Produktanlauf[7], eine andere das fehlende Interesse und die demotivierende Führung des Vorgesetzten ihrer unmittelbaren Führungskraft, wodurch bewusst keine Ideen eingereicht worden waren, verbesserte Prozesse sowie einen erhöhten Automatisierungsgrad, des Weiteren Mitarbeiterabbau und Ressourcenengpässe. Als weiterer Grund für den Rückgang der eingereichten Ideen einer anderen OE wurde die fehlende Umsetzung erwarteter Workshops zum Ideenmanagementprozess und Kreativitätstechniken genannt, was zu einer

---

[7]Bei Produktanläufen bestehen höhere Optimierungs- und Innovationspotenziale.

Demotivation der Probanden geführt habe. Im Gegensatz dazu resultierte die Teilnahme einer OE an den Maßnahmen in einer Motivationssteigerung durch erhöhtes Prozessverständnis.

Im Rahmen der Zweituntersuchung wurde auch die Frage gestellt, von welchen Faktoren – über die Führungsgestaltung hinaus – die OE-bezogene und -übergreifende Ideeneinreichung sowie das OE-bezogene und -übergreifende Lernen der Mitarbeiter noch abhängig sei. So wurden die Offenheit und Motivation der Mitarbeiter gegenüber der OE-bezogenen und -übergreifenden Ideeneinreichung, die Arbeitsbelastung der Mitarbeiter, die tatsächliche Ideenumsetzung und deren Prozessbeschleunigung, die Leistung des betreuenden Ideenmanagers sowie das Ambidextriebewusstsein von hierarchisch übergeordneten Führungskräften genannt.

Im Hinblick auf die Zweckmäßigkeit ambidextrer Führung wurden die folgenden Ergebnisse ermittelt: Das ambidextre Führungskonzept wird als sinnvoll erachtet, weil es zu einem höheren Lernprozess, stärkerer Reflexion und gesteigerter Innovationsfähigkeit beitrage. Von besonderer Relevanz sei hierbei der Umgang mit den ermittelten Paradoxien.

4.2.4   Forschungsfrage 4: Ideengenerierung und nachhaltiges Lernen

Bei der Frage, inwiefern es sich bei der Ideengenerierung um nachhaltiges Lernen handele, wurde insbesondere auf die qualitative Ausprägung von Ideen Bezug genommen. Bei der Ideeneinreichung handele sich somit um ein Beispiel nachhaltigen Lernens, wenn qualitativ hochwertige Ideen eingereicht würden, die das Handeln im Unternehmen verbessern. Es gäbe jedoch auch Ideen, die ausschließlich aus Gründen des quantitativen Ansatzes oder einer Prämienausschüttung eingereicht würden. In diesem Fall könne aufgrund eines geringen oder nicht vorhandenen Nutzens von Ideen nicht von nachhaltigem Lernen gesprochen werden. Die ausgearbeiteten ambidextren Führungsdimensionen seien vielmehr für nachhaltiges Lernen anhand von OE-bezogener und -übergreifender Ideeneinreichung zutreffend. Somit bedinge zum einen der Nutzen einer Idee nachhaltiges Lernen. Dieser Nutzen bezieht sich auf die Verbesserung der persönlichen, Team- und unternehmerischen Handlungsfähigkeit, die aus dem tatsächlichen Lerntransfer, also der Dauerhaftigkeit der Lernresultate, resultiere. Des Weiteren begünstige dieses nachhaltige Lernen die Team- und Netzwerkintelligenz. Eine Handlungsproblematik stelle in diesem Kontext allerdings das Silodenken dar.

Ambidextres Handeln begünstigt nachhaltiges Lernen; diese unterstütze wiederum Veränderungsprozesse sowie dauerhaften Wandel (Transformation).

Darüber hinaus verdeutlichen die Ergebnisse, dass die Balance zwischen OE-bezogener (Wissensnutzung) und -übergreifender Ideeneinreichung (Wissenserweiterung), also die Balance zwischen für den Untersuchungskontext als Exploitation und Exploration definierte Ausrichtung, nachhaltiges Lernen begünstige. Die Untersuchungen haben ferner gezeigt, dass das Kerngeschäft für manche OE bzw. deren Führungskräfte nach wie vor Priorität hat. Vor allem durch zeitliche Engpässe verliere die Innovationsfähigkeit an Bedeutung. Aufgrund der Komplementarität von Paradoxien wird auch beim nachhaltigen Lernen deutlich, dass der externe Blickwinkel und die Wissenserweiterung über die eigene OE hinaus für die Wissensnutzung in der eigenen OE nützlich sind. Den vorangegangenen Ausführungen folgend, vermindert eine Vernachlässigung des explorativen Handelns wiederum nachhaltiges Lernen.

Weitere Gesamtuntersuchungserkenntnisse in Bezug auf nachhaltigkeitsorientiertes Lernen werden unter *4.3.4 Diskussion der Ergebnisse zu Forschungsfrage 4 „Ideengenerierung und nachhaltiges Lernen"* sowie Hypothesengenerierung aufgeführt.

4.3 Diskussion der Gesamtergebnisse

Nachfolgend werden auf Basis der erhobenen Daten Hypothesen aufgestellt. Es werden Haupthypothesen erstellt, die jedoch bei Bedarf mittels Ergänzungshypothesen ausgeführt werden.

4.3.1 Diskussion der Ergebnisse zu Forschungsfrage 1 „Ambidextre Führung und Lernprozesse" sowie Hypothesengenerierung

Die erste Forschungsfrage „Wie muss ambidextres Führungshandeln gestaltet sein, um Lernprozesse im Team mittels Exploitation und Exploration auszulösen?" ist dadurch entstanden, dass Führungskräften für die Gestaltung von Ambidextrie eine hohe Bedeutung beigemessen wird, jedoch ein Forschungsdesiderat in Bezug auf diese Rahmenbedingungen besteht, wie exploitative und explorative Lernprozesse in Teams durch sie ermöglicht werden können.

Die Untersuchungsergebnisse bestätigen wie auch die Studie von Nemanich & Vera (2009: 19), dass eine alleinige Zuordnung transaktionaler Führung für exploitative Lernprozesse und transformationaler Führung in Bezug auf explorative Lernprozesse nicht gegeben sein kann (so wurde z. B. aufgezeigt, dass Vertrauen sowohl bei Exploitation als auch bei Exploration gegeben sein muss; genauso verhält es sich mit Zielvorgaben); allerdings wird darüber hinaus deutlich, dass transformationale Führung nicht hinreichend ist, um Ambidextrie in Teams zu fördern. Ambidextre Führung geht darüber hinaus: Sie beinhaltet Anforderungskriterien in Bezug auf die Förderung der Lern- und Fehlerkultur, von Resultaten, Mitarbeiterbefähigung, die Überwindung von Widerständen sowie der strategischen Planung. Die Ergebnisse verdeutlichen, dass die Inhalte der fünf Disziplinen teamkompetenzorientierter Führung von Kriz & Nöbauer (2008: 99, 223, 271, 343, 405) Personal Mastery, Systemdenken, mentale Modelle, Teamlernen sowie gemeinsame Vision im Rahmen der ambidextren Führungsdimensionen dargestellt werden. So ist die Personal Mastery in Mitarbeiterbefähigung, mentale Modelle und Teamlernen in der Förderung der Lern- und Fehlerkultur, gemeinsame Vision in strategischer Planung und Systemdenken in der Dimension Überwinden von Widerständen enthalten. Darüber hinaus wurden von den Untersuchungsteilnehmern ebenfalls Konnotationen der Kriterien der Führung als Dienstleistung genannt. Hierzu zählen Empowerment im Rahmen der Subdimension Mitarbeiter befähigen und Lernkultur fördern, Accountability und Standing back bei Resultate fördern und Mitarbeiter befähigen, Humility und Authenticity bei Mitarbeiter befähigen, Courage und Stewardship bei Widerstände überwinden, Forgiveness bei Fehlerkultur fördern. In Bezug auf die unter 2.2.3 Transformationale und transaktionale Führung genannten Inhalte ist festzustellen, dass die ambidextren Führungsdimensionen sowohl den Nutzen als auch die Ziele der transaktionalen Führung berücksichtigen, allerdings nicht die Bestrafung von unerwünschtem Verhalten. Vielmehr ist Vertrauen in beiden Lernmodi notwendig. Darüber hinaus finden Aspekte der transformationalen Führung Beachtung. So ist die Vorbildfunktion in die ambidextre Subdimension Mitarbeiter befähigen, die Zukunftsvision in Strategisch planen, individuelle Unterstützung und Förderung von Gruppenzielen in Lernkultur fördern und Mitarbeiter befähigen und intellektuelle Anregung in allen sechs Subdimensionen eingebettet. Ebenso sind die Aspekte der unter aufgeführt. Die Stärkung OE-bezogener und -übergreifender Interaktions-/Kommunikationsprozesse ist im Rahmen der Subdimension Lernkultur fördern und Mitarbeiter befähigen essenziell, Perspektivenvielfalt bei Mitarbeiterbefähigung, die Sensibilisierung für Veränderungsprozesse sowie die Förderung der Lernbereitschaft im Rahmen der Dimension des Lernens, die problemorientierte Reflexion bei Fehlerkultur fördern und Reflexion des Führungshandelns bei Mitarbeiter befähigen. Ferner wurde aufgezeigt, dass die Inhalte der Gestaltungsfelder einer innovationsfördernden Führung als notwendig für ein ambidextres Führungskonzept eingestuft werden. Hierzu zählen die Förderung lösungsorientierter Kommunikation, Achtsamkeit für Innovationspotenziale, Veränderungsbereitschaft, Akzeptanz von Störungen, Fehlertoleranz, Förderung von Querdenken, Bewusstseinskompetenz der eigenen Führung, Transparenz, Einhaltung von Kosten- und Zeitvorgaben, Zielvereinbarungen, gemeinsame Vision und Strategie, die Beschäftigung mit Zukunftsthemen sowie Netzwerkbildung. Ferner wurde durch die Untersuchungsteilnehmer auch das Überwinden von Innovationsbarrieren (vgl. *2.3.3 Innovationsbarrieren und notwendige Promotorenrollen*) unter Widerstände überwinden aufgeführt.

Somit wird deutlich, dass ambidextre Führung über die unter 2.2 Grundlagen der Führung genannten Führungsstile hinausgeht. Es kann nicht konstatiert werden, dass exploitaive Lernprozesse lediglich durch transaktionale und explorative durch transformationale Führung begünstigt werden. Wie aufgezeigt wurde, ist ambidextre Führung komplexer. Die tatsächlichen Unterschiede in der Führungsgestaltung von Exploitation und Exploration werden durch die ermittelten Paradoxien charakterisiert (vgl. *4.3.2 Diskussion der Ergebnisse zu Forschungsfrage 2 „Ambidextre Führung und Paradoxien"* sowie Hypothesengenerierung). Insofern ergibt sich das **3 L-Modell ambidextrer Führung**, das auf den Dimensionen Lernen, Lenken und Leisten mit den genannten Subdimensionen beruht.

Darauf aufbauend wird die nachfolgend dargestellte erste Haupthypothese *H1* gebildet:

H1:   Wenn ambidextres Führungshandeln mehrdimensional gestaltet wird (Wechselwirkung von Lernen, Lenken und Leisten), dann werden exploitative und explorative Lernprozesse im Team ausgelöst.

4.3.2   Diskussion der Ergebnisse zu Forschungsfrage 2 „Ambidextre Führung und Paradoxien" sowie Hypothesengenerierung

Die zweite Forschungsfrage „Mit welchen Paradoxien müssen direkte Vorgesetzte im Rahmen ambidextrer Führung im Team umgehen?" resultierte daraus, dass bisherige Paradoxieerkenntnisse überwiegend auf Makroebene untersucht wurden. Zur Kategorien- und Verhaltensankerbildung wurden deshalb die bisherigen Untersuchungsergebnisse auf Makroebene hinzugezogen. Auf Basis der Erst- und Zweituntersuchung wurden Paradoxien entlang der drei Dimensionen Lernen, Lenken und Leisten ermittelt. Wie auch bei den ambidextren Führungsdimensionen wurden die Kategorien deduktiv-induktiv-deduktiv gewonnen.

Paradoxien werden als komplementär und notwendig eingestuft. Hieraus resultiert die folgende Haupthypothese *H2*:

H2:   *Wenn Vorgesetzte ambidexter führen, dann müssen sie mit Paradoxiedimen-sionen des Lernens, Lenkens und Leistens umgehen.*

Wie unter 2.1.3 Organisationale Paradoxien aufgeführt, bestehen vier Lösungsansätze für Paradoxien. Anhand der Untersuchungen wurde zum einen verdeutlicht, dass Unterschiede von Spannungen bestehen, die akzeptiert werden müssen. Die befragten Organisationsmitglieder waren sich der Unterschiede bewusst (Lösungsansatz „Akzeptanz"). Darüber hinaus wurde als Gestaltungsweg zur Integration beider Lernmodi die zeitliche, monetäre und arbeitsmittelbezogene Ressourcenallokation genannt (Lösungsansatz „Synthese"). Eine Bewusstseins- sowie Balanceschaffung für den Umgang mit Paradoxien sei für erfolgreiches ambidextres Führungshandeln wichtig, in der praktischen Umsetzung würde jedoch der Fokus auf Exploitation gerichtet, um die Zielerreichung der eigenen OE sicherzustellen. Somit stellt die Ressourcenallokation ein Hindernis für kontextuell ambidextre Führung dar. Hieraus ergeben sich die nachstehenden Ergänzungshypothesen *H2a und H2b*:

H2a: *Das Führungsbewusstsein für den Umgang mit den ambidextren Para-doxiedimensionen des Lernens, Lenkens und Leistens steigert den Erfolg ambidextrer Führung.*

H2b: *Zielkonflikte in der zeitlichen, monetären und arbeitsmittelbezogenen Res-sourcenallokation mindern den ambidextren Führungserfolg in Bezug auf den balancierten Umgang mit Paradoxien.*

4.3.3 Diskussion der Ergebnisse zu Forschungsfrage 3 „Zusammenhang ambidextrer Führung mit erfolgreicher Ideeneinreichung" sowie Hypothesengenerierung

Da sich bisherige Untersuchungen im Bereich Ambidextrie überwiegend auf die Top Management-Ebene beziehen, erschien es sinnvoll, anhand der folgenden Forschungsfrage den Einfluss ambidextrer Führung auf unterer Hierarchieebene zu ermitteln: „Inwieweit besteht ein Zusammenhang von ambidextrer Führung mit der erfolgreichen Generierung von OE-bezogenen und -übergreifenden Ideen?" Die Untersuchungsergebnisse verdeutlichen, dass ambidextre Führung einen positiven Einfluss auf die Ideengenerierung hat.

Somit ergibt sich die folgende Haupthypothese *H3*:

H3:   *Ambidextre Führung steht in einem positiven Zusammenhang mit OE-bezogener sowie -übergreifender Ideeneinreichung.*

Es ist weiterhin erforderlich, hierarchisch höhergestellte Vorgesetzte in die Beid-händigkeit einzubeziehen und ihnen die Notwendigkeit der Balanceschaffung mit ihren möglichen Widersprüchlichkeiten verständlich zu machen. Hieraus ergibt sich die folgende Ergänzungshypothese:

H3a: *Wenn Ambidextrie auf allen Führungs- und Managementebenen Unterstützung erhält, dann wird der Erfolg ambidextrer Führung auf operativer Teamebene begünstigt.*

Ein ambidextrieförderndern organisationaler Kontext weist eine hohe Bedeutung auf. Aus diesem Grund kann die ausschließliche Umsetzung ambidextrieförder-licher Rahmenbedingungen nicht nur auf individueller Ebene erfolgen, sondern muss darüber hinaus auf Team- und gesamtorganisationaler Ebene gefördert wer-den. Als Beispiele wurden der Abbau von Silodenken, das Überschreiten von Fachgebietsgrenzen, die Einbettung von Ambidextrie in Personalinstrumente wie Mitarbeitergespräche (bspw. mittels Verankerung OE-übergreifender Zielerrei-chungen) genannt. Ein Wandel in den Denk- und Arbeitsweisen, in der Wis-sensintegration und somit in der Unternehmenskultur ist essenziell. Bezogen auf die in Kapitel 2 aufgeführten ambidextrieförderlichen Rahmenbedingungen ver-deutlichen die Ergebnisse ferner, dass nicht nur die Faktoren Organisations-struktur (bspw. notwendige rekursive Organisationsstrukturen), Organisationales Lernen (bspw. fachlicher und überfachlicher Kompetenzaufbau OE-bezogenen und -übergreifend) und Unternehmenskultur (bspw. Abbau von Silodenken) eine besondere Bedeutung in Bezug auf die Entfaltung von Ambidextrie aufweisen, sondern dass eine gegenseitige Beeinflussung besteht.
Hieraus ergibt sich die folgende Abbildung (Abbildung 4.3):
Hieraus ergibt sich die folgende Ergänzungshypothese *H3b*:

H3b: *Ambidextre Führung steht in einem rekursiven Verhältnis zu organisatio-nalem Lernen, der Organisationsstruktur und -kultur.*

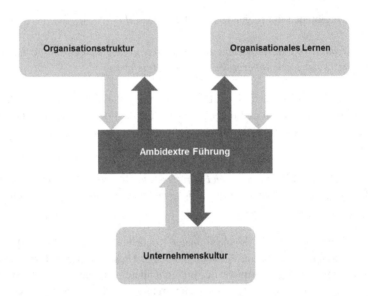

Abbildung 4.3 Gegenseitige Beeinflussung von ambidextrieförderlichen Rahmenbedin-gungen und ambidextrer Führung. (Eigene Darstellung in Anlehnung an vgl. Rost 2014: 29; vgl. Wollersheim 2010: 18)

4.3.4 Diskussion der Ergebnisse zu Forschungsfrage 4 „Ideengenerierung und nachhaltiges Lernen" sowie Hypothesengenerierung

Die Ergebnisse der Zweituntersuchung verdeutlichen, dass kein explizites integra-tives Verständnis in Bezug auf die unter 2.1.2 Lernprozesse und Nachhaltigkeit aufgeführte ökologische, ökonomische, soziale und temporale Nachhaltigkeitsdi-mension besteht. Implizit wurden entsprechende Hinweise jedoch fragmentarisch aufgeführt. Wenngleich insbesondere die individuelle Analyseebene beim organi-sationalen Lernen von Nachhaltigkeit betrachtet wurde, wurden im Rahmen der Interviews auch Aspekte der organisationalen Ebene genannt. Die kontextuelle Ebene, also die Nennung unternehmensexterner Einflüsse auf nachhaltigkeitsori-entiertes Lernen, blieb unberücksichtigt. Auf ökologischer Ebene wurde so im Rahmen der Erstuntersuchung auf im Unternehmenskontext thematisierte Ansätze zur Steigerung des Energiesparens und ökologisch nachhaltige Fahrzeuge Bezug auf die exploitative Ebene genommen. Bei der Zweituntersuchung wurde auf der

explorativen Ebene der ökologischen Dimension Elektromobilität als neue Fer-
tigungstechnologie genannt, hinsichtlich der exploitativen Ebene die angestrebte
Verbesserung von Produktions- und Fertigungsverfahren. Das implizite Verständnis der Bedeutung ökonomischer und sozialer Nachhaltigkeit lässt sich auf Basis
der ermittelten ambidextren Führungsdimensionen begründen. In der Erstuntersuchung wurde so innerhalb der ökologischen Dimension auf exploitativer und
explorativer Ebene das Ziel der Sicherung des Bestehens des Unternehmens und
der Zukunftssicherung genannt, in der Zweituntersuchung das Ziel der Herbei-
führung von Einsparpotenzialen sowie der Zukunftsfähigkeit des Unternehmens,
beispielsweise mittels Betrachtung von Zukunftstrends zur Entwicklung von Innovationen. Damit einher geht auch die Subdimension Widerstände überwinden
der ambidextren Führungsdimension Lenken, die aufführt, das Wohlergehen des
Gesamtunternehmens als oberste Priorität über den Erfolg des eigenen Verantwortungsbereiches zu stellen. Hinsichtlich der sozialen Nachhaltigkeitsdimension
des Lernens wurden neben der Notwendigkeit der Bildungsförderung mittels
fachlichem und überfachlichem Kompetenzaufbau der Berücksichtigung von Inte-
gritätsthemen Aspekte genannt, die vor allem das Wohlbefinden der Mitarbeiter
durch deren Befähigung – bspw. mittels Vertrauen – zu steigern vermögen. Als
Beispiele der exploitativen Ebene der sozialen Nachhaltigkeitsdimension wurden
Ideen zur Arbeitssicherheit und Ergonomie aufgeführt. Darüber hinaus wurde in
mehreren Interviews auf die Notwendigkeit des Wandels der bestehenden Unternehmenskultur hingewiesen, um Austauschbeziehungen für exploratives Handeln
und mittels Unterstützung durch neue Arbeitsmethoden – zu begünstigen. Als
weiterer Aspekt der explorativen Ebene wurde die Überarbeitung von Personalinstrumenten genannt, die über das exploitative Handeln hinaus Exploration
fördern, um Innovationsfähigkeit zu begünstigen. Die temporale Nachhaltigkeitsdimension wurde lediglich in Bezug zur ökonomischen Nachhaltigkeitsdimension
gesetzt, indem auf die Notwendigkeit von Ambidextrie zur unternehmerischen
Zukunftssicherung verwiesen wurde.

Wie unter aufgeführt, verweisen Kozica & Ehnert (2014: 155, 158–160) in
ihren Ausführungen darauf, dass es sich um vollständig ambidextre Organisationen handele, sofern exploitative und explorative Lernprozesse auf allen drei
Ebenen der Nachhaltigkeitsdimension vereinbart würden. Ferner liege der Fokus
bisheriger Betrachtungsweisen ambidextren Handelns auf einer wettbewerbsori-
entierten und ökonomischen Ausrichtung. Die Ergebnisse verdeutlichen, dass
im untersuchten Unternehmen zwar Ansätze auf allen drei Dimensionen existieren, diese jedoch nicht bewusst in direktem Zusammenhang zu exploitativen
und explorativen Lernprozessen gesetzt werden. Das heißt, dass die Bedeutung
der Nachhaltigkeit im Kontext Ambidextrie als wichtig eingestuft wird, jedoch

nicht in ihren Dimensionen benannt werden kann. Somit handelt es sich beim untersuchten Unternehmen um eine partiell nachhaltig ambidextre Organisation. Hieraus ergibt sich die folgende Haupthypothese *H4*:

H4:   *Wenn Mitarbeiter und Führungskräfte zur Ambidextrie befragt werden, dann vernachlässigen sie die Dimensionen der Nachhaltigkeit.*

Aus der empirischen Erfahrung, dass die ambidextre Praxis bestimmte Aspekte vernachlässigt, die in der Ambidextrieforschung von Bedeutung sind (wie in diesem Fall die Nachhaltigkeitsdimensionen), wird nachstehend eine Ergänzungshypothese formuliert, wie mit dieser Situation umzugehen ist. Die Frage, ob die Nichtthematisierung der Nachhaltigkeitsdimensionen ein Ergebnis imperfekter Fragestrategie ist oder Ausdruck praxiologischer Nichtthematisierung, sei hinten angestellt. Die fragmentarischen Hinweise zum nachhaltigen Lernen können partiell den einzelnen Dimensionen zugeordnet werden, allerdings mitunter, ohne Differenzierungen in Bezug auf exploitative und explorative Lernprozesse aufzustellen. Der Stellenwert der Nachhaltigkeitsdimensionen ist somit in der praxiologischen Situation im Vergleich zur wissenschaftlichen Thematisierung gemindert.

Als ergänzende Hypothese zur Klärung der Defizitdimension der Haupthypothese *H4* wird deshalb die nachstehende aufgeführt.

H4a: *Aufgrund des fehlenden Bewusstseins für den Zusammenhang von exploitativen sowie explorativen Lernprozessen und Nachhaltigkeit muss ein ambidextres Führungskonzept die Anforderungskausalität zueinander herstellen.*

Allerdings verdeutlichen die Untersuchungsergebnisse, dass bei den Untersuchungsteilnehmern das Bewusstsein dafür existiert, dass sich exploitative und explorative Lernprozesse genauso auf Wandel beziehen müssen wie auf Stabilität. Für sie handele es sich bei der Ideeneinreichung um nachhaltiges Lernen, sofern durch den qualitativen Nutzen der Idee die persönliche, Team- und unternehmerische Handlungsfähigkeit verbessert werde. Die Erzielung eines Gleichgewichtes zwischen exploitativen und explorativen Lernprozessen, aus denen qualitativ hochwertige Optimierungen und Standardisierungen auf der einen und Innovationsfähigkeit und Veränderung auf der anderen Seite bestehen, wird als essenziell eingestuft, um nachhaltiges Lernen zu begünstigen. Nachhaltiges Lernen werde deshalb durch ambidextre Führung positiv beeinflusst, da Veränderungsprozesse, dauerhafter Wandel, Innovationsfähigkeit sowie Team- und Netzwerkintelligenz gefördert werden.

Aus den vorangegangenen Ausführungen ergibt sich die Haupthypothese *H5*:

H5: *Ideeneinreichung ist nachhaltiges Lernen, wenn es sich um wirkungsvolle Ideen handelt, die die persönliche, Team- und unternehmerische Handlungskompetenz erweitern. Je höher hierbei die adäquate Balance zwischen Exploitation (Wissensnutzung) und Exploration (Wissenserweiterung), desto größer das nachhaltige Lernen.*

Durch die Ergebnisse wird verdeutlicht, dass in Bezug auf die unter 1.5 Herleitung Forschungsfrage 4: Ideengenerierung und nachhaltiges Lernen genannte nachhaltigkeitstheoretische Perspektive in der Praxis weniger Bedeutung findet als die lerntheoretische.

4.3.5 Zusammenfassende Darstellung: Ambidextres Führungskonzept

Auf Basis der unter *4.3.1 Diskussion der Ergebnisse zu Forschungsfrage 1 „Ambidextre Führung und Lernprozesse"* sowie Hypothesengenerierung, *4.3.2 Diskussion der Ergebnisse zu Forschungsfrage 2 „Ambidextre Führung und Paradoxien"* sowie Hypothesengenerierung, *4.3.3 Diskussion der Ergebnisse zu Forschungsfrage 3 „Zusammenhang ambidextrer Führung mit erfolgreicher Ideeneinreichung"* sowie Hypothesengenerierung und *4.3.4 Diskussion der Ergebnisse zu Forschungsfrage 4 „Ideengenerierung und nachhaltiges Lernen"* sowie Hypothesengenerierung erörterten Ergebnisse resultiert ein Rahmenmodell ambidextrer Führung. Dieses Rahmenmodell ambidextrer Führung wird anhand der folgenden Abbildung aufgezeigt (Abbildung 4.4):

Es wird somit ersichtlich, dass ambidextre Führung mehr als ein Führungskonzept ist, da mit ihr Rahmenbedingungen begünstigt werden, die für die aktuelle und zukünftige Unternehmenssicherung wertvoll sind. Anhand dieser Rahmenbedingungen werden wiederum ambidextres Handeln und Veränderungsprozesse gefördert.

Abbildung 4.4 Rahmenmodell ambidextrer Führung. (Eigene Darstellung)

4.4 Methodische Probleme beim Erfassen ambidextren Handelns und Limitationen

Nachstehend werden die Aspekte aufgeführt, die die Verfasserin im Dissertationsprozess methodisch gelernt hat. Hierfür werden auch die Grenzen der eigenen Forschung aufgezeigt.

Bei dem gewählten Vorgehen wurde die Erstuntersuchung mit OE durchgeführt, die bereits ambidexter handeln, indem sie mittels OE-bezogener und -übergreifender Ideeneinreichung Wissen nutzen und erweitern. Im Anschluss an die Erstauswertung wurden die Ergebnisse denselben OE vorgestellt, damit diese das bestehende ambidextre Führungshandeln reflektieren, das Bewusstsein für Ambidextrie stärken und sich weiter verbessern. Die Verfasserin hat von den Probanden die Rückmeldung erhalten, dass es sinnvoller gewesen wäre, diese Ergebnisse weniger ambidexter agierenden OE zur Verfügung zu stellen und die Entwicklungsprozesse zu ermitteln. Diese Ansicht wird ebenso von der Verfasserin geteilt (vgl. hierzu *Implikationen für Forschung und Praxis*); diese Möglichkeit war jedoch im Untersuchungsfeld und -kontext nicht gegeben.

Ferner wurde aufgeführt, dass lediglich der qualitative Ansatz nachhaltigen Lernens ambidextrem Handeln entspricht. Es wurde so beispielsweise aufgezeigt, dass es nicht zielführend sein kann, Ideenligen (Ranglisten der Ideeneinreichung) zu erfassen, die auf einem rein quantitativen Ansatz basieren. Dies widerspricht nicht nur dem Nachhaltigkeitsgedanken, sondern auch den Inhalten der ambidextren Führungsdimensionen, die einen qualitativen Ansatz postulieren (z. B. Kosten-Nutzen-Analyse). Allerdings wurden die ambidexter handelnden OE auf Basis quantitativer Daten ausgewählt und auch die Ideenentwicklung vor und nach der Bewusstseinsschaffung für ambidextre Führung miteinander verglichen. Das Ziel war es zu ermitteln, inwiefern ein Zusammenhang zwischen ambidextrer Führung und der OE-bezogenen bzw. -übergreifenden Ideeneinreichung besteht. Die Durchsicht von Ideen hinsichtlich einer qualitativen Vergleichbarkeit wäre jedoch aufgrund datenschutzrechtlicher Aspekte nicht möglich gewesen. Aus diesem Grund hat sich die Verfasserin für diesen Verlauf entschieden. Für eine Überprüfung der aufgestellten Hypothesen ist die Gewährleistung einer qualitativen Vergleichbarkeit empfehlenswert. Gegebenenfalls könnte es hierbei sinnvoll sein, den gesamten Ideenprozess von der Ideengenerierung über die -einreichung bis zur -umsetzung zu untersuchen, um die Bedeutung der Idee einzuschätzen. Der zeitliche Aufwand könnte erhöht sein, da der Umsetzungszeitraum je nach Idee mehrere Jahre in Anspruch nehmen könnte (vgl. *4.2.3 Forschungsfrage 3: Zusammenhang ambidextrer Führung mit erfolgreicher Ideeneinreichung*).

Eine weitere methodische Einschränkung betrifft die ausgewählten Probanden, die ausschließlich aus dem indirekten Bereich stammen, wenngleich zumindest produktionsnahe Bereiche integriert werden konnten. Aufgrund taktgebundener Tätigkeiten und fehlender Freistellungsmöglichkeiten für eine Gruppendiskussion konnten Probanden direkter Bereiche nicht in die Untersuchung involviert werden. Das ermittelte ambidextre Führungskonzept weist somit Limitationen in Bezug auf die Gültigkeit für den direkten Bereich auf. Erkenntnisse für diese Zielgruppe wären jedoch insbesondere innerhalb dieser Branche relevant gewesen – aus dem folgenden Grund: Der Produktionsbereich ist ein wichtiger Unternehmensbereich, in dem viele Mitarbeiter angestellt sind, wodurch organisationale Intelligenz gesteigert werden kann. Es wäre daher eine sinnvolle Fragestellung, wie Rahmenbedingungen durch Führung gestaltet werden können, die ambidextres Handeln für den direkten Bereich ermöglichen (Wissenserweiterung und Innovationsfähigkeit trotz Taktgebundenheit). Darüber hinaus besteht aufgrund der Beschränkung der Probandenauswahl auf die indirekten Bereiche der Automobilindustrie eine eingeschränkte Ergebnisgeneralisierbarkeit sowie Aussagekraft.

Anhand dieser Arbeit wurde ein Konzept, das **3 L-Modell ambidextrer Führung**, entwickelt, das Führungskräfte nutzen können, um ambidextres Handeln in ihren Teams zu fördern. Um eine ganzheitliche Multiple Nucleus-Strategie zu ermöglichen, ist die gezielte Steuerung der Fortführung der Bewusstseinsschaffung auf allen Ebenen des Unternehmens notwendig. Dieses Vorhaben ist nicht zu unterschätzen. Zum einen wurden u. a. als ausgeprägteste unternehmenskulturelle Barrieren Macht- und Wissensteilungsbarrieren aufgeführt, die ambidextres Handeln beeinträchtigen können. Zum anderen war zumindest den Probanden die inhaltliche Ausführung des Ambidextriebegriffes aufgrund des bereits an vielen Stellen gelebten ambidextren Handelns bekannt, wenngleich der Begriff für viele fremd war. Dieses Bewusstsein könnte an anderen Stellen weniger ausgeprägt sein, wenn der folgende Aspekt berücksichtigt wird: Wohl wissend, dass ambidextres Handeln nicht nur auf Ebene der Ideengenerierung vollzogen wird, hat die Datenbasis eine gute Grundlage geboten, um zu eruieren, wie viele OE im Hinblick auf die Ideengenerierung (Replikation und Innovation) ambidexter handeln. Insgesamt wiesen die Datensätze der eingereichten Ideen aus dem Jahr 2016 auf, dass unter fünf Prozent der OE ein Gleichgewicht OE-bezogener und OE-übergreifender Ideeneinreichung verfolgen. Wenngleich Ambidextrie und ambidextre Führung deshalb stärker im Unternehmenskontext thematisiert werden sollen, um nachhaltiges Lernen zu fördern, ist das partiell vorhandene ambidextre Verhalten zumindest Ausdruck eines Annäherungsprozesses. Wie von Tushman & O'Reilly (1996: 11–18) aufgezeigt, könnte die bisherige Vernachlässigung des Themas Ambidextrie auf Trägheit in Bezug auf Wissenserweiterung und der Verbesserung der Innovationsfähigkeit zurückgeführt werden, somit also auch auf das Erfolgsverhalten eines Volumenherstellers, der mit dem bisherigen Fokus auf das Kerngeschäft erfolgreich war (organisationaler Realismus).

Ferner sei auf das ambivalente Verhältnis zu den Grundprinzipien qualitativer Forschung hingewiesen. Für die Erst- und Zweituntersuchung wurde ein Leitfaden genutzt, der in gewisser Weise dem Prinzip der Offenheit des explorativen Vorgehens widerspricht. Denn es wurde aufgrund des Forschungsdesiderates im Bereich ambidextrer Führung ein exploratives Vorgehen anhand einer qualitativen Untersuchung gewählt, das jedoch durch vorab definierte Fragen, die teilweise zum Einsatz kamen, möglicherweise in den Ergebnissen limitiert wurde. Im Gegensatz hierzu hätte es im Hinblick auf Forschungsfrage 4 (vgl. *4.3.4 Diskussion der Ergebnisse zu Forschungsfrage 4 „Ideengenerierung und nachhaltiges Lernen" sowie Hypothesengenerierung*) jedoch sinnvoller sein können, mit konkreten Fragen zu den einzelnen Nachhaltigkeitsdimensionen anzuschließen, um detaillierte Forschungsergebnisse zu erhalten, anhand derer über die Defizithypothese hinaus neue Forschungserkenntnisse hätten generiert werden können.

Es sei auch darauf hingewiesen, dass von Lesern dieser Arbeit konstatiert werden könnte, dass es sich auch bei der OE-bezogenen Ideeneinreichung nicht nur um Optimierungen handeln könnte, sondern ebenfalls um Innovationen. Allerdings wird zum einen grundsätzlich davon ausgegangen, dass Mitarbeiter in der eigenen OE eher Wissensaufbau in anderen OE vornehmen, wohingegen sie aufgrund bekannter Arbeitsabläufe und Detailwissen in ihrer eigenen OE tendenziell eher Wissen nutzen. Darüber hinaus ist es der Verfasserin dieser Arbeit aus datenschutzrechtlichen Gründen nicht gestattet, einzelne Ideen und deren Inhalte zu betrachten und so zu ermitteln, ob es sich um Optimierungen oder Neuerungen handelt.

Es wurde im Untersuchungskontext bewusst kein expliziter Bezug zu disruptiven Innovationen hergestellt, wenngleich dies den Schwerpunkt vieler anderer wissenschaftlicher Untersuchungen darstellt. Dies liegt darin begründet, dass disruptive Innovationen Neuentwicklungen sind, die den Markt verändern (vgl. Duwe 2016: 106). Als ein Beispiel für die Automobilbranche sei Elektromobilität zu nennen. Häufig entstehen solche Innovationen im Unternehmenskontext innerhalb von Innovationsteams der Forschung und betreffen weniger operative Teams. Dies ist auch ein Grund dafür, dass sich die bisherige Ambidextrieforschung auf Top Management- oder Innovationsteams (vgl. O'Reilly & Tushman 2013 [www]: 17.07.15) bezieht. Um einen Veränderungsprozess mittels Bewusstseinsschaffung für ambidextres Handeln auf operativer sowie Führungsebene zu begünstigen, war für diese Arbeit die Ermittlung eines ambidextren Führungskonzeptes zur Wissensnutzung und -erweiterung in der operativen Praxis vor dem Hintergrund einer kontextuellen Ambidextrie vordergründig – nicht einer strukturellen. Diese Bewusstseinsschaffung wurde bestätigt (vgl. *4.2.3 Forschungsfrage 3: Zusammenhang ambidextrer Führung mit erfolgreicher Ideeneinreichung*).

Abschließend sei zu erwähnen, dass die Ergebnisse aufgrund von Faktoren wie selbstverstärkender Verzerrung oder sozialer Erwünschtheitseffekte der Probanden verfälscht sein könnten.

4.5   Implikationen für Forschung und Praxis

Nachfolgend werden Implikationen für die ambidextre Führungsforschung sowie für die Führungs- und unternehmerische Praxis dargestellt.

Implikationen für die Ambidextrieforschung: In der Ambidextrieforschung haben bisher Studien auf Top Management-Ebene dominiert. Diese Studie verdeutlicht, dass kontextuelle Ambidextrie auch auf unmittelbarer Führungsebene von operativen Teams von hoher Bedeutung ist. Aus diesem Grund sollte die Forschung auf dieser Ebene forciert werden. Wie die Studienergebnisse allerdings auch verdeutlichen, ist auch das mittlere Management für das Thema Ambidextrie zu sensibilisieren, da ambidextres Handeln sonst negativ beeinflusst werden könnte. Aus diesem Grund werden auch auf dieser Ebene weitere Untersuchungen empfohlen. Während in der Forschung bei exploitativen und explorativen Lernprozessen zwischen transaktionaler und transformationaler, schließender und öffnender bzw. aufgaben- und mitarbeiterorientierter Führung differenziert wurde, kann dieser Zusammenhang nicht bestätigt werden. Die meisten der Führungsattribute müssen sowohl bei exploitativen als auch bei explorativen Ausrichtungen angewandt werden. Der wesentliche Unterschied hinsichtlich Exploitation und Exploration liegt im Umgang mit den Paradoxien. Werden die Anforderungskriterien der Subdimensionen ambidextrer Führung betrachtet, so fällt auf, dass der explorative Bezug neuer, agiler Arbeitsmethoden zur Unterstützung der crossfunktionalen Teamzusammenarbeit bedarf. Aus diesem Grund ergänzen sich traditionelle und moderne Arbeitsmethoden im ambidextren Kontext. Während exploitative Lernprozesse stärker effizienzgetrieben sind, bedürfen explorative Lernprozesse kreativitätsfördernder Rahmenbedingungen, die bspw. durch agile Methoden begünstigt werden können. Die bisherigen Ausführungen verdeutlichen, dass ambidextre Führung zugleich die Grundlage und Notwendigkeit für agiles Arbeiten bietet. Darüber hinaus sind im Rahmen der Führungsdimensionen – abgesehen von den ermittelten Paradoxien – jedoch keine expliziten Unterschiede zu nennen. Als Beispiele seien Informationsbereitstellung, Kompetenzaufbau, nachhaltiges Lernen, die Reflexion von Lernprozessen, Fehlerkultur, das Führen auf Augenhöhe, Perspektivenvielfalt, Zukunftstrends, Unternehmensstrategie, Kommunikation sowie Zielsetzungen genannt. So konnte aufgezeigt werden, dass eine mehrdimensionale Gestaltung der Dimensionen Lernen, Lenken und Leisten notwendig ist, um exploitative und explorative Lernprozesse zu fördern.

Weiterhin konnte auf Basis einer profunden Paradoxieanalyse aufgezeigt werden, mit welchen Paradoxien Führungskräfte operativer Teams umgehen müssen. Somit leistet die Arbeit einen Beitrag zum von Zhou & Xue (2013: 546) aufgezeigten Bedarf an weiteren Studien zu den Rahmenbedingungen zur Förderung von Exploitation als auch Exploration. Dass Teamleiter zu ambidextrem Führungsverhalten geschult werden können, haben Zacher & Rosing (2015: 54) in ihrer Studie Ambidextrous Leadership and Team Innovation ermittelt. Diese Arbeit vermittelt darüber hinaus, wie ambidextres Führungsverhalten auf operativer Teamebene gestaltet werden muss. Die Ergebnisse leisten einen Beitrag in Bezug auf die von O'Reilly & Tushman (2011: 20) sowie Zacher, Robinson & Rosing (2014: 2) genannte weitere Erforschungsnotwendigkeit hinsichtlich der Gestaltung von Ambidextrie in Organisationen bzw. auf intraorganisationaler/Teamebene.

Den Ausgangspunkt für weitere Untersuchungen bieten die aufgestellten Hypothesen, um die aufgestellten Führungsdimensionen mit den Attributen des Führungsverhaltens zu überprüfen. Das im Rahmen dieser Arbeit entwickelte Kategoriensystem dient als empirisch fundierte Basis. Das auf Basis der qualitativen Erstuntersuchung entwickelte Führungskonzept wurde abschließend im Rahmen der zweiten qualitativen Studie untersucht und vor dem Hintergrund der Praxisrelevanz beurteilt, wodurch Ergänzungen vorgenommen wurden. Um einen quantitativen Konzepttest zu ermöglichen, sollte eine quantitative Untersuchung unter Mitarbeitern und Führungskräften fortgeführt werden. Im Rahmen zukünftiger quantitativer Studien sollten ferner die aufgestellten Hypothesen geprüft werden. Darüber hinaus sollten die Wechselbeziehungen der ambidextren Führungsdimensionen sowie der Paradoxien überprüft werden. Ferner konnte im Rahmen dieser Untersuchungen nicht ermittelt werden, wie Zielkonflikte in der zeitlichen, monetären und arbeitsmittelbezogenen Ressourcenallokation aufgelöst werden, um ambidextre Führung zu begünstigen. Darüber hinaus sollte nicht nur das rekursive Verhältnis ambidextrer Führung zu organisationalem Lernen, der Organisationsstruktur und -kultur geprüft werden, sondern auch die Ausprägung der Wechselbeziehungen. Wie unter *Methodische Probleme beim Erfassen ambidextren Handelns und Limitationen* aufgeführt wurde, ist die Bewusstseinsschaffung der Anforderungskausalität zwischen den Nachhaltigkeitsdimensionen und exploitativen sowie explorativen Lernprozessen notwendig. Hierfür bedarf es weiterführender Studien.

Die Studienergebnisse zeigen, dass das vorliegende Dissertationsthema zu ambidextrer Führung aufgrund der Perspektiverweiterung des ganzheitlichen Prozesslernens sowie des hierdurch bedingten Nachhaltigkeitskonzeptes von hoher Bedeutung ist. Innovative Team Governance mittels ambidextrer Führung kann den kontinuierlichen Wandel positiv gestalten und ist nicht exklusiv für Unternehmen einer Branche oder Größe bestimmt. Es handelt sich um ein integratives Konzept organisationalen und individuellen Verhaltens zur Verleihung organisatorischer Stabilität, das sich primär auf das Wirkungsfeld von Führungskräften bezieht (vgl. Tyssen 2011: 25; vgl. Proff & Haberle 2010: 83; vgl. Busch 2015: 27; vgl. Schudy 2010: 14–15, 169). Zum einen sind daher weitere Studien zum rekursiven Verhältnis zwischen ambidextrer Führung und organisationalem Lernen, der Organisationsstruktur sowie -kultur wesentlich. Aufgrund der für diese Untersuchung gewählten Branche und Unternehmensgröße sind ferner weitere empirische Studien essenziell – so nicht nur im Hinblick auf andere

Branchen und Betriebsgrößen, sondern auch im Hinblick auf die Internationalisierung und interkulturelle Unterschiede in der ambidextren Führungsgestaltung (vgl. Pelagio Rodriguez & Hechanova 2014: 21), die weitreichende Implikationen für die Führungspraxis aufweist (vgl. Wollersheim 2010: 21; vgl. Werther & Jacobs 2014: 2).

Die aufgezeigten Ansätze der Ambidextriedimensionen der Führung verdeutlichen nicht nur neue Erkenntnisse wissenschaftlichen Wissens, sondern konkrete Verhaltensanker für die Praxis und leisten somit auch einen Beitrag aus Sicht der Verwendungsforschung. Sie werden nachstehend aufgeführt.

Implikationen für die Ambidextriepraxis: Die Auseinandersetzung mit der ambidextren Führungsthematik auf unterer Hierarchieebene im Kontext des Ideenmanagements des indirekten Bereiches der Automobilindustrie hat aufgezeigt, wie wichtig die Förderung von Ambidextrie auf operativer Teamebene vor dem Hintergrund einer Paradoxie-Perspektive ist und dass Führung einen bedeutenden Einfluss auf die Ideengenerierung hat, indem beide Arbeitswelten (Optimierungen sowie Innovationen) unterstützt werden.

Der Erfolg ambidextrer Führung ist jedoch von weiteren Faktoren abhängig. Zum einen muss Kompetenzmanagement so gestaltet werden, dass eine Weiterentwicklung nicht nur auf Fachbereichsebene möglich ist. Wie anhand von dargestellt, ist zudem ein reiner Top Down-Ansatz des Ambidextriekonzeptes nicht ausreichend. Es bedarf eines Ansatzes, der sowohl auf Führungs- (einschließlich des mittleren Managements) als auch auf Mitarbeiterebene, jedoch auch über Unternehmensbereiche hinweg für das Thema Ambidextrie sensibilisiert und klare Anforderungskriterien bereitstellt. Ambidextre Führung unterstützt die Change-Fitness eines Unternehmens hinsichtlich des Transformationsgedankens und Transition, die eine Herausforderung für Führungskräfte darstellt. Aufgrund der Ermittlung eines balancierenden Führungsverhaltenskonzeptes in Bezug auf die Förderung von OE-bezogenen und -übergreifenden Lernprozessen und der daraus begünstigten Steigerung der Ideeneinreichungen leistet diese Arbeit einen wesentlichen Beitrag der Möglichkeit eines organisationalen Veränderungsprozesses, der nicht top-down oder bottom-up angestoßen wird. Vielmehr kann die Bewusstseinsschärfung der Notwendigkeit der organisationalen Ambidextrie anhand des both directions- und multiple nucleus-Ansatzes erfolgen und so einen Beitrag zum Deutero Learning liefern, indem die Lernfähigkeit der Organisationsmitglieder gesteigert wird (vgl. Argyris & Schön 1978: 27; vgl. Argyris & Schön 1996: 29). Bezug nehmend auf lässt sich feststellen, dass ambidextre Führung Möglichkeiten zur Steigerung der Team- und Netzwerkintelligenz schafft und somit über die unternehmerische Einzelintelligenz hinausgeht. Es wird so eine mögliche Grundlage für die unternehmerische Entwicklung hin zu einer lernenden Organisation mittels nachhaltigen Lernens des Lernens (Deutero Learning) durch die Vereinbarkeit exploitativer (Single Loop) und explorativer Lernmodi (Double Loop) geschaffen. Dies steigert wiederum die kulturelle Entwicklung des Unternehmens, wodurch Strukturen beeinflusst, die Netzwerkintelligenz gesteigert und Komplexität bewältigt werden kann.

Darüber hinaus wird in allen drei ambidextren Führungsdimensionen deutlich, dass Kommunikation für die Erzeugung und den Erhalt von Ambidextrie von zentraler Bedeutung ist. Nachhaltiges Lernen fördernde Ambidextrie ist durch einen fortwährenden Kommunikationsprozess der Führung zu unterstützen.

Eric Ries (2017: 9–24, 126) vereint in seinem Buch The Startup Way die Präzision eines General Management-Systems mit dem stark ausgeprägten iterativen Handeln von Startups. Als fünf Prinzipien von Startups führt er kontinuierliche Innovation, unternehmensinterne Team-Startups, Unternehmertum, einen zweiten Gründungsakt für einen grundlegenden (Struktur)Wandel sowie kontinuierliche Transformation auf. Der Erfolg dieser Prinzipien ist abhängig von weiteren Elementen, die entsprechend adaptiert werden müssen. Hierzu zählen Anerkennungs-, Anreizsysteme und Personalentwicklungsinstrumente, Prozesse zur Förderung der Teamkoordination und -kollaboration. Diese Rahmenbedingungen haben wiederum Auswirkungen auf die benötigte Unternehmenskultur, die Kreativität, Fehler, Lernen und Innovationen zulässt und sich entsprechend positiv auf das Mindset der Mitarbeiter auswirkt. Mitarbeiter arbeiten in crossfunktionalen Teams und fungieren als Change Agents. Führungskräfte fördern Unternehmertum. Leistung steht im Vordergrund. Wesentlich hierbei ist, dass Personalinstrumente entsprechend angepasst werden. Im Kontext des untersuchten Unternehmens bedeutet dies beispielsweise, Kriterien zur OE-übergreifenden Wissenserreichung als ein Teilkriterium in das Mitarbeitergespräch aufzunehmen, genauso wie bei Zielvereinbarungen für Führungskräfte und Management.

In der Literatur bestehen Ausführungen, die Exploration auf die Ideengenerierung beziehen, während Exploitation die Ideenumsetzung beschreibt (vgl. Keller 2012 [www]: 27.12.15). Begründet wird dies damit, dass Ideen mit Innovationen gleichgesetzt werden und deren Umsetzung in die operative Praxis in das Kerngeschäft übergeht. Für diesen Kontext wurde diese Differenzierung bewusst nicht vorgenommen, weil exploitative und explorative Lernprozesse den Fokus bilden. So konnte bestätigt werden, dass sich exploitative Lernprozesse tendenziell eher auf Wissensnutzung beziehen (OE-bezogene Ideeneinreichung) und explorative Lernprozesse auf Wissenserweiterung (OE-übergreifende Ideeneinreichung). Unter *3.2.1 Forschungsfeld: Das Ideenmanagement und die Volkswagen AG* wurde als Aufgabe des Ideenmanagements der Begriff der Verwaltung von Ideen der Quelle entsprechend aufgeführt. Wie die Untersuchungsergebnisse aufzeigen, ist eine reine Verwaltung von Ideen nicht mehr zeitgemäß, da Unternehmen exploitative und explorative Lernprozesse verfolgen müssen, um sowohl Optimierungen und Standardisierungen als auch Veränderungen und Innovationen zu gewährleisten. Führungskräften wird hierbei eine wesentliche Rolle zuteil, um das ambidextre Handeln ihrer Mitarbeiter zur Steigerung der organisatorischen Intelligenz zu fördern. Das Ambidextriekonzept sollte auch deshalb in die Führungskräfteschulungen des Ideenmanagements integriert werden. Die Arbeit erweitert die Ambidextrieforschung in Bezug auf Replikation und Innovation um den Aspekt des Führungseinflusses direkter Vorgesetzter auf den nachhaltigen Lernprozess sowie der Ideeneinreichung der Mitarbeiter.

Natürlich bestehen auch im Kerngeschäft Innovationen und im Neugeschäft operative Tätigkeiten. Deshalb ist in jeder OE bzw. im Hinblick auf jede Funktion individuell zu schauen, zu welchem Grad rollenbezogen wie agiert werden muss (bspw. operational experience vs. Nutzung agiler Methoden). Wichtig ist das Bewusstsein für die Notwendigkeit ambidextrer Führung zur Sicherung der aktuellen und zukünftigen Wettbewerbsfähigkeit.

Die Untersuchungsergebnisse zeigen ferner auf, dass sich Führungskräfte mitten in einem notwendigen Paradigmenwechsel befinden. Ihre Aufgabe ist es, trotz oft noch starrer Organisationsstrukturen, ungünstiger Kommunikationsstrukturen und linearer Unternehmensprozesse, die Exploitation begünstigen, Rahmenbedingungen zu schaffen, die die Erkundung von Neuem, Flexibilität und kontinuierliches Experimentieren, Vernetzung und cross-funktionale Kollaboration ermöglichen. Diese ist besonders wichtig, um Innovationen hervorzubringen, Veränderungen und Verbesserungen im Unternehmen zu initiieren, die den geschäftlichen Zielvorgaben und durch Umfeldveränderungen getriebenen Bedarfen entsprechen (vgl. Meffert & Meffert 2017: 259; vgl. Noé 2013: 50, 159; vgl. Laurençon & Wagner 2018: 34–35). Dies zeigt wiederum auf, dass Unternehmen zur Unterstützung ambidextren Handelns Voraussetzungen für neue Organisationsstrukturen schaffen müssen, die agiles Arbeiten mit dem Ziel der Exploration fördern und nachhaltiges Lernen (sowohl Kompetenz-, Qualifizierungs- als auch Wissensmanagement) unterstützen.

Aber nicht nur Führungskräfte müssen für eine Balanceschaffung zwischen Exploitation und Exploration umlernen, sondern auch Mitarbeiter. Wie insbesondere die ermittelten Paradoxien aufgezeigt haben, müssen sie mehr Verantwortung und so eine neue Rolle übernehmen, einen externen Blickwinkel einnehmen und nachhaltig lernen wollen und Bereitschaft zur Kollaboration zeigen. Führungskräfte müssen das traditionelle, hierarchie- und statusgetriebene Führungsverständnis verwerfen und die Rolle eines Coaches und Wissensmanagers übernehmen, der sowohl das operative Tagesgeschäft als auch die Begünstigung von Innovationen und Kollaboration mittels agilem Arbeiten und fortwährender Weiterbildung on demand forciert. Auf diese Weise wird trotz klassischer, unflexibler Organisationsstrukturen ermöglicht, sich auf Veränderungen einzulassen und innovativ zu sein. Es ist entscheidend, Vernetzung, Flexibilität, Verantwortungsübergabe, cross-funktionale Arbeit und Kollaboration zuzulassen sowie Ressourcen für Exploration zur Verfügung zu stellen.

Nachhaltiges Lernen geschieht on the job anhand von Wissensausnutzung mittels Exploitation und Wissenserweiterung mittels Exploration. Dies bestätigen auch Laurençon & Wagner (2018: 15, 55–57). Sie verweisen auf Bildung 4.0 als stetigen Ausbau des individuellen Wissens- und Kompetenznetzwerkes. Als Begründung für diese Notwendigkeit führen sie (ebenso wie in der Einleitung beschrieben) das VUCA-Prinzip auf (Volatility, Uncertainty, Complexity, Ambiguity), das einer vernetzten Selbstlernkompetenz mit Kreativität, einer vernetzten Wissensgesellschaft und Agilität bedarf. Hierbei ist Silodenken ein besonderes Hindernis. OE- und bereichsübergreifendes Handeln sollte deshalb von Unternehmen ebenfalls anhand von Personalinstrumenten (wie Zielvereinbarungsprozessen) gefördert werden. Und hiermit einher geht die aus den Untersuchungsergebnissen resultierende notwendige Veränderung der Unternehmenskultur, die im Unternehmenskontext – so auch in dieser Untersuchung – als wesentliche Barriere genannt wurde, die kreatives Denken und kreatives Potenzial behindert. Ambidextre Führung kann durch einen Multiple Nucleus-Ansatz die Unternehmenskultur verändern, bedarf jedoch auch einer veränderten Unternehmenskultur, um wirksam zu werden – eine weitere Paradoxie. Sowohl für Exploitation als auch für Exploration, aber insbesondere für Exploration und agile Methoden ist Vertrauen eine verpflichtende Voraussetzung für den Erfolg selbstorganisierter Teams (vgl. Meffert & Meffert 2017: 260–261). Darüber hinaus ist nachhaltiges Lernen nicht mehr reine Formalqualifikation mit Qualifizierungsformaten wie personenzentrierten Seminaren, sondern bedeutet es eine neue Form organisatorischer Intelligenz, die durch Kollaboration, Vernetzung und Veränderungsbereitschaft sowie die Nutzung systematisierter Wissensverfügbarkeit mit dem Ziel des Entstehens neuer Produkte, Prozesse und Dienstleistungen mit einem Mehrwert angereichert wird (vgl. Draheim 2018: 4). Dieser Mehrwert entsteht sicherlich nicht durch eine quantitative Ideeneinreichung; deshalb wurde im Rahmen des ambidextren Führungskonzeptes der qualitative Ansatz betont, der selbstverantwortlich durch Führungskräfte und Mitarbeiter verfolgt werden sollte.

Nachhaltiges Lernen ist ein wesentlicher Aspekt immaterieller Unternehmensstärken, um im Lernen schneller zu sein als die Umfeldveränderungen, um Trends zu erkennen. Notwendig hierfür ist die aufgezeigte Bewusstseinsschaffung für ambidextre Führung, die sowohl Lern- als auch Fehlerkultur umfasst (vgl. Noé 2013: 9, 49, 68). Anhand des folgenden Zitates von Laurençon & Wagner (2018: 24) wird Lernen 4.0 wie folgt zitiert:

> „Die künftige individuelle Beschäftigungsfähigkeit hängt von der lebenslangen Lernfähigkeit und Lernbereitschaft des Einzelnen und seinem Lernumfeld ab. Die Wissensarbeiter/innen des 21. Jahrhunderts entwickeln ihre Kompetenz in kreativer Verbindung mit der Materie. Sie werden dabei zu schaffend tätigen, vielfältig vernetzten Wissensnomaden, vielseitig einsatzfähig und immer auf der Suche nach Neuem – im eigenen Interesse. Lernen entspricht immer mehr einem Learning by Doing."

Sie bestätigen hierdurch die auf Basis der Untersuchungsergebnisse dieser Arbeit aufgezeigte Notwendigkeit nachhaltigen Lernens.

Die vorliegende Arbeit ist aufgrund der folgenden Gründe von hoher wissenschaftlicher und praktischer Bedeutung: Ausbau vorhandener Wettbewerbsvorteile und Effizienzen auf Basis der Ambidextrie mittels Perspektiverweiterung des Prozesslernens, des dadurch bedingten Nachhaltigkeitskonzeptes sowie des ganzheitlichen Ansatzes. Hierdurch kann ein kontinuierlicher unternehmerischer Wandel gestaltet werden. Darüber hinaus ist Ambidextrie nicht exklusiv für einzelne Unternehmen bestimmt. Unabhängig von der Unternehmensgröße und -branche ist die innovative Team Governance mittels ambidextrer Führung ein integratives Konzept organisationalen, kollektiven und individuellen Verhaltens zur Verleihung organisatorischer Stabilität, da es sich auf das Wirkungsfeld von Führungskräften bezieht (vgl. Tyssen 2011: 25; vgl. Proff & Haberle 2010: 83; vgl. Busch 2015: 27; vgl. Schudy 2010: 14–15, 169).

Resümee

5

<u>Ziel und Forschungsfragen der Arbeit:</u> Vor dem Hintergrund der Zukunftssicherung von Unternehmen besteht die Notwendigkeit der Vereinbarkeit von Innovation (explorativer Lernmodus) und Effizienz (exploitativer Lermodus). Ambidextrie fördert die Balance beider Ausprägungen, wurde bisher allerdings vor allem auf Top Management-Ebene untersucht. Darüber hinaus vernachlässigen 80 Prozent der Unternehmen Exploration.

Bisher bestanden keine Forschungserkenntnisse zur konkreten Ausgestaltung dieser beidhändigen Führung auf operativer Ebene vor dem Hintergrund einer Paradoxieperspektive. Insgesamt wurden vier Forschungsfragen bearbeitet. Während sich die erste und zweite Forschungsfrage mit ambidextrer Führung und Lernprozessen sowie Paradoxien beschäftigen, befasst sich die dritte Forschungsfrage mit dem Zusammenhang ambidextrer Führung und erfolgreicher Ideeneinreichung. Viertens wurde untersucht, inwiefern es sich bei der Ideengenerierung um nachhaltiges Lernen handelt.

Zur Erstellung eines Rahmenmodells der Führung sowie deduktiven Kategorienentwicklung für die qualitative Untersuchung wurden theoretische Grundlagen zu Ambidextrie, Führung sowie innovativer Team Governance erörtert. Sie wurden aufgrund ihrer Aktualität sowie ihres Innovationsförderungsbezuges ausgewählt und ihr Nutzenbeitrag empirisch hergeleitet. Im Rahmen der Erstuntersuchung mit bereits ambidexter handelnden OE[1] wurden Experteninterviews mit Führungskräften und Gruppendiskussionen mit deren Mitarbeitern geführt, um zu ermitteln, wie Vorgesetzte ambidextres Führungshandeln gestalten sollten, um exploitative und explorative Lernprozesse zu fördern. Das Kategoriensystem

---

[1]Ambidextres Handeln entspricht in diesem Kontext einer Balance der OE-bezogenen und -übergreifenden Ideengenerierung.

J. Guth, *Zukunftsweisende Teamsteuerung*, AutoUni – Schriftenreihe 151, https://doi.org/10.1007/978-3-658-33267-9_5

wurde erneut induktiv-deduktiv angepasst. Zur Sicherstellung einer Ergebnisreflexion und alltagsprüfenden kommunikativen Validierung wurde die Zweituntersuchung nach einem Jahr als Längsschnittstudie mittels Gruppendiskussionen und Experteninterviews mit denselben OE^2 durchgeführt.

Ergebnisse der Arbeit: Aufbauend auf den Untersuchungsergebnissen wurden insgesamt neun Hypothesen entwickelt, die ambidextre Führung auf operativer Ebene, ihren Umgang mit Paradoxien, ihren Zusammenhang mit erfolgreicher Ideengenerierung sowie nachhaltigem Lernen beziehen. Hierbei können der ersten Forschungsfrage eine Hypothese und der zweiten, dritten sowie vierten Forschungsfrage jeweils drei Hypothesen zugeordnet werden.

Bezug nehmend auf die erste Forschungsfrage wurde aufgezeigt, dass ambidextres Führungshandeln mehrdimensional gestaltet werden muss (Wechselwirkung von Lernen, Lenken und Leisten), um exploitative und explorative Lernprozesse im Team auszulösen. Demnach wurde auch im Rahmen dieser Studie aufgezeigt, dass eine alleinige Differenzierung zwischen transaktionaler und transformationaler Führung nicht zutreffend ist. Bezug nehmend auf die zweite Forschungsfrage wurden Paradoxien der jeweiligen ambidextren Führungsdimensionen ermittelt. Während die Gestaltung der ermittelten Anforderungskategorien der ambidextren Führungsdimensionen keine signifikanten Unterschiede hinsichtlich der Balanceschaffung zwischen Exploitation und Exploration aufweisen, ist die Bewusstseinsschaffung für den Umgang mit Paradoxien essenziell. Ferner bestehen Zielkonflikte aufgrund von Ressourcenallokation; die konkrete Gestaltung dieser ist weiter zu erforschen. Hinsichtlich der dritten Forschungsfrage wurde ein positiver Zusammenhang zwischen ambidextrer Führung und der OE-bezogenen und -übergreifenden Ideeneinreichung ermittelt. Darüber hinaus konnte ein rekursives Verhältnis zwischen ambidextrer Führung gegenüber organisationalem Lernen, der Organisationsstruktur und -kultur aufgewiesen werden. Eine weitere Hypothese befasst sich mit der Relevanz der ganzheitlichen Führungs- und Managementunterstützung im Hinblick auf Ambidextrie. Weiterhin zeigten die Ergebnisse zur vierten Forschungsfrage auf, dass das Bewusstsein für den Zusammenhang von exploitativen sowie explorativen Lernprozessen unzureichend ausgeprägt ist. Als eine wesentliche Handlungsempfehlung für die betriebswirtschaftliche Praxis kann die folgende abgeleitet werden: Um nachhaltiges Lernen sicherzustellen, muss ambidextre Führung als zentraler, integrierter und fortwährender Bestandteil des Unternehmens und seiner Systemmitglieder verstanden und gelebt werden.

---

^{2}Zwei OE wurden umstrukturiert und konnten deshalb kein zweites Mal befragt werden.

Fazit: In dieser Arbeit wurde theoretisch sowie empirisch untersucht, wie ambidextre Führung auf operativer Teamebene vor dem Hintergrund einer Paradoxieperspektive gestaltet werden muss, um nachhaltiges Lernen zu fördern und die Change Fitness eines Unternehmens zu erhöhen. Hierfür wurde ein Rahmenmodell ambidextrer Führung erstellt. Bezug nehmend auf den Titel der Arbeit „Zukunftsweisende Teamsteuerung: Ambidextre Führung als eine neue Form organisatorischer Intelligenz" konnte im Rahmen dieser Arbeit nicht bestätigt werden, dass ambidextre Führung nachhaltig die organisatorische Intelligenz steigert: Zum einen wurde letztlich nicht final beantwortet, ob ambidextre Führung auf unterer Hierarchieebene in operativen Teams erfolgreich und sinnvoll zu exploitativen und explorativen Lernprozessen beitragen kann und zum anderen, wie Organisationen, die nachhaltiger werden wollen, tatsächlich in den aufgeführten Nachhaltigkeitsdimensionen exploitativ und explorativ lernen.

Literaturverzeichnis

Aderhold, Jens; Jutzi, Katrin (2003): Theorie sozialer Systeme. In: Weik, Elke; Lang, Rainhart (Hrsg.): Moderne Organisationstheorien 2: Strukturorientierte Ansätze. Wiesbaden: Gabler. S. 121–151.

Adler, Paul S.; Goldoftas, Barbara; Levine, David I. (1999): Flexibility versus Efficiency? A Case Study of Model Changeovers in the Toyota Production System. In: Organization Science. Nr. 10 (1). S. 43–68.

Andriopoulos, Constantine; Lewis, Marianne W. (2009): Exploitation-Exploration Tensions and Organizational Ambidexterity: Managing Paradoxes of Innovation. In: Organization Science. Nr. 20. S. 696–717.

Argyris, Chris; Schön, Donald A. (1978): Organizations Learning: A Theory of Action Perspective. Reading et al.: Addison-Wesley.

Argyris, Chris; Schön, Donald A. (1996): Organizational Learning II: Theory, Method, and Practice. Reading et al.: Addison-Wesley.

Asselmeyer, Herbert (2015): Organisationale Ambidextrie als wegweisendes Prinzip unternehmerischen Denkens und Handelns. Universität Hildesheim, Institut organization studies, Personal-DoktorandInnen-Kolloquium AutoUni.

Atteslander, Peter (2010): Methoden der empirischen Sozialforschung. 13., neu bearb. u. erw. Aufl. Berlin: Erich Schmidt.

Baltes, Guido; Selig, Christoph (2017): Organisationale Veränderungsintelligenz – Wachstumsfähigkeit mit strategischer Innovation erneuern. Wie Unternehmen agile Anpassungsfähigkeit in ihren Organisationen implementieren können, um strategische Erneuerung für Innovation und Wachstum zu erreichen. In: Baltes, Guido; Freyth, Antje (Hrsg.): Veränderungsintelligenz: Agiler, innovativer, unternehmerischer den Wandel unserer Zeit meistern. Wiesbaden: Springer Gabler. S. 81–168.

Barbuto John E.; Wheeler Daniel W. (2006): Scale development and construct clarification of servant leadership. In: Group and Organization Management. Nr. 31 (3). S. 300–326.

Bass, Bernard M. (1985): Leadership and performance beyond expectations. New York: Free Press.

Bass, Bernard M.; Avolio Bruce J. (1990): Developing Transformational Leadership: 1992 and Beyond. Journal of European Industrial Training. Nr. 14 (5), S. 21–27.

© Der/die Herausgeber bzw. der/die Autor(en), exklusiv lizenziert durch Springer Fachmedien Wiesbaden GmbH, ein Teil von Springer Nature 2021
J. Guth, *Zukunftsweisende Teamsteuerung*, AutoUni – Schriftenreihe 151,
https://doi.org/10.1007/978-3-658-33267-9

Bass, Bernard M. (1990): Bass & Stogdill's Handbook of Leadership: Theory, Research & Managerial Applications. 3. Aufl. New York: The Free Press.

Bass, Bernard M.; Riggio, Ronald E. (2006): Transformational Leadership. 2nd edition. New Jersey: Lawrence Erlbaum Associates.

Bateson, Gregory (1983): Ökologie des Geistes: Anthropologische, psychologische, biologische und epistemologische Perspektiven. Frankfurt/Main: Suhrkamp.

Baur, Nina; Blasius, Jörg (2014): Methoden der empirischen Sozialforschung: Ein Überblick. In: Baur, Nina; Blasius, Jörg (Hrsg.): Handbuch Methoden der empirischen Sozialforschung. Wiesbaden: Springer. S. 41–62.

Bechmann, Reinhard (2013): Ideenmanagement und betriebliches Vorschlagswesen: Betriebs- und Dienstvereinbarungen: Analyse und Handlungsempfehlungen Frankfurt/Main: Bund-Verlag.

Beckman, Christine M. (2006): The Influence of founding team company affiliations on firm behavior. In: Academy of Management Journal. Nr. 49 (4). S. 741–758.

Beer, Stafford (1970): Cybernetics and Management. 2nd edition. London; New York: John Wiley & Sons.

Belbin, R. Meredith (2010): Team Roles at Work. 2nd edition. Abingdon; New York: Routledge.

Bennewitz, Hedda (2013): Entwicklungslinien und Situation des qualitativen Forschungsansatzes in der Erziehungswissenschaft. In: Friebertshäuser, Barbara; Langer, Antje; Prengel, Annedore (Hrsg.): Handbuch Qualitative Forschungsmethoden in der Erziehungswissenschaft. Weinheim; Basel: Beltz Juventa. 4., durchges. Aufl. S. 43–59.

Bergmann, Gustav; Daub, Jürgen (2006): Systemisches Innovations- und Kompetenzmanagement: Grundlagen – Prozesse – Perspektiven. Wiesbaden: Gabler.

Bergmann, Gustav; Daub, Jürgen (2008): Relationales Innovations- und Kompetenzmanagement. Grundlagen – Prozesse – Perspektiven. 2. Aufl. Wiesbaden: Gabler.

Besharov, Marya L.; Sharma, Garima (2017): Paradoxes of Organizational Identity. In: Smith, Wendy K. (Hrsg): The Oxford Handbook of Organizational Paradox. Oxford: Oxford University Press. S. 178–196.

Beverland, Michael B.; Wilner, Sarah J. S.; Micheli, Pietro (2015): Reconciling the Tension Between Consistency and Relevance: Design Thinking as a Mechanism for Brand Ambidexterity. In: Journal of the Academy of Marketing Science. Nr. 43 (5). S. 589–609.

Biloslavo, Roberto; Bagnoli, Carlo; Rusjan F., Roland (2012): Managing Dualities for efficiency and effectiveness of organisations. In: Industrial Management & Data Systems. Nr. 113 (3). S. 423–442.

Bledow et al. (2009): A Dialectic Perspective on Innovation: Conflicting Demands, Multiple Pathways, and Ambidexterity. In: Industrial and Organizational Psychology: Perspectives on Science and Practice. Nr. 2. S. 305–337.

Bogner, Alexander; Littig, Beate; Menz, Wolfgang (2014): Interviews mit Experten: Eine praxisorientierte Einführung. In: Bohnsack, Ralf et al. (Hrsg.): Qualitative Sozialforschung: Praktiken – Methodologien – Anwendungsfelder. Wiesbaden: Springer. S. 1–105.

Bogner, Alexander; Menz, Wolfgang (2005): Das theoriegenerierende Experteninterview: Erkenntnisinteresse, Wissensformen, Interaktion. In: Bogner, Alexander; Littig, Beate; Menz, Wolfgang (Hrsg.): Das Experteninterview: Theorie, Methode, Anwendung. Wiesbaden: VS Verlag. S. 33–70.

Bohnsack, Ralf (2005): Standards nicht-standardisierter Forschung in den Erziehungs und Sozialwissenschaften. In: Zeitschrift für Erziehungswissenschaft. Nr. 8 (4). S. 63–81.

Bohnsack, Ralf (2012): Gruppendiskussion. In: Flick, Uwe; von Kardorff, Ernst; Steinke, Ines (Hrsg.): Qualitative Forschung: Ein Handbuch. 11. Aufl. Reinbek: Rowohlt. S. 369–383.

Buliga, Oana; Scheiner, Christian W.; Voigt, Kai-Uwe (2016): Business Model Innovation and Organizational Resilience: Towards an Integrated Conceptual Framework. In: Journal of Business Economics. Nr. 86 (6). S. 647–670.

Burgelman, Robert A. (1990): Strategy making and organizational ecology: A conceptual integration. In: Singh, Jitendra V. (Hrsg.): Organizational Evolution: New Directions. Newbury Park. S. 164–181.

Burgelman, Robert A. (2002): Strategy as Vector and Inertia as Coevolutionary lock-in. In: Administrative Science Quarterly. Nr. 47. S. 325–327.

Burns, James MacGregor (1978): Leadership. New York: Harper & Row.

Busch, Michael W.; Hobus, Björn (2012): Kreativ und umsetzungsstark: Ambidextrie in Teams. In: Zeitschrift Führung und Organisation. Jg. 81, [o. Nr.]. S. 29–36.

Busch, Michael W. (2015): Management und Dynamik teambezogener Lernprozesse. Münche; Meriing: Rainer Hampp.

Cameron, Kim S. (1986): Effectiveness as Pradox: Consensus and Conflict in Conceptions of Organizational Effectiveness. In: Management Science. Nr. 32 (5). S. 539–553.

Cao, Qing; Gedajlovic, Eric; Zhang, Hongping (2009): Unpacking organizational ambidexterity: Dimensions, contingencies, and synergistic effects. In: Organization Science. Nr. 20 (4). S. 781–796.

Carmeli, Abraham; Halevi, Meyrav Yitzack (2009): How top management team behavioral integration and behavioral complexity enable organizational ambidexterity: The moderating role of contextual ambidexterity. In: The Leadership Quarterly. Nr. 20. S. 207–218.

Chia, Robert; Nayak, Ajit (2017): Circumventing the Logic and Limits of Representation: Otherness ind East-West Approaches to Paradox. In: Smith, Wendy K. (Hrsg): The Oxford Handbook of Organizational Paradox. Oxford: Oxford University Press. S. 125–142.

Choi, Taehyon (2015): Environmental Turbulence, Density, and Learning Strategies: When Does Organizational Adaptation Matter? In: Computational and Methamatical Organization Theory. Norwell et al.: Springer. S. 437–460.

Conert, Sabine; Schenk, Michael (2000): Stand und Zukunft des betrieblichen Vorschlagswesens in Deutschland. In: Frey, Dieter; Schulz-Hardt, Stefan (Hrsg.): Vom Vorschlagswesen zum Ideenmanagement. Zum Problem der Änderung von Mentalitäten, Verhalten und Strukturen. Göttingen: Hogrefe. S. 65–89.

Das, T. K.; Teng, Bing-S. (2000): Instabilities of Strategic Alliances: An Internal Tensions Perspective. In: Organization Science. Nr. 11 (1). S. 77–101.

Datta, Avimanyu (2010): Review and Extension on Ambidexterity: A Theoretical Model Integrating Networks and Absorptive Capacity. In: Journal of Management and Strategy. Nr. 2 (1). S. 2–22.

De Hoogh, Annebel H.; Den Hartog, Deanne N.; Koopman, Paul L. (2005): Linking the Big Five-Factors of personality to charismatic and transactional leadership; perceived dynamic work environment as a moderator. In: Journal of Organizational Behavior. Nr. 26 (7). S. 839–865.

Deutsches Institut für Betriebswirtschaft (2003): Erfolgsfaktor Ideenmanagement. 4., vollst. neu bearb. u. erw. Aufl. Berlin: Erich Schmidt.

De Vries, Michael (1998): Die Paradoxie der Innovation. In: Heideloff, Frank; Radel, Tobias (Hrsg.): Organisation von Innovation: Strukturen, Prozesse, Interventionen. München: Hampp. S. 75–87.

Diekmann, Andreas (2007): Empirische Sozialforschung: Grundlagen, Methoden, Anwendungen. Vollst. überarb. und erw. Neuausg. 18. Aufl. Reinbek: Rowohlt. (Rororo, 55678: Rowohlts Enzyklopädie).

Disselkamp, Marcus (2012): Innovationsmanagement: Instrumente und Methoden zur Umsetzung im Unternehmen. 2. Aufl. Wiesbaden: Springer Gabler.

Disselkamp, Marcus (2017): Innovationen und Veränderungen. Stuttgart: Kohlhammer.

Döring, Nicola; Bortz, Jürgen (2016): Forschungsmethoden und Evaluation in den Sozial- und Humanwissenschaften. 5., vollst. überarb., akt. und erw. Aufl. Berlin; Heidelberg: Springer.

Doll, Alfred (2016): Nachhaltige Unternehmensführung. In: Buchenau, Peter et. al. (Hrsg.): Chefsache Nachhaltigkeit: Praxisbeispiele aus Unternehmen. Wiesbaden: Springer Gabler. S. 25–42.

Doppler, Klaus (2009): Über Helden und Weise: Von heldenhafter Führung im System zu weiser Führung am System. In: Organisationsentwicklung: Zeitschrift für Unternehmensentwicklung und Change Management. Bd. 28 (2). S. 4–13.

Dover, Philip A.; Dierk, Udo (2010): The ambidextrous organization: integrating managers, entrepreneurs and leaders. In: The Journal of Business Strategy. Jg. 31 (5). S. 49–58.

Draheim, Antje (2018): Vorwort. In: Laurençon, Angelica; Wagner, Anja (Hrsg.): B(u)ildung 4.0.: Wissen in Zeiten technologischer Reproduzierbarkeit. Berlin: FrolleinFlow House. S. 3–5.

Drucker, Peter (1980): Managing in Turbulent Times. New York: Harper & Row.

Duncan, Robert B. (1976): The ambidextrous organization: Designing dual structures for innovation. In: Killman, Ralph H.; Pondy, Louis R.; Sleven, Dennis P. (Hrsg.): The Management of Organization. New York: North Holland. S. 167–188.

Durisin, Boris; Todorova, Gergana (2003): The ambidextrous organization: managing simultaneously incremental and radical innovation. Mailand: SDA Bocconi.

Duwe, Julia (2016): Ambidextrie, Führung und Kommunikation: Interne Kommunikation im Innovationsmanagement ambidextrer Technologieunternehmen. Wiesbaden: Springer Gabler.

Duwe, Julia (2018): Beidhändige Führung: Wie Sie als Führungskraft in großen Organisationen Innovationssprünge ermöglichen. Berlin: Springer Gabler.

Ebers, Mark (2017): Organisationsmodelle für Innovation. In: Schmalenbachs Zeitschrift für betriebswirtschaftliche Forschung. Nr. 69 (1). S. 81–109.

Eckardt, Sarah (2015): Messung des Innovations- und Entrepreneurship-Klimas: Eine quantitativ-empirische Analyse. Wiesbaden: Springer.

Ehrhart, Mark G. (2004): Leadership and Procedural Justice Climate as Antecedents of Unit-Level Organizational Citizenship Behavior. In: Personnel Psychology. Nr. 57 (1). S. 61–94.

Ellebracht, Heiner; Lenz, Gerhard; Osterhold, Gisela (2009): Systemische Organisations- und Unternehmensberatung. 3., überarb. und erw. Aufl. Wiesbaden: GWV.

Etienne, Michèlle (1997): Grenzen und Chancen des Vorgesetztenmodells im Betrieblichen Vorschlagswesen: Eine Fallstudie. Bern et al.: Peter Lang (Kreatives Management, Band 8).

Farjoun, Moshe (2010). Beyond dualism: Stability and change as a duality. In: Academy of Management Review. Nr. 35. S. 202–225.

Felfe, Jörg (2015): Vorwort des Herausgebers der Reihe „Psychologie für das Personalmanagement". In: Felfe, Jörg (Hrsg.): Trends der psychologischen Führungsforschung. Göttingen u. a.: Hogrefe. S. 39–53.

Felfe, Jörg (2015b): Transformationale Führung: Neue Entwicklungen. In: Felfe, Jörg (Hrsg.): Trends der psychologischen Führungsforschung. Göttingen u. a.: Hogrefe. S. 5–6.

Fischer, Ulrich; Breisig, Thomas (2000): Ideenmanagement: Förderung der Mitarbeiterkreativität als Erfolgsfaktor im Unternehmen. Frankfurt/Main: Bund.

Flick, Uwe; von Kardorff, Ernst; Steinke, Ines (2013): Was ist qualitative Forschung? Einleitung und Überblick. In: Flick, Uwe; von Kardorff, Ernst; Steinke, Ines (Hrsg.): Qualitative Forschung: Ein Handbuch. Reinbek: Rowohlts Enzyklopädie im Rowohlt Taschenbuch Verlag. S. 13–29.

Flick, Uwe (2015): Design und Prozess qualitativer Forschung. In: Flick, Uwe; von Kardorff, Ernst; Steinke, Ines (Hrsg.): Qualitative Forschung: Ein Handbuch. 11. Aufl. Reinbek: Rowohlt. S. 252–264.

Flick, Uwe (2019): Gütekriterien qualitativer Sozialforschung. In: Baur, Nina; Blasius, Jörg (Hrsg.): Handbuch Methoden der empirischen Sozialforschung. 2. Aufl. Wiesbaden: Springer. S. 473–488.

Fojcik, Thomas M. (2014): Ambidextrie und Unternehmenserfolg bei einem diskontinuierlichen Wandel: Eine empirische Analyse unter besonderer Berücksichtigung der Anpassung und Veränderung von Organisationsarchitekturen im Zeitablauf. Wiesbaden: Springer.

Folkerts, Liesa (2001): Promotoren in Innovationsprozessen: empirische Untersuchung zur personellen Dynamik. Wiesbaden: Springer.

Frank, Hermann; Güttel, Wolfgang H.; Weismeier-Sammer, Daniela (2010): Ambidexterity in Familienunternehmen: Die Top-Management-Familie als Innovationsinkubator. In: Schreyögg, Georg; Conrad, Peter (Hrsg.): Organisation und Strategie: Managementforschung 20. Wiesbaden: Gabler. S. 183–222.

Franken, Swetlana (2016): Führen in der Arbeitswelt der Zukunft: Instrumente, Techniken und Best-Practice-Beispiele. Wiesbaden: Springer Gabler.

Franken, Swetlana; Brand, David (2008): Ideenmanagement für intelligente Unternehmen. Frankfurt/Main et al.: Peter Lang.

Friedrichs, Jürgen (1990): Methoden empirischer Sozialforschung. 14. Aufl. Opladen: Westdt. Verlag.

Früh, Werner (2017): Inhaltsanalyse. 9. Aufl. Konstanz; München: UVK.

Furtner, Marco; Baldegger, Urs (2014): Self-Leadership und Führung: Theorien, Modelle und praktische Umsetzung. Wiesbaden: Springer; Gabler.

García-Lillo, Francisco; Úbeda-García, Mercedes; Marco-Lajara, Bartolomé (2016): Organizational Ambidexterity: Exploring the Knowledge Base. In: Scientometrics. Nr. 107 (3). S. 1021–1040.

Gebert, Diether (2002): Führung und Innovation. Stuttgart: Kohlhammer.

Gebert, Diether; Boerner, Sabine; Kearney, Eric (2010): Fostering Team Innovation: why is it important to combine opposing action strategies? In: Organization Science. Nr. 21 (3). S. 593–608.

Gebert, Dieter; Kearney, Eric (2011): Ambidextre Führung: Eine andere Sichtweise. In: Zeitschrift für Arbeits- und Organisationspsychologie: German Journal of Work and Organizational Psychology: In Kooperation mit der Sektion Wirtschaftspsychologie im Berufsverband Deutscher Psychologen (BDP). Nr. 55 (2). S. 74–87.

Getz, Isaac; Robinson, Alan G. (2003): Innovate or Die: Is that a Fact? In: Creativity and Innovation Management. Nr. 12 (3). S. 130–136.

Gibson, Christina A.; Birkinshaw, Julian (2004): The Antecedents, Consequences, and Mediating Role of Organizational Ambidexterity. Academy of Management Journal. Nr. 47 (2). S. 209–226.

Greenleaf, Robert K. (2002): Servant Leadership: A Journey into the Nature of Legitimate Power & Greatness. 3rd edition. Mahwah; New Jersey: Paulist Press.

Grote, Sven; Hering, Victor W. (2012): Mythen der Führung. In: Sven Grote (Hrsg.): Die Zukunft der Führung. Berlin; Heidelberg: Springer Gabler. S. 1–26.

Güttel, Wolfgang H. et al. (2012): Facilitating Ambidexterity in Replicator Organizations: Artifacts in Their Role as Routine-Recreators. In: Schmalenbach Business Review. Nr. 64. S. 187–203.

Gumusluoglu, Lale; Ilsev, Arzu (2009): Transformational Leadership and Organizational Innovation: The Roles of Internal and External Support for Innovation. In: Journal of Product Innovation Management: An Internal Publication of the Product Development & Management Association. Nr. 26 (3). S. 264–277.

Gupta, Anil K.; Smith, Ken G.; Shalley, Christina E. (2006): The interplay between exploration and exploitation. In: Academy of Management Journal. Nr. 49 (4). S. 693–706.

Habegger, Anja (2002): Betriebliches Vorschlagswesen im Wandel: Stand der Diskussion und Umsetzung in der Praxis. Bern: Universität Bern IOP (Arbeitsbericht/Institut für Organisation und Personal der Universität Bern, Nr. 61).

Hafkesbrink, Joachim (2014): Ambidextrous Organizational and Individual Competencies in Open Innovation: The Dawn of a New Research Agenda. In: Journal of Innovation Management. Nr. 2 (1). S. 9–46.

Hanse, Jan J. et al. (2016): The impact of servant leadership dimensions on leader-member exchange among health care professionals. In: Journal of Nursing Management. Nr. 24(2). S. 228–234.

He, Zi-Lin; Wong, Poh-Kam (2004): Exploration vs. exploitation: An empirical test of the ambidexterity hypothesis. In: Organization Science. Nr. 15 (4). S. 481–494.

Helfferich, Cornelia (2014): Leitfaden- und Experteninterviews. In: Baur, Nina; Blasius, Jörg (Hrsg.): Handbuch Methoden der empirischen Sozialforschung. Wiesbaden: Springer. S. 559–574.

Hentschel, Claudia (2013): Ausgewählte Methoden der systematischen Innovation. In: Schmeisser, Wilhelm et al. (Hrsg.): Handbuch Innovationsmanagement. Konstanz, München: UVK. S. 161–198.

Herpers, Martine (2013): Erfolgsfaktor Gender Diversity: Ein Praxisleitfaden für Unternehmen. Freiburg: Haufe.

Hinterhuber, Hans H. et al. (2014): Vorwort zur 1. Auflage. In: Hinterhuber et al. (Hrsg.): Servant Leadership: Prinzipien dienender Führung im Unternehmen. 3. Ausg. Berlin: Erich Schmidt. S. 13–14.

Hinterhuber, Hans H.; Mohtsham Saeed, Muhammad (2014): „Dienen" als Grundgedanke der Führung. In: Hinterhuber et al. (Hrsg.): Servant Leadership: Prinzipien dienender Führung im Unternehmen. 3. Ausg. Berlin: Erich Schmidt. S. 67–91.

Hirschle, Jochen (2015): Soziologische Methoden: Eine Einführung. Weinheim; Basel: Beltz Juventa.

Hobus, Björn; Busch, Michael W. (2011): Organisationale Ambidextrie. In: Die Betriebswirtschaft. Nr. 70 (2). S. 189–193.

Holtbrügge, Dirk (2001): Postmoderne Organisationstheorie und Organisationsgestaltung. Wiesbaden: Gabler.

Hölzle, Katharina; Gemünden, Hans G. (2011): Schlüsselpersonen der Innovation: Champions und Promotoren. In: Albers, Sönke; Gassmann, Oliver (Hrsg.): Handbuch Technologie- und Innovationsmanagement, 2., vollst. überarb. u. erw. Aufl. Wiesbaden: Gabler; Springer. S. 495–512.

Hotho, Sabine; Champion, Katherine (2010): „We Are Always After That Balance" – Managing Innovation in the New Digital. In: Journal of Technology Management & Innovation. Nr. 5 (3). S. 36–50.

Hunter, Samuel T. et. al. (2011). Paradoxes of Leading Innovative Endeavors: Summary, Solutions, and Future Directions. In: Psychology of Aesthetics, Creativity, and the Arts. Nr. 5 (1). S. 54–66.

Hutterer, Peter (2013): Dynamic Capabilities und Innovationsstrategien: Interdependenzen in Theorie und Praxis. Wiesbaden: Springer.

Im, Ghiyoung; Rai, Arun (2008): Knowledge Sharing AMbidexterity in Long-Term Interorganizational Relationships. In: Management Science. Nr. 54 (7). S. 1281–1296.

Jansen, Justin J. P.; Van Den Bosch, Frans A. J.; Volberda, Henk W. (2006): Exploratory Innovation, Exploitative Innovation, and Performance: Effects of Organizational Antecedents and Environmental Moderators. In: Management Science. Nr. 52 (11): S. 1661–1674.

Jansen, Justin J. P. (2008): Combining Competece Building and Leveraging: Managing Paradoxes in Ambidextrous Organizations. In: Heene, Aimé; Martens, Rudy; Sanchez, Ron (Hrsg.): Competence Perspectives on Learning and Dynamic Capabilities. Amsterdam et al.: JAI Press. S. 99–119.

Jansen, Justin J. P.; Vera, Dusya; Crossan, Mary L. (2009). Strategic Leadership for Exploration and Exploitation: The Moderating Role of Environmental Dynamism. In: The Leadership Quarterly. Nr. 20 (1). S. 5–18.

Jaussi, Kimberly S.; Dionne, Shelley D. (2003): Leading for creativity: The role of unconventional leader behavior. In: The Leadership Quarterly. Nr. 14 (4–5). S. 475–498.

Jaworski, Jürgen; Zurlino, Frank (2007): Innovationskultur: Vom Leidensdruck zur Leidenschaft: Wie Top-Unternehmen ihre Organisation mobilisieren. Frankfurt/Main; New York: Campus.

Jenny, Bruno (2016): Projektmanagement: Das Wissen für eine erfolgreiche Karriere. 5., überarb. u. akt. Aufl. Zürich: vdf.

Jung, Dong I. (2000): Transformational and Transactional Leadership and Their Effects on Creativity in Groups. In: Creativity Research Journal. Nr. 13 (2). S. 185–195.

Jung, Dong I.; Chow, Chee; Wu, Anne (2003): The role of transformational leadership in enhancing organizational innovation: Hypothesis and some preliminary findings. In: The Leadership Quarterly. Nr. 14 (4). S. 525–544.

Kaiser, Stephan; Rössing, Inga (2010): Die Nutzung externer Wissensarbeiter zwischen Exploration und Exploitation: eine qualitative Analyse. In: Stephan, Michael; Kerber, Wolfgang (Hrsg.): Jahrbuch Strategisches Kompetenzmanagement: „Ambidextrie": Der unternehmerische Drahtseilakt zwischen Ressourcenexploration und -exploitation. Band 4. München; Mering: Rainer Hampp. S. 161–185.

Kammel, Andreas (2000): Strategischer Wandel und Management Development: Integriertes Konzept, theoretische Grundlagen und praktische Lösungsansätze. Zugelassen: Braunschweig, Technische Universität, Habilitationsschrift., 1999 Frankfurt/Main: Lang (Forum Personalmanagement, 3).

Karrer, Daniel; Fleck, Denise (2015): Organizing for Ambidexterity: A Paradox-based Typology of Ambidexterity-related Organizational States. In: Brazilian Administration Review. Nr. 12 (4). S. 365–383.

Kaudela-Baum, Stephanie; Holzer, Jacqueline; Kocher, Pierre-Yves (2014): Innovation Leadership: Führung zwischen Freiheit und Norm. Wiesbaden: Gabler.

Kauschke, Jürgen Edgar (2010): Reflexive Führung: Die Führungskraft als Coach? Frankfurt/Main: Peter Lang.

Keller, Robert T. (2006): Transformational Leadership, Initiating Structure, and Substitutes for Leadership: A Longitudinal Study of Research and Development Project Team Performance. In: Journal of Applied Psychology. Nr. 91. S. 202–210.

Kergel, David (2018): Qualitative Bildungsforschung: Ein integrativer Ansatz. Wiesbaden: Springer.

Kleine, Alexandro (2009): Operationalisierung einer Nachhaltigkeitsstrategie: Ökologie, Ökonomie und Soziales integrieren. Wiesbaden: Gabler.

Knott, Anne-Marie (2002): Exploration and Exploitation as Complements. In: Choo, Chun Wei; Bontis, Nick (Hrsg.): The Strategic Management Journal. Nr. 13. S. 111–125.

Koch, Sascha (2016): Qualitative Inhaltsanalyse als Methode der organisationspädagogischen Forschung – Erkenntnispotenziale und -grenzen. In: Göhlich, Michael et al. (Hrsg.): Organisation und Methode: Beiträge der Kommission Organisationspädagogik. Buchreihe: Organisation und Pädagogik. Band 19. Wiesbaden: Springer. S. 27–40.

Konlechner, Stefan W.; Güttel, Wolfgang H. (2009): Kontinuierlicher Wandel mit Ambidexterity: Vorhandenes Wissen nutzen und gleichzeitig neues Entwickeln. In: zfo. Nr. 78 (1). S. 45–85.

Konlechner, Stefan W.; Güttel, Wolfgang H. (2010): Die Evolution von Replikationsstrategien im Spannungsfeld von Exploration und Exploitation. In: Stephan, Michael; Kerber, Wolfgang (Hrsg): "Ambidextrie": Der unternehmerische Drahtseilakt zwischen Ressourcenexploration und -exploitation. München; Mering: Rainer Hampp. S. 27–56.

Kostopoulos, Konstantinos; Bozionelos, Nick (2011): Team Exploratory and Exploitative Learning: Psychological Safety, Task Conflict, and Team Performance. In: Group & Organization Management. Nr. 36 (3). S. 385–415.

Kozica, Arjan; Ehnert, Ina (2014): Lernen von Nachhaltigkeit: Exploration und Exploitation als Lernmodi einer vollständig ambidextren Organisation. In: zfbf Sonderheft. Nr. 68 (14). S. 147–167.

Kraege, Joachim (2018): HR als Wegbereiter der digitalen Transformation. In: Schwuchow, Karlheinz; Gutmann, Joachim (Hrsg.): HR-Trends 2018: Strategie, Kultur, Innovation, Konzepte. Freiburg; München; Stuttgart: Haufe. S. 152–162.

Kriz, Willy C.; Nöbauer, Brigitta (2008): Teamkompetenz: Konzepte, Trainingsmethoden, Praxis. 3. Aufl. Göttingen: Vandenhoeck & Ruprecht.

Krueger, Richard A.; Casey, Mary A. (2009): Focus Groups: A Practical Guide for Applied Research. Thousand Oaks: Sage.

Krusche, Bernhard (2008): Paradoxien der Führung: Aufgaben und Funktionen für ein zukunftsfähiges Management. Heidelberg: Carl-Auer.

Krummaker, Stefan (2007): Wandlungskompetenz von Führungskräften: Konstrukterschließung, Modellentwicklung und empirische Überprüfung. In: Corsten, Hans et al. (Hrsg.): Information – Organisation – Produktion. Wiesbaden: Gabler.

Kruse, Jan (2015): Qualitative Interviewforschung: Ein integrativer Ansatz. 2., überarb. u. erg. Aufl. Weinheim; Basel: Beltz Juventa.

Kruse, Peter (2013): next practice – Erfolgreiches Management von Instabilität: Veränderung durch Vernetzung. 7. Aufl. Offenbach: Gabal.

Kuckartz, Udo (2014): Mixed Methods: Methodologie, Forschungsdesigns und Analyseverfahren. Wiesbaden: Springer.

Kuckartz, Udo (2014b): Qualitative Inhaltsanalyse. Methoden, Praxis, Computerunterstützung. 2., durchges. Aufl. Weinheim: Beltz Juventa.

Kühn, Thomas; Koschel, Kay-Volker (2011): Gruppendiskussionen: Ein Praxis-Handbuch. Wiesbaden: Springer.

Läge, Karola (2002): Ideenmanagement: Grundlagen, optimale Steuerung und Controlling. Wiesbaden: DUV.

Lamnek, Siegfried (2010): Qualitative Sozialforschung. 5., überarb. Aufl. Weinheim; Basel: Beltz.

Lamnek, Siegfried; Krell, Claudia (2016): Qualitative Sozialforschung. 6., überarb. Aufl. Weinheim; Basel: Beltz.

Lang, Daniel J.; Rode, Horst; von Wehrden, Henrik (2014): Methoden und Methodologie in den Nachhaltigkeitswissenschaften. In: Heinrichs, Harald; Michelsen, Gerd (Hrsg.): Nachhaltigkeitswissenschaften. Heidelberg: Springer Spektrum.

Lang, Rainhart (2007): Individuum und Organisation – Revisited: Neue Konturen eines organisationswissenschaftlichen Forschungsfeldes? In: Lang, Rainhart; Schmidt, Annett (Hrsg.): Individuum und Organisation: Neue Trends eines organisationswissenschaftlichen Forschungsfeldes. Wiesbaden: DUV.

Laszlo, Ervin (2014): Geleitwort: Servant Leadership als Lebenshaltung ist Erfolgsfaktor. In: Hinterhuber et al. (Hrsg.): Servant Leadership: Prinzipien dienender Führung im Unternehmen. 3. Ausg. Berlin: Erich Schmidt. S. 1–9.

Laub, James A. (1999): Assessing the servant organization: Development of the servant organizational leadership assessment (SOLA) instrument. In: Dissertation Abstracts International. Nr. 60 (2). S. 308.

Laureiro-Martínez, Daniella; Brusoni, Stefano; Zollo, Maurizio (2010): The neuroscientific foundations of the exploration–exploitation dilemma. In: Journal of Neuroscience, Psychology, and Economics. Nr. 3 (2). S. 95–115.

Laurençon, Angelica; Wagner, Anja (2018): B(u)ildung 4.0.: Wissen in Zeiten technologischer Reproduzierbarkeit. Berlin: FrolleinFlow House.

Lavie, Dovev; Stettner, Uriel; Tushman, Michael L. (2010): Exploration and Exploitation Within and Across Organizations. In: The Academy of Management Annals. Nr. 4 (1). S. 109–155.

Levay, Charlotta (2010): Charismatic leadership in resistance to change. In: Leadership Quarterly. Nr. 21 (1). S. 127–143.

Levinthal, Daniel A.; March, James G. (1993): The Myopia of Learning. In: Strategic Management Journal. Nr. 14. S. 95–112.

Liden, Robert C. et al. (2008): Servant Leadership: Development of a multidimensional measure and multi-level assessment. In: The Leadership Quarterly: An International Journal of Political, Social and Behavioral Science. Nr. 19 (2). S. 161–177.

Liebold, Renate; Trinczek, Rainer (2009): Experteninterview. In: Kühl, Stefan; Strodtholz, Petra; Taffertshofer, Andreas (Hrsg.): Handbuch Methoden der Organisationsforschung: quantitative und qualitative Methoden. Wiesbaden: VS. S. 32–56.

Lin, Hsing-Er et al. (2013): Managing the Exploitation/Exploration Paradox: The Role of a Learning Capability and Innovation Ambidexterity. In: Journal of Product Innovation Management. Nr. 30 (2). S. 262–278.

Liu, Li; Leitner, David (2002): Simultaneous Pursuit of Innovation and Efficiency in Complex Engineering Projects – A Study of the Antecedents and Impacts of Ambidexterity in Project Teams. In: Project Management Journal. Nr. 43 (6). S. 97–110.

Lubatkin, Michael H. et al. (2006): Ambidexterity and Performance in Small-to Medium-Sized Firms: The Pivotal Role of Top Management Team Behavioral Integration. Nr. 32 (5). S. 646–672.

Ludewig, Kurt (2005): Einführung in die theoretischen Grundlagen der systemischen Therapie. Heidelberg: Carl-Auer.

Luhmann, Niklas (1973): Zweckbegriff und Systemrationalität – Über die Funktion von Zwecken in sozialen Systemen. Frankfurt/Main: Campus.

Luhmann, Niklas (1984): Soziale Systeme: Grundriss einer allgemeinen Theorie. Frankfurt/Main: Suhrkamp.

Luhmann, Niklas (2000): Organisation und Entscheidung. Wiesbaden: Westdeutscher Verlag.

Luscher, Lotte S. and Lewis, Marianne W. (2008): Organizational Change and Managerial Sensemaking: Working through Paradox. In: Academy of Management Journal. Nr. 51. S. 221–240.

Malik, Fredmund (2008): Unternehmenspolitik und Corporate Governance: wie Organisationen sich selbst organisieren. Business Bestseller Summaries. Nr. 337. Innsbruck: Business bestseller VerlagsgmbH.

Malik, Fredmund (2013): Unternehmenspolitik und Corporate Governance: Wie Organisationen sich selbst organisieren. 2., kompl. überarb. u. erw. Aufl. Frankfurt am Main: Campus.

Martini, Antonella et al. (2013): Continuous Innovation: Towards a PAradoxical, Ambidextrous Combination of Exploration and Exploitation. In: International Journal of Technology Management. Nr. 61 (1). S. 1–22.

March, James G. (1991): Exploration and exploitation in organizational learning. In: Organization Science. Nr. 2 (1). S. 71–87.

Markides, Constantinos; Chu, Wenyi (2009): Innovation through Ambidexterity: How to Achieve the Ambidextrous Organization. In: Cheltenham: Edward Elgar Publishing Limited. S. 324–343.

Mayring, Philipp (2002): Einführung in die qualitative Sozialforschung. 5., überarb. u. neu gest. Aufl. Weinheim; Basel: Beltz.

Mayring, Philipp; Brunner, Eva (2006): Qualitative Textanalyse – Qualitative Inhaltsanalyse. In: Vito Flaker & Tom Schmid (Hrsg.): Von der Idee zur Forschungsarbeit: Forschen in Sozialarbeit und Sozialwissenschaft. Wien: Böhlau. S. 453–462.

Mayring, Philipp; Fenzl, Thomas (2014): Qualitative Inhaltsanalyse. In: Baur, Nina; Blasius, Jörg (Hrsg.): Handbuch Methoden der empirischen Sozialforschung. Wiesbaden: Springer. S. 543–556.

Mayring, Philipp (2015): Qualitative Inhaltsanalyse. In: Flick, Uwe; von Kardorff, Ernst; Steinke, Ines (Hrsg.): Qualitative Forschung: Ein Handbuch. 11. Aufl. Reinbek: Rowohlt. S. 468–475.

Mayring, Philipp (2016): Einführung in die qualitative Sozialforschung: eine Anleitung zu qualitativem Denken. 6., überarb. Aufl. Weinheim; Basel: Beltz.

Meffert, Jürgen; Meffert, Heribert (2017): Eins oder null: Wie Sie Ihr Unternehmen mit Digital@Scale in die Zukunft führen. Berlin: Ullstein.

Meinefeld, Werner (2015): Hypothesen und Vorwissen in der qualitativen Sozialforschung. In: Flick, Uwe; von Kardorff, Ernst; Steinke, Ines (Hrsg.): Qualitative Forschung: Ein Handbuch. 11. Aufl. Reinbek: Rowohlt. S. 265–275.

Mika, Tatjana; Stegmann, Michael (2019): Längsschnittanalyse. In: Baur, Nina; Blasius, Jörg (Hrsg.): Handbuch Methoden der empirischen Sozialforschung. 2., vollst. überarb. u. erw. Aufl. Wiesbaden: Springer. S. 1467–1478.

Mom, Tom J. M.; Van den Bosch, Frans A. J.; Volberda, Henk W. (2007): Investigating Managers' Exploration and Exploitation Activities: The Influence of Top-Down, Bottom-Up, and Horizontal Knowledge Inflows. In: Journal of Management Studies. Nr. 44 (6). S. 910–931.

Mom, Tom J. M.; Van den Bosch, Frans A. J.; Volberda, Henk W. (2009): Understanding Variation in Managers' Ambidexterity: Investigating Direct and Interaction Effects of Formal Structural and Personal Coordination Mechanisms. In: Organization Science. Nr. 20 (4). S. 812–828.

Mothe, Caroline (2008): Innovation: exploiter ou explorer ? In: IREG. Université de Savoie. [o. J.], Nr. 187. S. 101–108.

Nagel, Reinhart; Wimmer, Rudolf (2002): Systemische Strategieentwicklung: Modelle und Instrumente für Berater und Entscheider. Stuttgart: Klett-Cotta,

Neckel, Hartmut (2004): Modelle des Ideenmanagements: Intuition und Kreativität unternehmerisch nutzen. Stuttgart: Klett-Cotta.

Nemanich, Louise A.; Vera, Dusya (2009): Transformational leadership and ambidexterity in the context of an acquisition. In: The Leadership Quarterly. Nr. 20 (1). S. 19–33.

Noé, Manfred (2013): Innovation 2.0: Unternehmenserfolg durch intelligentes und effizientes Innovieren. Wiesbaden: Springer; Gabler.

Olbert, Sebastian; Prodoehl, Hans Gerd (2019): 10 Thesen zum Agilitäts-Management in Organisationen. In: Olbert, Sebastian; Prodoehl, Hans Gerd (Hrsg.): Überlebenselixier Agilität: Wie Agilitäts-Management die Wettbewerbsfähigkeit von Unternehmen sichert. Wiesbaden: Springer Gabler. S. 1–10.

Olesia, Wekesa S., Namusonge, Gregory S., Iravo, Mike (2014): Servant Leadership: The Exemplifying Behaviours. In: IOSR Journal Of Humanities And Social Science. Ausg. 19, Nr. 6. S. 75–80.

O'Reilly, Charles A.; Tushman, Michael L. (2004): The ambidextrous organization. In: Harvard Business Review. Nr. 82 (4). S. 74–81.

O'Reilly, Charles A.; Tushman, Michael L. (2008): Ambidexterity as a dynamic capability: Resolving the innovator's dilemma. In: Research in Organizational Behavior. Nr. 28 (1). S. 185–206.

O'Reilly, Charles A.; Tushman, Michael L. (2011): Organizational Ambidexterity in Action. How Managers Explore and Exploit. In: California Management Review. Nr. 53 (4). S. 5–22.

Özbek-Potthoff, Gülden (2014): Führung im organisationalen Kontext: Ein Überblick. Wiesbaden: Springer Gabler.

Page, Don; Wong, Paul T. P. (2000): A conceptual framework for measuring servant leadership. In: Adjibolooso, Senyo (Hrsg.): The human factor in shaping the course of history and development. Washington, DC: American University Press. S. 69–110.

Papachroni, Angeliki; Heracleous, Loizos; Paroutis, Sotirios (2014): Organizational Ambidexterity Through the Lens of Paradox Theory: Building a Novel Research Agenda. In: The Journal of Behavioral Science. Nr. 51 (1). S. 71–93.

Parolini, Jeanine; Patterson, Kathleen; Winston, Bruce (2009): Distinguishing between transformational and servant leadership. In: Leadership & Organization Development Journal. Nr. 30 (3). S. 274–291.

Pelagio Rodriguez, Raul; Hechanova, Ma. Regina M. (2014): S Study of Culture Dimensions, Organizational Ambidexterity, and Perceived Innovation in Teams. In: Journal of Technology Management & Innovation. Nr. 9. S. 21–33.

Peters, Thomas J.; Waterman, Robert H. Jr. (1982): In Search of Excellence – Lessons from America's Best-run Companies. London: Harper Collins Publishers.

Pieterse Nederveen, Anne et al. (2010): Transformational and transactional leadership and innovative behavior: The moderating role of psychological empowerment. In: Journal of Organizational Behavior. Nr. 31 (4). S. 609–623.

Pinnow, Daniel F. (2011): Unternehmensorganisation der Zukunft: Erfolgreich durch systemische Führung. Frankfurt; New York: Campus.

Pinnow, Daniel F. (2012): Führen: Woraus es wirklich ankommt. 6. Aufl. Wiesbaden: Springer Gabler.

Pircher Verdorfer, Armin; van Dierendonck, Dirk; Peus, Claudia (2014): Servant Leadership aus wissenschaftlicher Sicht: Erfahrungen mit dem Survant Leadership Survey. In: Hinterhuber et al. (Hrsg.): Servant Leadership: Prinzipien dienender Führung im Unternehmen. 3. Ausg. Berlin: Erich Schmidt. S. 93–112.

Pircher Verdorfer, Armin; Peus, Claudia (2014): The Measurement of Servant Leadership: Validation of a German Version of the Servant Leadership Survey (SLS). In: Zeitschrift für Arbeits- und Organisationspsychologie. Nr. 58 (1). S. 1–16.

Pircher, Verdorfer, Armin; Peus, Claudia (2015): Servant Leadership. In: Felfe, Jörg (Hrsg.): Trends der psychologischen Führungsforschung. Göttingen u. a.: Hogrefe. S. 67–78.

Podsakoff, Philip M.; MacKenzie, Scott B.; Bommer, William H. (1996): Transformational Leader Behaviors and Substitutes for Leadership as Determinants of Employee Satisfaction, Commitment, Trust, and Organizational Citizenship Behaviors. Journal of Management. Nr. 22 (2). S. 259–298.

Poole, Marshall S.; & Van de Ven, Andrew H. (1989): Using Paradox to Build Management and Organization Theories. In: Academy of Management Review. Nr. 14 (4). S. 562–587.

Prahalad, Coimbatore K.; Hamel, Gary (1990): The Core Competence of the Corporation. Harvard Business Review. Jg. 68, Nr. 3. S. 79–91.

Prange, Christiane; Schlegelmilch, Bodo B. (2009): The Role of Ambidexterity in Marketing Strategy Implementation: Resolvin the Exploration-Exploitation Dilemma. In: Business Research. Nr. 2 (2). S. 215–240.

Pratsch, Richard (2013): Betriebliches Vorschlagswesen vs. Ideenmanagement: Im 19. Jhd. Eingeführt und bis ins 21. Jhd. Weiterentwickelt – Erfolgsfaktor oder Handicap. Saarbrücken: AV Akademikerverlag.

Preda, Gheorghe (2014): Organizational Ambidexterity and Competetive Advantage: Toward a Research Model. In: Management and Marketing Journal. Nr. 12 (1). S. 67–74.

Prodoehl, Hans Gerd (2019): Das agile Unternehmen. In: Olbert, Sebastian; Prodoehl, Hans Gerd (Hrsg): Überlebenselixier Agilität: Wie Agilitäts-Management die Wettbewerbsfähigkeit von Unternehmen sichert. Wiesbaden: Springer Gabler. S. 11–60.

Proff, Heike; Haberle, Kathrin (2010): Begrenzung von Ambidextrie durch konsistentes dynamisches Management. In: Stephan, Michael; Kerber, Wolfgang (Hrsg.): Jahrbuch Strategisches Kompetenzmanagement: „Ambidextrie": Der unternehmerische Drahtseilakt zwischen Ressourcenexploration und -exploitation. Band 4. München; Mering: Rainer Hampp. S. 81–119.

Przyborski, Aglaja; Wohlrab-Sahr, Monika (2014): Qualitative Sozialforschung: Ein Arbeitsbuch. 4. Aufl. München: Oldenbourg.

Pundt, Alexander; Nerdinger, Friedemann W. (2012): Transformationale Führung – Führung für den Wandel? In: Grote, Sven (Hrsg.): Die Zukunft der Führung. Berlin; Heidelberg: Springer Gabler. S. 27–45.

Pundt, Alexander; Schyns, Birgit (2005): Führung im Ideenmanagement: Der Zusammenhang zwischen transformationaler. Führung und dem individuellen Engagement im Ideenmanagement. In: Zeitschrift für Personalpsychologie. Nr. 4 (2). S. 55–65.

Raisch, Sebastian; Birkinshaw, Julian (2008): Organizational Ambidexterity: Antecedents, Outcomes, and Moderators. In: Journal of Management. Nr. 34 (3). S. 375–409.

Raisch, Sebastian et al. (2009): Organizational Ambidexterity: Balancing Exploitation and Exploration for Sustained Performance. In: Organization Science. Jg. 20, Nr. 4. S. 685–695.

Raisch, Sebastian; Zimmermann, Alexander (2017): Pathways to Ambidexterity: A Process Perspective on the Exploration-Exploitation Paradox. In: Smith, Wendy K. (Hrsg): The Oxford Handbook of Organizational Paradox. Oxford: Oxford University Press. S. 315–332.

Reed, Lora; Vidaver-Cohen, Deborah; Colwell, Scott R. (2011): A New Scale to Measure Executive Servant Leadership: Development, Analysis, and Implications for Research. In: Journal of Business Ethics. Nr 101 (3). S. 415–434.

REFA – Verband für Arbeitsstudien und Betriebsorganisation (2016): Arbeitsorganisation erfolgreicher Unternehmen – Wandel in der Arbeitswelt. München: Hanser (REFA-Kompendium Arbeitsorganisation, Band 1).

Reichert, Isabella (2017): Der Status-Effekt: Bestseller und Exploration im Literaturmarkt. Wiesbaden: Springer.

Reichertz, Jo (2014): Empirische Sozialforschung und soziologische Theorie. In: Baur, Nina; Blasius, Jörg (Hrsg.): Handbuch Methoden der empirischen Sozialforschung. Wiesbaden: Springer. S. 65–80.

Renzl, Birgit; Rost, Martin; Kaschube, Jürgen (2011): Facilitating ambidexterity with HR practices – a case study of an automotive supplier. In: Automotive Technology and Management. Jg. 13, Nr. 3. S. 155–188.

Renzl, Birgit; Pausch, Claudia (2016): Dynamic Capabilities im Franchising – die „beidhändige" Organisation im Spannungsfeld zwischen Replikation und Innovation. In: Martius, Waltraud, Hecker, Achim, Renzl, Birgit (Hrsg.): Wissens- und Innovationsmanagement in der Franchisepraxis: Nachhaltig erfolgreich durch Replikation und Innovation. Wiesbaden: Gabler. S. 1–17.

Ries, Eric (2017): The Startup Way: How Entrepreneurial Management Transforms Culture and Drives Growth. London: Portfolio Penguin.

Rosenthal, Gabriele (2014): Interpretative Sozialforschung: Eine Einführung. 4. Aufl. Weinheim; Basel: Beltz Juventa (Grundlagentexte Soziologie).

Rosing, Kathrin; Frese, Michael; Bausch, Andreas (2011): Explaining the heterogeneity of the leadership-innovation relationship: Ambidextrous leadership. In: The Leadership Quarterly. Jg. 22, Nr. 5. S. 956–974.

Rost, Martin (2014): Kompetenzmanagement und Dynamic Capabilities: Eine empirische Fallstudie bei einem Unternehmen aus der Automobilzulieferindustrie. Zugelassen: München, Universität, Dissertation, 2013. Lohmar: EUL (Schriften des Instituts für Entwicklung zukunftsfähiger Organisationen, 4).

Rost, Martin; Renzl, Birgit; Kaschube, Jürgen (2014): Organisationale Ambidextrie – Mit Kompetenzmodellen Mitarbeiter einbinden und Veränderung kommunizieren. In: Stumpf, Marcus; Wehmeier, Stefan (Hrsg.): Kommunikation in Change und Risk: Wirtschaftskommunikation unter Bedingungen von Wandel und Unsicherheiten. Wiesbaden: Springer. S. 33–55.

Rubin, Robert S. et al. (2009): Do leaders reap what they sow? Leader and employee outcomes of leader cynicism about organizational change. In: The Leadership Quarterly. Nr. 20 (5). S. 680–688.

Schad, Jonathan et al. (2016): Paradox Research in Management Science: Looking Back to Move Forward. In: The Academy of Management Annals. Nr. 10 (1). S. 1–60.

Schat, Hans-Dieter (2017): Erfolgreiches Ideenmanagement in der Praxis: Betriebliches Vorschlagswesen und kontinuierlichen Verbesserungsprozess implementieren, reaktivieren und stetig optimieren. Wiesbaden: Springer Gabler.

Schellinger, Jochen; Berchtold, Philipp; Tokarski, Kim Oliver (2019): Nachhaltige Unternehmensführung: Leitprinzip und Handlungsfelder in der Praxis. In: Schellinger, Jochen; Berchtold, Philipp; Tokarski, Kim Oliver (Hrsg.): Nachhaltige Unternehmensführung: Herausforderungen und Beispiele aus der Praxis. Wiesbaden: Springer Gabler. S. 1–11.

Schiersmann, Christiane; Thiel, Heinz-Ulrich (2009): Organisationsentwicklung: Prinzipien und Strategien von Veränderungsprozessen. Wiesbaden: Gabler.

Schirmer, Dominique (2009): Empirische Methoden der Sozialforschung. Paderborn: Wilhelm Fink.

Schnell, Rainer; Hill, Paul B.; Esser, Elke (2008): Methoden der empirischen Sozialforschung. 8., unveränd. Aufl. München; Wien: Oldenbourg.

Schnorrenberg, Leonhard J. (2014): Servant Leadership: Eine unendliche Geschichte über die Kunst des Führens im Dienste der Menschen. In: Hinterhuber et al. (Hrsg.): Servant Leadership: Prinzipien dienender Führung im Unternehmen. 3. Ausg. Berlin: Erich Schmidt. S. 19–50.

Schreyögg, Georg; Sydow, Jörg (2010): Organizing for fluidity? Dilemmas of new organizational forms. In: Organization Science. Jg. 21, Nr. 6. S. 1251–1262.

Schudy, Christian A. J. (2010): Contextual Ambidexterity in Organizations: Antecedents and Performance Consequences. Bamberg: Difo-Druck.

Schulte-Kutsch, Christina (2017): Führungskräfteentwicklung für eine digitale Zukunft. In: Schwuchow, Karlheinz; Gutmann, Joachim (Hrsg.): HR-Trends 2018: Strategie, Kultur, Innovation, Konzepte. Freiburg; München; Stuttgart: Haufe. S. 314–322.

Senge, Peter M. et al. (2008): Das Fieldbook zur fünften Disziplin. Stuttgart: Schäffer-Poeschel.

Sheep, Mathew L.; Kreiner, Glen E.; Fairhurst, Gail T. (2017): "I Am ... I Said": Paradoxical Tensions of Individual Identity. In: Smith, Wendy K. (Hrsg): The Oxford Handbook of Organizational Paradox. Oxford: Oxford University Press. S. 452–471.

Shin, Shung J.; Zhou, Jing (2003): Transformational Leadership, Conservation, and Creativity: Evidence From Korea. In: Academy of Management Journal. Nr. 46 (6). S. 703–714.

Skoff, Gerhard (2014): Erfolgsleitfaden Ideenmanagement. Norderstedt: Books on Demand.

Slaatte, Howard A. (1968): The Pertinence of Paradox. New York: Humanities Press.

Smith, Kenwyn K.; Berg, David N. (1987): Paradoxes of group life. San Francisco: Josey-Bass.

Smith, Wendy K. et al. (2017): Introduction: The Paradoxes of Paradox. In: Smith, Wendy K. et al. (Hrsg.): The Oxford Handbook of Organizational Paradox. Oxford: Oxford University Press. S. 1–24.

Smith, Wendy K.; Lewis, Marianne W. (2011): Toward a Theory of Paradox: A Dynamic equilibrium Model of Organizing. In: The Academy of Management Review. Nr. 36 (2). S. 381–403.

Sommerlatte, Tom (2006): Warum Innovationskultur und Ideenmanagement so wichtig sind. In: Sommerlatte, Tom; Beyer, Georg; Seidel, Gerrit (Hrsg.): Innovationskultur und Ideenmanagement. Düsseldorf: Symposion Publishing. S. 13–27.

Spears, Larry C.; Lawrence, Michele (2004): Practicing Servant Leadership: Succeeding through trust, bravery, and forgiveness. San Francisco: Jossey-Bass.

Stahl, Heinz K. (2014): Stationen auf dem Weg zur dienenden Führung. In: Hinterhuber et al. (Hrsg.): Servant Leadership: Prinzipien dienender Führung im Unternehmen. 3. Ausg. Berlin: Erich Schmidt. S. 51–66.

Steinmann, Horst; Schreyögg, Georg (1986): Zur organisatorischen Umsetzung der strategischen Kontrolle. In: zfbf. Jg. 38, Nr. 9. S. 747–765.

Stephan, Michael; Kerber, Wolfgang (2010): Vorwort. In: Stephan, Michael; Kerber, Wolfgang (Hrsg.): „Ambidextrie": Der unternehmerische Drahtseilakt zwischen Ressourcenexploration und -exploitation. Band 4. München; Mering: Rainer Hampp. S. V–X.

Stone, A. Gregory; Russell, Robert F.; Patterson, Kathleen (2004): Transformational versus servant-leadership: A difference in leader focus. In: The Leadership & Organizational Development Journal. Nr. 25 (4). S. 349–361.

Szabo, Erna (2009): Grounded Theory. In: Baumgarth, Carsten; Eisend, Martin; Evanschitzky, Heiner (Hrsg.): Empirische Mastertechniken: Eine anwendungsorientierte Einführung für die Marketing- und Managementforschung. Wiesbaden: Gabler. S. 107–129.

Teece, David J.; Pisano, Gary; Shue, Amy (1997): Dynamic Capabilities and Strategic Management. In: Strategic Management Journal. Jg. 18, Nr. 7. S. 509–533.

Thom, Norbert (1980): Grundlagen des betrieblichen Innovationsmanagements. Königstein/Taunus: Hanstein.

Thom, Norbert (2013): Vom Betrieblichen Vorschlagswesen zum Ideen- und Verbesserungsmanagement (IVM). In: Schmeisser, Wilhelm et. al. (Hrsg.): Handbuch Innovationsmanagement. Konstanz; München: UVK. S. 199–227.

Thom, Norbert (2013b): Innovationen als Gestaltungsaufgabe in einem sich wandelnden Umfeld: Überlegungen zu einem institutionalisierten Innovationsmanagement. In: Gomez, Peter et al. (Hrsg.): Unternehmerischer Wandel: Konzepte zur organisatorischen Erneuerung. S. 321–360.

Thom, Norbert; Etienne, Michèle (2000): Effizientes Innovationsmanagement: Grundvoraussetzungen in der Unternehmensführung und im Personalmanagement. In: Zeitschrift für Ideenmanagement. Nr. (26) 1. S. 4–11.

Thompson, James D. (1967): Organizations in Action. New York: Mc Graw Hill.

Turner, Neil; Swart, Juani; Maylor, Harvey (2013): Mechanisms for Managing Ambidexterity: A Review and Research Agenda. In: International Journal of Management Reviews. Nr. 15. S. 317–332.

Tushman, Michael L.; O'Reilly, Charles A. (1996): Ambidextrous Organizations: Managing Evolutionary and Revolutionary Change. In: Californa Management Review. Jg. 38, Nr. 4. S. 8–30.

Tushman, Michael L.; Romanelli, Elaine (1985): Organizational Evolution: A Metamorphosis Model of Convergence and Reorientation. In: Research in Organizational Behavior. Nr. 7. S. 171–222.

Tushman, Michael L.; Smith, Wendy K.; Binns, Andy (2011): Die zwei Rollen des CEO. In: Harvard Business Manager. JG. 33, Nr. 8. S. 33–40.

Tyssen, Matthias (2011): Zukunftsorientierung und dynamische Fähigkeiten: Corporate Foresight in Unternehmen der Investitionsgüterindustrie. Wiesbaden: Gabler.

Uhl-Bien, Mary; Arena, Michael (2018): Leadership for organizational adaptability: A theoretical synthesis and integrative framework. In: The Leadership Quarterly. Nr. 29 (1). S. 89–104.

Uotila, Juha et al. (2009): Exploration, Exploitation, and Financial Performance: Analysis of S&P 500 Corporations. In: Strategic Management Journal. Nr. 30 (2). S. 221–231.

Vahs, Dietmar (2015): Organisation: ein Lehr- und Managementbuch. 9., überarb. u. erw. Aufl. Stuttgart: Schäffer-Poeschel.

Van Dick, Rolf; West, Michael A. (2013): Teamwork, Teamdiagnose, Teamentwicklung. 2., überarb. u. erw. Aufl. Göttingen u. a.: Hogrefe.

Van Dierendonck, Dirk; Nuijten, Inge (2011): The Servant Leadership Survey: Development and Validation of a Multidimensional Measure. In: Journal of Business and Psychology. Nr. 26 (3). S. 249–267.

Voelpel, Sven C.; Lanwehr, Ralf (2009): Management für die Champions League: Was wir vom Profifußball lernen können. Erlangen: Publicis.

Vogl, Susanne (2014): Gruppendiskussion. In: Baur, Nina; Blasius, Jörg (Hrsg.): Handbuch Methoden der empirischen Sozialforschung. Wiesbaden: Springer. S. 581–586.

Voigt, Kai-Ingo; Brem, Alexander (2005): Integriertes Ideenmanagement als strategischer Erfolgsfaktor junger Technologieunternehmen. In: Schwarz, Erich J.; Harms, Rainer (Hrsg.): Integriertes Ideenmanagement: Betriebliche und überbetriebliche Aspekte unter besonderer Berücksichtigung kleiner und junger Unternehmen. Wiesbaden: DUV.

Von der Reith, Frank; Wimmer, Rudolf (2014): Organisationsentwicklung und Change-Management. In: Wimmer, Rudolf; Meissner, Jens O.; Wolf, Patricia (Hrsg.): Praktische Organisationswissenschaft: Lehrbuch für Studium und Beruf. S. 139–166.

Vrontis, Demetris et al. (2016): Ambidexterity, external knowledge and performance in knowledge-intensive firms. In: The Journal of Technology Transfer. Nr. 42 (2). S. 374–388.

Waldman, David A. et al. (2001): Does leadership matter? CEO leadership attributes and profitability under conditions of perceived environmental uncertainty. In: Academy of Management Journal. Nr. 44 (1). S. 134–143.

Walter, Henry; Cornelsen, Claudia (2005): Handbuch Führung: Der Werkzeugkasten für Vorgesetzte. 3., überarb. u. erw. Aufl. Frankfurt/Main: Campus.

Wang, Catherine L.; Rafiq, Mohammed (2009): Organizational Diversity and Shared Vision: Resolving the Paradox of Exploratory and Exploitative Learning. In: European Journal of Innovation Management. Nr. 12 (1). S. 86–101.

Wang, Fengbin; Jiang, Hong (2009): Innovation Paradox and Ambidextrous Organization: A Case Study on Development Teams of Air Conditioner in Haier. In: Front. Bus. Res. China 2009. Nr. 3 (2). S. 271–300.

Wareham, Jonathan; Fox, Paul; Cano Giner, Josep L. (2014): Technology Ecosystem Governance. In: Organization Science. Nr. 25 (4). S. 1195–1215.

Weibler, Jürgen; Keller, Tobias (2010): Ambidextrie – Die Organisationale Balance im Spannungsfeld von Exploration und Exploitation. In: WiSt. Nr. 39 (5). S. 260–263.

Weibler, Jürgen; Keller, Tobias (2011): Ambidextrie in Abhängigkeit von Führungsverantwortung und Marktwahrnehmung: Eine empirische Analyse des individuellen Arbeitsverhaltens in Unternehmen. In: Schmalenbachs Zeitschrift für betriebswirtschaftliche Forschung. Nr. 63 (2). S. 155–188.

Weibler, Jürgen; Keller, Tobias (2015): Führungsverhalten im Kontext von Ambidextrie. In: Felfe, Jörg (Hrsg.): Trends der psychologischen Führungsforschung. Göttingen u. a.: Hogrefe. S. 289–302.

Wehmeier; Stefan; Stumpf, Marcus (2014): Kommunikation in Change und Risk: Eine Einführung. In: Stumpf, Marcus; Wehmeier, Stefan (Hrsg.): Kommunikation in Change und Risk: Wirtschaftskommunikation unter Bedingungen von Wandel und Unsicherheiten. Wiesbaden: Springer. S. 7–31.

Wehrlin, Ulrich (2014): Ideenmanagement: Ganzheitliches, integriertes Führungskonzept: Ideenquelle Betriebliches Vorschlagswesen BVW – Kreativitätsförderung – Innovationsteams – teilautonome Arbeitsgruppen – Kontinuierlicher Verbesserungsprozess KVP/Kaizen – Innovationsmanagement. 2. überarb. Aufl. Göttingen: Optimus (Future-Management, Band 25).

Weichbold, Martin (2014): Pretest. In: Baur, Nina; Blasius, Jörg (Hrsg.): Handbuch Methoden der empirischen Sozialforschung. Wiesbaden: Springer. S. 299–304.

Weick, Karl E.; Quinn, Robert E. (1999): Organizational Change and Development. In: Annu. Rev. Psychol. Nr. 50. S. 361–386.

Werther, Simon; Jacobs, Christian (2014): Einleitung und Zielsetzung. In: Brodbeck, Felix C.; Kirchler, Erich; Woschée, Ralph (Hrsg.): Organisationsentwicklung – Freude am Change. Berlin; Heidelberg: Springer.

Wimmer, Rudolf (2004): Aufstieg und Fall des Shareholder-Value-Konzepts. In: Organisationsentwicklung. Nr. 4 (21). S. 70–83.

Wippermann, Frank (2011): Führungsdialoge: Respekt zeigen und souverän führen. Regensburg: Walhalla.

Wollersheim, Jutta (2010): Exploration und Exploitation als zwei Seiten derselben Medaille: Eine systematische Zusammenführung bestehender Konzepte zur Förderung von Ambidextrie in Unternehmen. In: Stephan, Michael; Kerber, Wolfgang (Hrsg.): „Ambidextrie": Der unternehmerische Drahtseilakt zwischen Ressourcenexploration und -exploitation. Band 4. München; Mering: Rainer Hampp. S. 3–26.

Yong, Brenda (2013): Relationship Between Emotional Intelligence, Motivation, Integrity, Spirituality, Mentoring and Servant Leadership Practices. In: Arts and Social Sciences Journal, Jg. 2013, ASSJ 67. S. 1–6.

Zacher, Hannes; Robinson Alecia J.; Rosing, Kathrin (2016): Ambidextrous Leadership and Employees' Self-Reported Innovative Performance: The Role of Exploration and Exploitation Behaviors. In: The Journal of Creative Behavior. Nr. 50 (1). S. 24–46.

Zacher, Hannes; Rosing, Kathrin (2015): Ambidextrous Leadership and Team Innovation. In: Leadership & Organization Development Journal. Nr. 36 (1). S. 54–68.

Zhang, Yan et al. (2015): Paradoxical Leader Behaviors in People Management: Antecedents and Consequences. In: Academy of Management Journal. Nr 58 (2). S. 538–566.

Zhou, Jun; Xue, Qiu-zhi (2013): Organizational Learning, Ambidexterity, and Firm Performance. In: Qi, Ershi; Shen, Jiang; Dou, Runliang (Hrsg.): The 19th International Conference on Industrial Engineering and Engineering Management. Berlin; Heidelberg: Springer. S. 537–546.

Zillner, Sonja; Krusche, Bernhard (2012): Systemisches Innovationsmanagement: Grundlagen – Strategien – Instrumente. Stuttgart: Schäffer-Poeschel.

Zollo, Maurizio; Winter, Sidney G. (2002): Deliberate Learning and the Evolution of Dynamic Capabilities. In: Organization Science. Nr. 13 (3). S. 339–351.

Internetquellen:

Grabmeier, Stephan (2018): Ambidextrie als Organisationsprinzip – Innovationen und Kerngeschäft verbinden. https://grabmeier.kienbaum.com/2018/03/03/ambidextrie-als-organisationsprinzip-innovationen-und-kerngeschaeft-verbinden/. Stand: 12.12.2018.

Jessl, Randolf (2016): „In Search of Agility": Stabilität und Flexibilität sind kein Widerspruch. https://vision.haufe.de/blog/in-search-of-agility/. Stand: 11.12.2018.

Kearney, Nadine (2013): Die Effekte ambidextrer Führung auf die Ideengenerierung und Ideenimplementierung, die Team-Innovation und die allgemeine Teamleistung. https://d-nb.info/1067385312/34. Stand: 19.12.2019.

Keller, Tobias (2012): Verhalten zwischen Exploration und Exploitation: Ein Beitrag zur Ambidextrieforschung auf der organisationalen Mikroebene. Hagen: Fernuniversität Hagen. https://d-nb.info/1027579701/34. Stand: 27.12.2015.

Kotter, John P. (2012): Accelerate! https://hbr.org/2012/11/accelerate. Stand: 11.12.2018.

Mom, Tom J. M. (2006): Managers' Exploration and Exploitation Activities: The Influence of Organizational Factors and Knowledge Inflows. https://www.google.de/url?sa=t&rct=j&q=&esrc=s&source=web&cd=2&ved=0ahUKEwiq8_OVkq7ZAhXQCewKHYM_DbAQFgg3MAE&url=https%3A%2F%2Frepub.eur.nl%2Fpub%2F7981%2FEPS2006079STR_9058921166_MOM.pdf&usg=AOvVaw0uTJLbQBmiIMnRvxK8U0Cm. Stand: 18.02.2018.

[o. V.] (2008): Dezentrales Modell – Das IDM-Führungsmodell. https://www.ideennetz.com/wb_ideennetz/pages/mittelstands-ideenservice/allgem.-is-informationen/dezentrales-modell.php. Stand: 28.11.2018.

[o. V.] (2008): Zentrale Modell – Der Klassiker. https://www.ideennetz.com/wb_ideennetz/pages/mittelstands-ideenservice/allgem.-is-informationen/zentrales-modell.php. Stand: 26.11.2018.

[o. V.] (2008): Hybridmodell – Die Mischform. https://www.ideennetz.com/wb_ideennetz/pages/mittelstands-ideenservice/allgem.-is-informationen/hybridmodell.php. Stand: 27.11.2018.

[o. V.] (2015): Abgas-Skandal: Betriebsratschef Osterloh fordert Kulturwandel. https://www.automobilwoche.de/article/20150924/AGENTURMELDUNGEN/309249910/abgas-skandal-betriebsratschef-osterloh-fordert-kulturwandel%20-%20.Vge7Fc-hfIU. Stand: 30.12.2018.

[o. V.] (2018): Das Ideenmanagement. Volkswagen Intranet. Stand: 10.03.2018.

[o. V.] (2018): Stand: Zwischen Effizient und Agilität: Unter Spannung: Fachbereiche in der Digitalisierung. https://www.hays.de/documents/10192/118775/hays-studie-effizienz-und-agilitaet.pdf/e16bd7c5-3d70-ef68-7466-4fffd4d89d90. 15.12.2018

[o. V.] (2018): Change-Fitness-Studie. https://www.mutaree.com/content/change-fitness-studie. Stand: 29.11.2018.

[o. V.] (2018): Portrait & Produktionsstandorte: Der Konzern. https://www.volkswagenag.com/de/group/portrait-and-production-plants.html. Stand: 10.03.2018.

[o. V.] (2018): CHANGE-FITNESSSTUDIE 2018: Ambidextrie: mit beiden Händen Organisationen verändern. https://www.mutaree.com/downloads/Change-Fitness-Studie_2018_Infogramm.pdf. Stand: 25.11.2018.

O'Reilly, Charles A.; Tushman, Michael L. (2013): Organizational ambidexterity: Past, present and future. https://www.hbs.edu/ris/Publication%20Files/O'Reilly%20and%20Tushman%20AMP%20Ms%20051413_c66b0c53-5fcd-46d5-aa16-943eab6aa4a1.pdf. Stand: 17.07.2015.

Schabel, Frank (2018): Ambidextrie bislang Fehlanzeige. https://www.personalwirtschaft.de/fuehrung/artikel/praxistransfer-ambidextrie-bislang-fehlanzeige.html. Stand: 14.12.2018.

Schreuders, John; Legesse, Alem (2012): Organizational Ambidexterity: How Small Technology Firms Balance Innovationd and Support. https://timreview.ca/sites/default/files/article_PDF/SchreudersLegesse_TIMReview_February2012_0.pdf. Stand: 16.02.2018.

Schüßler, Ingeborg (2004): Nachhaltiges Lernen – Einblicke in eine Längsschnittuntersuchung unter der Kategorie „Emotionalität in Lernprozessen". https://www.die-bonn.de/doks/schuessler0402.pdf. Stand: 13.12.2018.

Smith, Wendy K. (2008): Managing Strategic Ambidexterity: Top Management Teams and Cognitive Processes to Explore and Exploit Simultaneously. https://www.egosnet.org/jart/prj3/egos/data/uploads/downloads/EGOS-BPA-2008_Smith.pdf. Stand: 17.02.2018.

Stone, A. Gregory; Russell, Robert F.; Patterson, Kathleen (2003): Transformational versus Servant Leadership: A Difference in Leader Focus. https://www.regent.edu/acad/sls/publications/conference_proceedings/servant_leadership_roundtable/2003pdf/stone_transformation_versus.pdf. Stand: 17.05.2015.

Von Rosenstiel, Lutz (2010): Führungsverhalten und Führungserfolg. https://www.uni-bamberg.de/fileadmin/andragogik/Andragogik1/Andragogentag_2010/Fuehrungsverhalten_und_Fuehrungserfolg.pdf. Stand: 10.09.2016.

Witt, Harald (2001): Forschungsstrategien bei quantitativer und qualitativer Sozialforschung [36 Absätze]. Forum Qualitative Sozialforschung/Forum Qualitative Social Research, 2 (1). Art. 8. https://nbn-resolving.de/urn:nbn:de:0114-fqs010189. Stand: 28.02.2018.

Printed in the United States
by Baker & Taylor Publisher Services